한옥, 전통에서 현대로…

신한옥

한옥, 전통에서 현대로…

신한옥

초판 발행 2011년 04월 01일
2 판 발행 2012년 01월 05일

발행인 이인구
편집인 손정미
디자인 최혜진
인쇄 영프린팅
펴낸곳 한문화사
주소 경기도 고양시 일산서구 강선로 141, 후곡 1606-1701호
전화 070-8269-0860
팩스 031-913-0867
전자우편 hanok21@naver.com
등록번호 제410-2010-000002호

ISBN 978-89-94997-10-0 04540
ISBN 978-89-963836-4-2 |세트|

가격 34,500원

한문화사

신한옥

한옥, 전통에서 현대로…

한문화사

신한옥을 향하여

사람은 오랜 세월 이 땅에서 의衣·식食·주住 해결을 위해 끊임없이 노력하며 진화를 거듭해 왔다. 이는 매우 본질적이면서도 근원으로 거슬러 올라가는 기본재이다. 이 세 가지 요소 중에서도 주住는 수렵이나 채집을 위해 옮겨 다니며 살았던 이동생활로부터, 농사를 짓기 시작하는 농경생활로 발전해가며 비로서 한 곳에 머물 수 있는 집을 갖게 되었다. 초기 정주의 공간은 마치 동물의 집처럼 어설펐다. 재료도 주변의 자연으로부터 쉽게 구할 수 있는 것으로만 만들었다. 이렇게 삶에 대한 최소 그릇인 주거공간은 이 후 사람이 살아가는 생활형태에 따라 인류 역사와 함께 다양성을 나타내며 오늘날까지 발전해 왔다. 그러나 아쉽게도 우리의 주거공간으로 수천 년 우리의 삶을 담아 온 한옥은 그 정체성을 확립하지 못한 채, 옥석을 가릴 겨를도 없이 서양문화의 홍수 속에서 외면당하고 말았다. 우리의 역사이자 자화상인 한옥은 서양인의 사고와 철학을 담은 양옥으로 그 자리를 내어주어 버렸다. 자신의 철학을 버린 결과였다.

한옥은 우리의 심성과 환경에도 잘 어울리는 구조를 가지고 있을 뿐 아니라, 자연을 받아들이는 천연성과 친환경적인 요소를 담고 있는 건축물이다. 뛰어난 미학과 더불어 자연의 흐름을 건축물에 받아들여 자연을 체화한 것은 인위적인 목조건축물이 사람에게 주는 큰 선물이다. 또한 한옥은 현대의 과학적인 목재구조물이다. 다른 어느 나라에서도 보기 드문 조립식 가구구조로 건축되며 이를 표준화시켜 대량생산체계를 갖출 수 있는 과학적인 면도 가지고 있다. 이렇게 한옥은 여러 가지 뛰어난 과학적 특징과 장점이 있음에도 안타깝게 문화재로만 인식되면서 그 고유의 가치를 잃어버리고 말았다.

'가장 한국적인 것이 가장 세계적이다.'라는 말이 있다. 우리의 건축물인 한옥을 세계적인 건축물로 발전시켜 나가기 위한 노력이 요구되는 시점이다. 한옥은 장점만큼 단점도 가지고 있다. 이것은 어느 건축물에서도 마찬가지일 것이다. 한옥을 현대화하면 얼마든지 단점의 보완이 가능하며 실제 일선에서는 많은 가시적인 개선이 이루어지고 있다.

이제라도 우리의 집인 한옥의 소중함을 인식하고 국민의 많은 관심 속에서, 국가나 지자체, 학계, 학술단체 등 각계각층에서 동참하고 있어 매우 다행스러운 일이다. '가장 한국적인 것'이라는 뜻은 우리의 정체성과 철학이 녹아있는 우리의 환경에 맞는 주거문화라는 의미이다. 그러나 무엇보다도 한옥의 독특한 건축방식과 양식은 그 어디에 내어 놓아도 뒤지지 않을 만큼 과학적이고 아름다운 미학을 간직하고 있다는 것에 대한 자긍심이다.

지금 한옥이 진화하고 있다. 시대적인 다양함과 역동성을 가지고 빠르게 적응하고 있다. 자연의 섭리에 순응하면서 재생 가능한 친환경적 주거공간인 한옥이 이제는 목수들만의 기술전수로 이루어지던 수공업 형태로부터 벗어나야 한다. 한옥을 현대생활과 접목시키고, 표준화, 기계화를 통해 산업화 시키고, 대중화 시켜 나갈 필요가 있다. 다른 공법과 비교하여 비싸다고만 여기는 건축비의 경쟁력 확보를 위한 노력도 함께 뒤따라야 한다. 현대적인 설계기법으로 건축주, 설계자, 시공자간 명확한 의사전달의 토대도 필요하리라 본다. 지금 진화의 바람 한 가운데로 들어선 한옥은 새로운 지평을 열어가고 있다.

한문화사는 그 중심과제로 한옥을 설계하고, 짓고, 현대적인 건축요소로 재구성하는데 있어 의사전달의 중심에 서고자 한다. 가장 한국적이면서도 세계적이며 보편성을 가미한 새로운 한옥의 탄생을 위해 헌신하고자 한다. 한문화사는 언론의 선도적 기능을 수행한다는 사명감을 갖고 한옥의 변화하는 현장에서 같이 뛰고자 한다.

한문화사 편집부

한옥, 전통에서 현대로…

신한옥

차 례

| 들어가는 말 |

| 신한옥 |

01. 무무헌   / 010

02. 계동한옥   / 020

03. 다물마루   / 028

04. 기천리한옥   / 038

05. 법고창신   / 046

06. 리첸시아   / 052

07. 라궁   / 060

08. 한옥테마관   / 072

| 한옥정보모델링 |

01. 한옥의 처마 곡선을 함수로 풀어내다   / 082

02. 한옥은 전일적 연관성을 가진 건축이다   / 088

03. 한옥은 수학적 구성이 가능한 건축이다   / 094

04. 한옥은 자유롭게 이동 및 정착하는 건축이다   / 100

| 한옥의 원류를 찾아서 |

01. 맹씨행단 /108

02. 도산서당 /116

03. 정여창고택 /122

04. 독락당 /130

05. 추사고택 /138

| 한옥의 다양성 |

01. 북촌댁 /148

02. 양진당 /156

03. 운강고택 /162

04. 이득선가옥 /172

05. 명성황후생가 /180

06. 감고당 /190

07. 남천고택 /198

08. 만산고택 /208

09. 백수현가옥 /216

10. 허삼둘가옥 /222

| 한옥의 진화 |

01. 이태준가옥 /232

02. 김진흥가옥 /238

03. 월곡댁 /246

04. 운당 /254

05. 학인당 /262

06. 선병국가옥 /270

07. 양평한옥, 산림조합한옥, 묘적사 /278

08. 스틸하우스 한옥 /284

09. 한옥 모델하우스 (농촌진흥공사 내) /290

신
한
옥

1/ 무무헌

2/ 계동한옥

3 /

다물마루

4 /

기천리
한옥

5 /

법고창신

6 /

리첸시아

7 /

라궁

8 /

한옥
테마관

신한옥

1

골목길과 소통하다

무무헌

無無軒

글
이연건축 조전환 대표

우리 전통에 꾸준한 관심을 둬온 집주인 윤영주 씨가
1930년대 한옥을 사들여 건축가 황두진 씨와 함께 개보수한 무무헌無無軒.
그곳에 들어서면 우리 전통의 멋을 오감五感을 통해 느낄 수 있다.

대청마루에서 예전의 안방에 이르기까지 분합문을 모두 열고 대공간으로 만들었다. 산조를 연주하고 감상하기에 결코 좁은 공간이 아니다.

지난 1999년 봄, 북촌의 한옥 군락을 보존해 관광자원화 한다는 소식이 있을 즈음 우연히 방문하게 된 북촌의 한 한옥에선 할머니 홀로 외로이 살고 계셨다. 자녀는 같은 서울에 있으면서도 집이 불편하다고 나가 살고, 집을 고치고 싶어도 법이란 게 뭔지 '내 집 내 맘대로' 손댈 수 없음을 토로하는 모습이 한옥을 아끼는 사람들의 바람과는 달리 절박해 보였었다. 동네 아래는 마침 종로타워가 첨단을 자랑하며 위용을 뽐내기 시작한 때라 그 상대적 박탈감은 더욱 컸으리라.

그나마 할머니의 생활을 지탱하는 건 이웃 간의 정이었다. 밤이면 휑해지는 슬레이트 지붕 아래 외로이 몸을 누일지언정 동네 인심에 고향 집을 끝내 떠나지 못하는 촌로의 마음과 다름없었다.

위_ 대문 앞. 아래_ 골목길. 실제 아직 지원을 받지 못한 한옥이 모여 있는 동네 골목길엔 화초와 채소가 자라고 있고, 모여 앉아 얘기를 나눌 수 있는 의자들이 있기도 하다.

굽이굽이 좁은 골목에 자리를 펴고 옹기종기 모여앉아 채소를 다듬거나 바느질을 하면서 이야기꽃을 피우곤 했다. 생사고락을 함께한다고 해도 지나치지 않을 만큼 끈끈한 공동체가 골목길을 따라 형성되었던 것이다.

그 옛날, 경복궁과 창덕궁 사이 북촌에는 관리들이 살았다. 가문이 몰락하여 가난한 선비들이 모여 있는 남촌과 비교해 북촌으로 불렸던 것이다. 몇몇 고관대작의 집들은 그 형태가 남아 성공한 후손에 의해 혹은 재벌가의 집으로 보존되었으나, 일제기에 비롯된 도시화 바람으로 서울로 밀려드는 인구를 소화하기 위한 고밀도의 한옥이 그 자리를 대신하였다. 이후 고도제한과 한옥지구지정 등으로 보존돼 현재 북촌의 독특한 경관이 형성되었고, 서울시와 학계의 꾸준한 연구와 지원을 통해 북촌만이 가지는 고유의 아름다움이 되살아났다. 그사이 북촌은 언덕 아래 사람들도 살고 싶어 하는 조용하고 문화적 소양을 배경으로 갖춘 동네로 말쑥해졌다. 그러나 외지인들로 주민이 바뀌면서 도시한옥의 생명력이기도 한 길과의 관계는 단절된 것이 사실이다.

인기척 없는 길에 숨통을 트다

가회동 길모퉁이에는 골목길에 말을 거는 한옥이 하나 있다. 동네 다른 한옥들은 몸체가 길을 따라 길게 면해 방화담을 구성하는 경우가 대부분인데, 이 집의 경우엔 한 면은 대문간이며 다른 한 면은 마당에 접한 담장을 이룬다. 담장 안쪽엔 마당의 화초에 물을 주고 있는 주인의 모습이 세로살창(실은 열고 닫히는 주마창走馬窓) 사이로 어른거린다. 들여다보라고 만들었을 테니 눈이 마주쳐도 들여다보는 이나 내다보는 이 모두 얼굴 붉힐 일은 없어 보인다. 인기척 없는 골목길에서 이제야 숨통이 트이려는 순간이다.

대문간 화단에 감나무와 소나무, 산딸기, 목련 등이 심어진 무무헌無無軒을 찾아갔던 때는 감꽃이 떨어지던 초여름이었다. 주워 꿰면 목걸이 하나 만들어질 정도로 감꽃이 많아 머지않은 가을 감 풍년을 짐작케 했다.

"감나무는 버릴 것이 없지요, 꽃은 목걸이나 반지를 만들기도 하고 열매는 먹는 행복을 전해주고 잎은 붓글씨를 쓰기도 한답니다." 단정한 주인 어른이 대문을 열고 나와 감꽃을 줍고 있는 필자를 맞이한다.

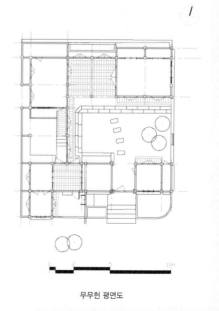

무무헌 평면도

1 가회동 31번지 모퉁이에서 길과의 적절한 소통에 애쓴 흔적이 보인다.
2 북촌마을에서도 조망감이 좋고 지붕선이 아름다운 가회동 31번지의 골목길이다.
3 한옥과 한옥이 모여 지붕이 넘실대는 장관을 다른 곳에서도 보길 기대해 본다.
4 길보다 높이 앉아 있는 집은 대문을 활짝 열어두고 두 팔 벌려 손님을 환영하듯 창문들이 열려 있다.

1

2

3

4

실제 감나무는 마당을 가진 집에선 으레 한그루 정도 심어져 있지만, 열매 외엔 그 쓸모를 잘 알지 못한다. 당唐의 단성식段成式은 「유양잡조酉陽雜俎」에서 '감나무는 수명이 길고, 좋은 그늘을 만들어 주며, 새가 집을 짓지 않으며, 벌레가 꾀지 않는다. 또 단풍이 아름답고, 열매가 먹음직하며, 잎에 글씨를 쓸 수 있으니 칠절七絶을 두루 갖춘 나무'라 예찬했다. 지필묵이 귀했던 시절 주운 잎을 한 장씩 펴서 책갈피에 끼워 무거운 것으로 눌러 놓았다가 여기에 먹으로 글씨를 쓰면 잘 써진다고 한다. 대개 다른 잎은 미세한 털이 있어서 먹이 잘 묻지 않지만, 감나무 잎은 매끄러워 먹이 잘 묻어 훌륭한 필기장이 되었다. 검게 먹이 든 먹감나무는 훌륭한 가구재로 쓰이기도 했으니 감나무의 존재가 무심히 보이지 않는다. 화단의 화초 하나, 마당의 수목 하나, 집의 가재도구조차 의미 없이 허투루 놓인 것이 없겠구나 싶어 집이 더욱 궁금해진다.

원형을 살린 채 독특한 공간감 이뤄

무무헌은 가회동 31번지에 대지 175m²(53평), 건물 102m²(31평)이 F자 형태로 본채와 아래채 그리고 둘을 이어주는 별채로 이루어졌다. 2004년 구매 당시, 1930년대 지어진 다른 이웃집들이 그러했듯 생활의 편리를 따라 부엌이나 화장실의 위치 등이 옮겨지고 마당의 가재기를 한 집이었다. 어린 시절 충정로의 한옥에서 유년시절을 보냈던 주인은 이 집이 그때 살았던 집의 형태와 규모가 비슷해 마음에 들어 했다.

건축을 담당한 건축가 황두진 씨와 원래 한옥의 공간구성을 되살리는데 의견을 모으고 1년여에 걸쳐 꼼꼼히 무무헌을 지어 나갔다. 최대한 원형을 살린 가운데 안방과 부엌이 제자리를 찾으면서 독특한 공간감이 형성되었다. 기단의 높이는 높은 채로 일정하게 하고 마당에서 드나들던 한옥의 부엌 바닥높이를 원래대로 낮추고 안방에서 부엌으로 내부 이동통로를 만들다 보니 공간의 개방감과 폐쇄감이 다양하게 연출되었다.

부엌 상부에는 주인의 바람대로 어린 시절 추억이 담긴 다락을 복원하였다. 사랑방, 대청, 안방, 부엌, 별채로 구성된 방과 작은 부엌 그리고 대문간의 아랫방 등으로 채워졌다. 구조적으로는 굴도리 7량 집으로 해체하면서 썩은 보나 서까래만 교체했을 뿐 최대한 부재를 살려 썼다. 대신 함석차양에 대한 거부감으로 전면에 없던 부연을 달고 막새기와로 마무리하는 등 필요에 따라 부분적인 변형을 가했다. 처마가 깊어지면서 숨을 쉬지 못하는 유리창호 대신 전부 한지로 창호를 마감했다. 창문을 활짝 열어두고 빗소리며 화초를 감상할 때의 감동은 한옥만이 가진 정취로 되살아났다.

주인은 모 제과점을 크게 키워놓고 젊은 나이에 퇴직해 광화문의 이탈리안 레스토랑 '나무와 벽돌'과 가회동 '가회헌'을 경영하는 윤영주 대표이다. 본관은 해남으로 고산 윤선도의 후손으로 부지불식간不知不識間에 선조의 정신을 사업이나 문화 활동을 통해 이어나가고 있다. 무무헌을 건축하고 레스토랑에 한옥 별채(가회헌)를 짓는 노력 등을 기울였다.

항상 개방되지 않는 개인 소유의 집인데도 북촌 한옥을 논할 때 많은 이들이 언급하는 집들 중의 하나가 무무헌이다. 국내외 귀빈들의 한옥체험장으로, 한옥건축에 관심 있는 학생들에게는 학습장소로, 오늘날 산조散調의 맥을 이어가고 있는 전통음악 연주자들의 소리를 직접 감상할 수 있는 공연장으로 흔쾌히 제공되기도 한다.

집주인은 우리 것이 마냥 좋기도 했지만, 외국인이 오히려 우리 전통문화의 가치를 알아보고 심지어 북촌의 한옥을 사들여 거처로 삼는 모습을 보면서(비단 집주인만의 고백은 아닐 것이다.) 부끄러움과 안타까움을 느끼며 더욱 애정을 쏟게 되었다.

1 사랑방에서 대청마루와 안방을 바라본 모습이다.
2 유리가 아닌 창호지와 회벽은 빛깔 고운 나무프레임에 끼워진 깨끗한 도화지 같다.
번잡한 도심 속에서 나무, 돌, 흙, 종이, 수목 등 자연을 느낄 수 있는 것은 북촌 한옥이 주는 특혜이기도 하다.
3 마루와 두 개의 방. 미니부엌과 화장실로 구성된 별채는 본채 부엌이나 쪽마루 혹은
외부 협문을 통해 드나들 수 있는 완전히 독립된 공간이다.
4 안방과 별채 사이 부엌은 원래 마당 높이로 낮아지고 상부는 다락을 설치하였다.
덕분에 공간감이 다양하다. 부엌은 와인파티를 준비해도 될 만큼 규모 있고 현대적이다.

선비의 사랑방 역할

무무헌은 일반 살림집이 아니라 집주인이 사랑방 역할을 하는 집이다. 가까이 위치한 두 개의 레스토랑에서 걸어와 책을 읽고 붓글씨를 쓰고 집안을 가꾸고 마당을 손질하고 손님을 맞기도 한다. 병풍, 다탁, 지필묵, 서책 등이 놓인 대청은 어제든지 책이나 붓을 들기에 좋은 선비의 공간이다. 서예는 집주인의 취미로, 대학시절 서예를 배우다 전통 소품에서 가구로 더 나아가 전통문화에 눈을 뜨게 되었다고 한다.

대들보에 걸린 일체유심조一切唯心造(사물 자체에는 정淨도 부정不淨도 없고 모든 것은 오로지 마음이 지어내는 것)는 무무헌의 불교적 색채와도 맞닿는다. 정좌하고 붓글씨를 쓰며 마음을 비워내는 선비의 서실이자 승려의 승방이다.

대청 왼쪽은 사랑방으로 족자 옆에 걸린 유화 한 점도 자연스레 동화되어 있고 연상, 사방탁자, 소반, 옹기 등의 소품은 오랜 세월 발품을 팔며 하나씩 둘씩 모은 것이다.

북쪽으로 두 칸에 걸쳐 마련된 벽장문을 열면 반전이 아닐 수 없다. 컴퓨터와 더불어 첨단의 오디오시스템이 메탈릭한 느낌을 자랑한다. 사진 촬영을 왔던 한 작가는 음악을 크게 틀어 놓고 한옥 구조의 좋은 공명을 만끽하며 사진작업을 했다고 한다.

살림집이 아니라 할지라도 이불장, 옷장, 책장, 개인 물품 보관장 등은 기본적으로 필요해 방마다 한 개 이상 설치된 수장 공간으로 정갈한 한옥 방의 절제미를 살릴 수 있었다. 벽감 부분의 문을 떼어내고 수집품을 전시하는 공간으로 삼기도 했다. 특별히 복원한 안방에서 통하는 부엌 상부의 다락은 하나의 수장고였다. 특별히 소반에 애착을 갖고 모으다 보니 이제까지 모은 물품들로 웬만한 전시를 열 수 있을 정도다. 서안으로, 차상으로, 밥상으로, 전화대로, 화분대로 쓰임이 무궁무진한 소반은 통영소반, 나주소반, 해주소반 등 지역별 차이를 가지고 있는데, 각기 독특한 구조미를 드러내며 집안 곳곳에 배치되었다. 눈길을 끄는 것은 오죽으로 만들어진 횟대로 유엔본부까지 다녀왔던 것이라며 집주인의 자랑이 대단하다. 한복이 평면적이라 접어 걸어두면 횟대만큼 실용적이며 멋스런 가구가 없다. 모친이 직접 지어주셨다는 무명한복이 고이 걸려 있다.

세 짝의 세살청판분합문 뒤로 별채와 아래채 사이에 쪽문을 내었다.

1 담쟁이덩굴이 한 폭의 그림처럼 다가온다.
2 F자형의 평면에서 一자의 튀어나온 부분에 해당하는 별채의 방이다.
창문을 열면 길 건너 집이지만 지붕선이 가깝게 느껴진다.
3 낮잠 자기에 안성맞춤인 작은방이지만 벽지를 밝은 한지로 통일하고
천장을 서까래가 노출된 연등천장으로 하여 답답해 보이지 않는다.

한옥의 자연미를 살려낸 집주인의 관심과 애정

한 무리의 일본 관광객들이 지나가다 열어놓은 주마창 사이로 안을 들여다보고는 대문으로 돌아 들어와 예의 깍듯한 인사로 집 구경을 부탁한다. 집주인이 유창한 일본어 실력으로 마당의 화초며 집의 구조에 대해 설명을 하는데, 일본인들의 감탄사가 이어진다.

자연과 사람 사이를 연결해주는 한옥이 도심 한가운데 있다고 해서 크게 다를 바는 없다. 마당은 흙바닥에 마사토를 깔았다. 서울의 어느 공원을 가더라도 포장되어 있고 북촌을 오르는 길도 흙으로 포장해 흉내를 냈으나, 무무헌의 마당엔 담장을 의지하여 오죽, 붓꽃, 매발톱, 꿀풀, 금낭화, 소나무 등이 굴뚝과 함께 마당 깊이 뿌리내리고 있다.

처마 아래에는 참새가 열심히 집을 짓고, 마당의 소나무엔 제비들이 날아와 지저귀다 떠나기도 한다. 방마다 분주히 오가며 쓸고 닦고 마당을 정리하고 화초에 물을 주다 보면 무무헌은 도심에서의 번잡한 생각들이 사라지는 도량공간이 된다.

나무 뼈대는 표면만 벗겨내 부드러운 색조와 함께 집의 역사를 드러냈고, 외부만 스테인을 칠했을 뿐이다. 나무 뼈대에는 흙으로 면을 구성하고 회를 칠하였다. 바닥은 7~8장의 초배지를 바르고 한지장판에 콩댐하면서도 생활이나 관리의 편리를 위해 유리창이나 부직포를 대는 경우도 많이 있다. 그러나 창호는 하나도 빠짐없이 창호지로 마감해 생태적인 한옥의 맛과 멋을 되살렸다. 조명은 간접조명을 기본으로 대들보나 종보 위로 등을 설치하거나 문틀 위, 천장 내 매입등으로 한옥의 구조를 부각하면서도 고졸한 방

의 멋을 깨뜨리지 않도록 했다.

이제는 각자의 일터로 돌아가야 할 시간, 부지런히 이방 저방을 다니며 문을 닫은 주인은 댓돌로 내려서며 '가장 내밀한 곳에서부터 문을 잠그고 나와 최종에 대청마루 문과 대문만 잘 단속하면 되던 시절도 있었지만, 현실은 그렇지 못하다.'라고 말하는 표정이 쓸쓸해 보인다.

건강한 주거 형태로 한옥이 다시 주목을 받지만, 여전히 방범의 문제에선 취약한 건 인정하지 않을 수 없다. 그래서 한옥은 개별적인 존재보다 마을로 이루어져 이웃 간 교류가 활발히 이루어질 수 있는 건축계획이 모색되어야 할 듯 싶다. 무무헌은 한옥의 방범에 대한 해결책으로 문마다 센서를 달아 보안서비스를 받고 있다. 가까이 청와대가 있어 북촌만큼 방범이 잘 되는 곳도 없다지만, 외지인이 많이 들어오고 마을 주민 간 교류가 없다 보니 자율적인 방범체제가 마련될 수 없음이 안타까운 현실이다.

담장의 주마창을 닫는 것으로 집안 단속이 마무리되었다. 맘만 먹으면 지나가던 사람들이 열어볼 수도 있겠으나, 외출 중인 집주인의 의도를 읽고 이해해주길 바라는 장치가 애교스럽다.

1

2

1 아랫동네는 하늘 높은 줄 모르고 고층빌딩이 빽빽이 들어서 있지만,
북촌 윗동네는 대대로 단층 한옥지붕이다.
2 본채와 아래채의 측면으로 화방벽을 한 맞배지붕이다.
3 대문으로 오르는 계단을 장대석으로 깔끔하고 단정하게 처리했다.
4 집과 골목길의 소통장치인 주마창이다.
5 왼쪽에는 별채로 통하는 협문이 마련되어 있다.
6 별채에 마련된 작은 마당과 협문으로 출입을 자유롭게 했다.
세를 놓을 생각이었지만, 막상 짓고 보니 정성을 쏟은 집을
오롯이 느끼고 싶은 욕심이 생겼다고 한다.
7 별채로 바로 출입할 수 있는 협문에서 대문간채를 바라본 모습이다.

3

4

5

6

7

신한옥

2

소통과 가림을 아우르는

계동한옥

글
(주)북촌HRC 김장권 대표

건물 외형은 아랫방이 반 칸 돌출된 정면 5칸 반, 측면 5칸의 규모로 사다리꼴초석에 사각기둥을 한 겹처마 팔작집으로 직절익공 소로수장집이다.

한옥이 진화하고 있다. 이제 한옥은 현대를 살아가는 사람들과 함께 호흡하는 삶의 터전으로서 그 가치를 인정받고 있다. 사람들의 사고와 생활이 변하고 있다. 한옥이 계속 진화해야 하는 이유다. 한옥에는 현대건축에서 맛볼 수 없는 깊은 자연미가 담겨 있고 자연과 소통하는 천연의 아름다움을 품고 있다. 먼저 사람의 몸을 생각하고 자연을 받아들이고 순응하는 과학적인 구조의 이런 장점들은 현대건축에서 다시 재현해야 할 미의식이다. 이제 한옥은 자연과 벗을 삼고 여유로움을 만끽할 수 있는 주거공간으로 재탄생 중이다.

소통과 가림, 변신에 능한 이중 공간

건축물의 단절을 느낀 이 시대의 몇 명 건축가들과 장인들에 의해 우리네 한옥은 본연의 원형을 중심으로 새롭게 지어지고 있다. 한옥에서 원형에 대한 존중은 매우 중요한 공식 중 하나다. 그만큼 원형이 가지고 있는 완성도와 예술성이 뛰어나기 때문이다. 하지만, 나에게 있어 한옥은 창의성의 완성물이며, 나아가 시대상을 결합한 주거공간이어야 한다고 믿고 있다. 건축주에게 감동을 줄 수 있는 창의적인 생각과 공법을 생각하기 위해 나는 매일 꿈을 꾼다. 특히 적은 비용으로 한옥의 아름다움을 살리기 위한 노력은 언제나 숙제로 돌아온다. 한옥을 얘기할 때 개방과 소통은 빠지지 않는 장점이다. 하지만, 현대의 한옥은 개방과 소통만큼이나 개인의 사생활이 보호되는 가림의 공간이 필요하다. 계동한옥은 이런 의미에서 가족 개개인의 공간을 잘 구현했다.

한옥의 개방성은 주거공간으로 이용하기엔 아쉬움이 많다. 전통한옥은 안채, 사랑채, 행랑채, 별채를 각각 독립된 채로 사용했기 때문에 사생활의 보호가 가능했지만, 현대한옥은 대지의 제한으로 한 지붕으로 만드는 경우가 많아서 개인의 사생활이 노출될 수밖에 없다. 계동한옥은 가림과 단절의 미학으로 이러한 단점을 최대한 줄여 인간을 배려한 한옥이다. 서울 종로구 이해성·이난희 부부의 계동한옥 현장은 답답한 구조의 한옥이었다. ㄷ자형과 ㅡ자형을 결합한 ㅁ자형의 가옥구조는 앞마당과 지금의 후원 그리고 쪽문이 있는 공간을 모두 막아 실내공간만을 확대했기 때문이다.

대문 오른쪽 칸은 원룸형태로 독립공간을 만들어 쪽문을 내고 임대를 줄 수 있도록 설계하였다

건축주는 그동안 아파트 생활 속에서 잊었던 빛, 바람, 비, 하늘 등의 자연을 주거공간으로 끌어들이고자 했다. 자연의 수용을 통해 심리적 안정을 찾고자 했던 그의 바람은 계동 127 한옥을 자리하게 했으며, 오늘날 회복의 공간으로서 그 역할을 가능케 한다. 먼저 마당에 증축된 부분을 철거하여 중원을 넓히고, 지금의 후원 부분을 철거하여 아래채에서 후원과 만날 수 있게 설계하였다.

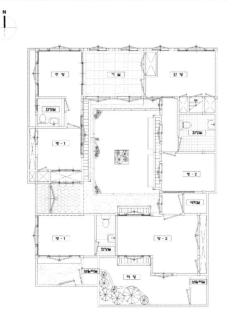

계동한옥 평면도   S: 1 / 80

1 소통의 공간인 마당에는
손바닥 정원을 만들어
물리적인 중심에 감수성을
끌어들였다.
2 대문의 표정을 보면
단정하고 정돈된 주인의
마음을 알 수 있다.
3 대청마루에서 중원을
통해 후원까지 볼 수 있게
하여 채와 채 사이에
중첩되는 공간이 만들어지고
바람길이 만들어져 집의
답답함도 피할 수 있게 했다.

왼쪽_ 한옥 창문 속에 창문이 있고, 창문 안으로 풍경이 보인다. 물고기 벽화는 항상 집을 안전하게 지킨다는 의미를 담고 있다.
오른쪽_ ㅁ자형의 마당을 중심으로 10여 개의 문은 소통과 가림을 주관한다.

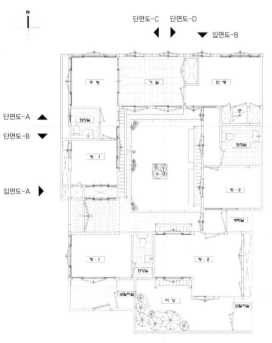

계동한옥 평면도

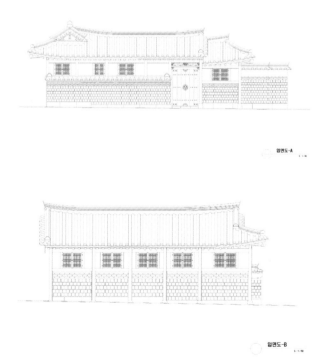

오량가 대청마루에서
주방을 바라본 모습이다.

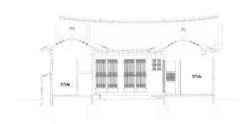

단면도-A

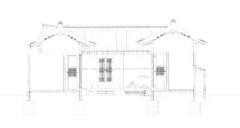

단면도-B

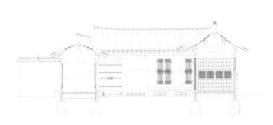

단면도-C

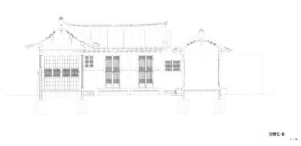

단면도-D

단절과 가림의 영역을 확대

이번 공사의 특징은 한옥 하면 떠올리는 개방과 소통의 이미지를 최대한 숨기고, 단절과 가림의 영역을 확대했다는 점이다. 이제 대학 졸업반인 딸, 친구를 좋아하는 대학생 아들, 책을 가까이에서 접하고자 했던 안주인을 위한 배려다.

또한, 구성원의 동선을 달리해 프라이버시를 고려했으며, 이와 함께 모든 동선이 실내로 통하여 겨울철에도 이동을 쉽게 할 수 있도록 하고 소통에 대한 배려에도 중점을 두었다. 안방에서는 옷장의 중심부문을 열면 온전한 침묵의 공간인 지하로 통하는 계단을 만들어 또 다른 안주인만의 장소를 제공하였다. 이른바 도시형 한옥이라고 불리는 주거공간은 주택으로서의 기본적인 기능 그리고 가림과 고립에 대한 또 다른 배려가 필요하다.

계동한옥 건물 외형은 아랫방이 반 칸 돌출된 정면 5칸 반, 측면 5칸의 규모로 사다리꼴초석에 사각기둥을 한 겹처마 팔작집으로 직절익공 소로수장집이다. 전체적으로 ㅁ자형의 배치로 소통의 공간인 마당에는 손바닥 정원을 만들어 물리적인 중심에 있으면서도 심정적인 감수성을 끌어들였다. 아래 칸 ㅡ자형 가옥은 작은 ㄱ자 형태로 방의 크기를 키워 수납과 생활에 편의를 주었으며 대청마루에서 중원을 통해 후원까지 볼 수 있게 하여 채와 채 사이에 중첩되는 공간이 만들어지고 바람길이 만들어져 집의 답답함도 피할 수 있게 하였다. 대문 오른쪽 칸은 원룸형태로 독립공간을 만들어 쪽문을 내고 임대를 줄 수 있도록 설계하였다. 이런 계동한옥은 열림과 닫힘이 조화를 이뤄 돋보이는 한옥이다.

3

4

5

6

7

1 대청마루와 안방 사이에 세 짝의 만살 불발기창을 설치했다.
왼쪽 두 짝은 여닫이 쌍창으로 하고 오른쪽 한 짝은 여닫이 독창으로 출입을 위한 문이다.
2 문얼굴 사이로 마당에 손바닥 정원이 보인다.
3 ㅡ자형 아래 칸에 작은 ㄱ자 형태로 방의 크기를 키워 수납과 생활에 편의를 주었다.
4 옷장의 중심부문을 열면 온전한 침묵의 공간인 지하로 통하는 계단을 만들어 또 다른 안주인만의 장소를 제공하였다.
5 딸의 방으로 많은 수납공간을 두어 좁지만 정돈된 공간이다.
6 모든 동선이 실내로 통하여 겨울철에도 쉽게 이동할 수 있게 하는데 중점을 두었다.
7 화장실 내부. 마당 끝에 자리하던 뒷간은 수세식 변기와 정화조 설치로 현대인의 삶의 방식에 맞춰 진화했다.

신한옥

3

심신의 건강을 회복하는

다물多勿
마루

취재협조
명지대학교 건축학과 김경수 교수

'다물마루'라는 한옥을 직접 설계하고 짓는 과정을 배우면서 실천하는 과정을 중심으로 현대건축 전공자가 생활 속에 살아 있는 이론을 모색하려 했다. 그 너머에는 모든 사람이 한옥을 누릴 수 있는 시대가 오기를 바라는 꿈이 있다. '다물마루'는 군부대 이전 대상지에 포함되어 헐리었지만, 한옥을 사랑하는 모든 사람과 적으나마 한옥 짓는 과정의 이야기를 나눌 수 있는 자료로 남기고자 했다.

중심축 대칭과 정방형 규치에 최대한 엄격하게 맞추려 한 배치다. 차츰 발전시켜 가면서 전통 건축에서 보이는 축 비낌이나 시선 틀기를 적용했다.

생활 속에 살아 있는 이론을 실천하다

중심을 그리며 영속을 꿈꾸던 내가 베네치아에서 1년 반 파견연구를 끝내고 귀국한 뒤 서울의 소형 아파트를 판 대금으로 용인에 집을 지으려니 소박한 주택이 되었다. 본채 30평, 창고 10평 규모로 나지막한 산자락에 살림집을 지어 다물1이라 이름 지었다. 다물2에 이어 이번 소개의 주 대상인 다물마루도 준공 넉 달 만에 군부대 이전 대상지에 포함되어 다시 헐리게 되었다. 자연 속에 조용히 살겠다는 꿈이 개발이라는 괴물에게 쫓겨 다니는 형국이다. 그러니 다물마루도 다물3이라 하고 또다시 짓게 될 집을 다물마루라고 해야 할지도 모르겠다.

지금까지 내가 구상해 온 집의 원형(idea/archetype)이 다물마루이고 실제로 지어진 집들은 그 원형이 구현된 사례로 다물n이라고 하는 것이 마땅해 보이기도 한다. 그러나 다물마루는 건축유형의 별명이 될 수는 있어도 내용과 형식을 전달할 적절한 이름은 아니다. '다물'은 본디 옛 땅을 회복한다는 뜻이 있다. 30평짜리 살림집을 설계하면서 심신의 건강을 회복한다는 꿈을 꾸었다. 옛사람들의 '고토회복'을 '몸과 마음의 제자리로 돌아감'으로 나름대로 재해석한 것이다. 그러니 '다물'은 내가 집을 지으며 지향하고 있는 하나의 가치이다. 사람의 생명을 북돋아 주는 건축, 집이 들어설 자연의 신비와 아름다움을 더욱 돋보이게 하고, 그 생명활동에 참여하는 그런 건축이라야 한다는 생각이다. 부석사와 병산서원, 종묘에 감동하는 건축가라면 앞사람들의 그런 성취를 오늘의 건축에도 살려 보겠다는 결기決起라도 가져야 하리라. 그런 이야기를 많이 해 왔으니 내 집 설계에서도 당연히 실천해야 했다. 실제로 구현할 수 있고 없고는 문제가 아니고 시도 자체가 중요하다.

다물마루의 눈 내린 겨울풍경

서쪽 측면을 통해 본 전체 건축 결구 체계, 콘크리트 구조와 한옥 목구조가 만나는 부분이 문제의 핵심이다.

한옥을 향하여

옆집에서는 다물1을 매수할 생각을 좀 더 구체적으로 보였다. 한 달 전쯤, 왜 우리가 나가야 하느냐며 단호하게 거부하던 아내의 마음도 조금은 누그러들었고, 이 기회에 새로 집을 지어 분위기를 바꾸는 것도 좋겠다 싶어 방향을 바꾸었다. 이천 쪽으로 10분 거리에 사는 아내의 도예선생이 나서서 터를 찾아봐 주었다. 이천시에서도 오지에 속한다는 마장면 관리. 이천, 광주, 용인 3개시가 맞닿아 있는 경계지역이다. 집터를 보고 온 아내가 흡족해하고 나도 찬동하여 지가가 만만치 않은데도 그냥 계약해 버렸다. 일주일 만에 결정을 하였으니 그야말로 속전속결이다. 계약금을 치르고 돌아온 그날 저녁 아내는 또 다른 제안을 꺼내놓았다. 사들인 924m²(280평) 땅에 아래쪽으로 붙어 있는 691m²(약 240평) 한 필지를 마저 사자는 것이다. 시골인데 채소밭도 있어야겠고, 손자 손녀가 놀러 오면 뛰놀 마당이 좀 더 넓어야겠다는 것이다. 그러면 집 지을 공사비가 줄어들어 또 쪼들릴 것이 뻔하다. 빚이라도 얻어 올 테니 그리하자며 밀어붙이는데 져 주는 수밖에 없다. 이튿날 계약서를 다시 쓰면서도 별다른 흥정을 할 수가 없었다.

어쨌든 주변 환경이 좋은 땅을 찾았으니 바로 새집 설계 구상에 들어간다. 집 지을 새 터를 처음 만나고 돌아오면서 느낀 것들을 바로 스케치해 놓는 것이 중요하다. 그 감각이 끝까지 지속할 리는 없고, 설계는 계속 여러 변수를 고려하며 변해가기 마련이다. 그러나 첫인상에서 설계를 풀어가는 실마리가 될 새로운 착상을 얻는 것 자체가, 건축가가 꿈을 찾아가는 소중한 계기가 된다. 새집에 대한 기대로 흥이 절로 나며 생기가 넘치는 시간이기 때문이다. 지난번 집을 그릴 때도 그랬지만, 이번에도 영원히 그곳에 살아남을 것으로 전제하며 생각을 이어 간다. 사람이 아니라 집과 함께 하며 살았던 흔적이 남는다. 건축은 한 세대, 한 시대만을 위해 짓는 것이 아니라고 믿고 가르쳐 왔기 때문이다.

10여 년 만에 다시 짓는 건축가의 집이다. 여러 개의 마당을 두고 아내의 도자기 가마도 한쪽에 배치한다. 등요登窯라고도 불리는 재래식 장작가마는 경사지를 이용하는 방법으로서도 쓸모가 있다. 그렇게 널찍한 터에 여러 마당을 둘러싸며 집들을 펼쳐 놓는 꿈을 꾸었다.

바람이 잘 통하고 기의 흐름이 막히지 않게 하려면 건물 사이를 틔워주어야 한다. 지적도를 받고 보니 땅 모양도 보기보다 부정형이다. 북쪽으로 혹처럼 덧붙어 있는 한 필지를 파내어 거의 쓸모없는 급경사지로 만들어 놓았다. 이렇게 경계선이 들쭉날쭉한 땅이라면 격자식으로 여러 마당을 둘러싸는 배치는 어렵다. 마당을 여럿 둔다는 착상만 유지하기로 하고 기본 구상을 새로 시작하였다. 다양한 기능과 삶의 형식을 상정한 공간들을 구상하고 이들을 엮어 전체를 배치해 가면서, 정형과 부정형의 결합이라는 이원적 원리를 지속적으로 되새긴다. ㄷ자형 평면은 다물1에서 유년기를 보냈던 두 딸의 어린 시절을 기억할 장치가 되기도 할 것이다. 방의 위치나 크기, 재료 등은 달라지겠지만 가운데 마당이 있는 공간구조나, 어릴 때 손수 만들어준 책장이나 책상, 가구와 벽마감 재료의 질감 등 성장기를 함께 보냈던 옛것들의 존재는 어렴풋하게라도 시간의 연속성이 주는 편안함을 느끼게 할 것이다.

초기 발상은 대칭축을 설정하면서 최대한 엄격한 질서를 전제하여 시작하였다. 차츰 발전시켜 가면서 전통 건축에서 보이는 축 비낌이나 시선 틀기를 적용한다. 축의 북쪽 끝 정점에 배치한 사당 성격의 별채는 안대를 고려하여 15도 정도 방향을 조정하였다. 건물의 중심 시선 방향에 어느 산이 보이도록 할 것인가는 우리 전통건축에서는 중요한 고려사항이다.

왼쪽_ 다물마루는 현대건축에 한옥의 구법과 형식을 융합하려는 시도이고 그간의 건축설계에서 지향하였던 지속에 대한 관심이 바탕을 이루고 있다. 입방체 구조를 기단처럼 깔고 그 위에 처마가 있는 작은 집을 얹었다.
오른쪽_ 일주문 같은 일각문. 다물은 고조선 땅을 되찾고자 했던 주몽의 '고토회복'을 '몸과 마음의 제자리로 돌아감'으로 나름대로 재해석한 것이다.

정남향을 고수하려니 땅 모양이 문제다. 필지를 합병하고 다시 자른다. 대지는 200평만 개발행위 허가를 받는 것으로 토목측량회사에 의뢰하였다. 건물의 바닥면적과 층별 배분 등 개략계획이면 허가신청을 할 수 있다지만, 토목 따로 건축 따로 진행하여 나중에 변경하는 것보다는 처음부터 면적 배분을 구체화하는 것이 낫겠다. 허용 건폐율이 20%이니 1층을 40평까지 지을 수 있다. 공사비가 모자랄 뿐이지 1층 40평 위에 올려 지을 수 있는 연면적에는 여유가 있다. 작업실, 거실, 부엌, 안방 등 모든 방이 넓어야 하고, 손자 손녀 다락방까지 있어야 한다는 것이 아내의 주문이다. 그 요구대로 그려 보니 80평을 넘어가려 한다. 계획성 없이 부푼 꿈에 이끌려 비합리적, 감성적으로 판단하였던 것일까? 건축공간 프로그램에서 선결 조건처럼 여기는 자원배분 등, 논리적 계획과정을 중시하는 견해에서 보면 건축기획 단계를 건너뛰었다고 하겠다. 자택 설계란 자신과 가족의 불확실한 욕망을 드러내 보이며, 목표 자체를 조정해 나가는 과정이다. 건축설계 의뢰인이 있는 타인의 집을 설계할 때도 정도 차이는 있어도 비슷한 과정을 거치게 마련이다. 마지막 마무리 단계까지 살 사람과 현장의 상황에 적응해 가며, 계속해서 세부를 수정하고 완성해 가는 과정이 설계에는 필수적이다. ㄷ자형의 배치는 기본 골격으로 유지하되 규모를 줄이고 설계는 거의 다시 시작하듯이 바꾸었다. 이렇게 수정하고 변경하기를 서른 번 넘게 해 가면서 설계의 윤곽이 정리되기 시작한다.

가운데 마당을 두는 방식을 비롯하여 채를 나누고 처마를 내밀어 우리 땅의 기후 풍토를 반영한다는 생각은 지속적으로 유지해 왔다. 그러면서도 공간 그 자체가 한국건축의 정신을 담는 것이라는 기성 건축계의 고정관념에 붙들려 있었다. 전통건축의 고전을 찾아 답사를 다니고, 그 깊고도 자연스러운 멋에 아무리 공감하고 감탄을 해 왔다 해도 헛일이다. 지금 여기서 집을 짓는 데에 한옥을 적용해 볼 엄두를 내기가 쉽지 않다. 한옥의 설계와 제작과정에 대한 기본지식과 체험이 모자라거나 아예 없는 상태이기 때문이다. 그러면서 그런 무력한 상태를 스스로 합리화한다. 한옥이 운치는 있어도 현대화된 지금의 삶을 담기에는 맞지 않는다고. 게다가 값까지 비싸다며 쉽게 외면한다. 그런 문제들을 해결해 가며 한옥을 진화시키려고 노력하는 건축가는 여전히 드물다.

왼쪽_ 사실 2층 두 날개채를 한옥으로 결정한 후에도, 3층 높이가 된 다락 층 부분 지붕의 마무리는 어떻게 해야 할지 불확실한 상태였다. 심야전기 보일러와 온수탱크를 담고 있는 3층 높이의 다락 층 외경사지붕은 30도 각도로 태양광전지판(PV모듈)을 얹자는 생각이었지만, 여전히 경제적 효율이 미덥지 않아 뒤로 미루고 일단 기와로 마무리하였다.
오른쪽_ 동쪽 입면. 한옥 기와지붕이 콘크리트 구조체 덩어리를 조형적으로 통합하는 요소로 작용한다.

한옥으로 갑니다

넉 달 넘게 걸린 설계과정의 끝자락에 특별히 새로운 안이 더는 나올 것으로 보이지 않았다. 일단 허가도면 작성에 착수하도록 기본계획안을 넘겼다. 그리고 바로 다음날 한옥으로 하겠다는 결심을 하며 작업을 보류시킨다. 동시에 한옥 짓기 실습 교육에도 참여해야겠다는 생각이 들었다. 인터넷을 확인해 보니 이미 8주 중 2주차에 해당하는 기간이 지나가 버렸다. 아직 빈자리가 남아 있음을 확인하고 바로 교육비를 송금하였다. '한옥으로 갑니다.' 이 한 마디가 그렇게 어려웠던 것인가? 곁에서 도와주던 건축가들은 걱정이 많다. 복합구조는 공사가 복잡하다. 시간도 더 걸린다. 접합부 상세는 말할 것도 없고, 시공자들 사이에 통합 조정도 어렵다, 등등. 쉽지 않다는 여러 이유 중에서도 가

장 두려운 것이 공사비가 늘어난다는 것이다. 겁이 날 수밖에 없지만 그래도 한옥으로 해 보겠다고 다짐을 한다. 돌이켜 보니 이렇게 결심하던 순간의 심정과 경과는 자세한 기록으로 남겨 놓지 못했다. 돌파구를 찾는 데 골몰하여 그럴 만한 경황이 없었다.

설계안에 한옥을 도입하기로 마음을 굳힌 후의 실습교육은 더욱 자신감을 심어 주었다. 사실 2층 두 날개채를 한옥으로 결정한 후에도, 3층 높이가 된 다락 층 부분 지붕의 마무리는 어떻게 해야 할지 불확실한 상태였다. 한동안은 옹벽구조 위에 콘크리트 경사 슬라브를 치고 그 위에 태양광전지판을 얹는다고 생각하였다. 한옥 실습과 함께 이 생각은 전환을 맞는다. 이 실습을 진행하면서 당시 3개월 이상 진행하고 있던 다물마루 설계안을 최종 결정 단계에서 변경하게 되었다.

1 본채 2층 우측 날개채인 화이정 누(樓)에서 검이당을 바라본 모습.
2,5 후면에서 바라본 모습. 다양한 기능과 삶의 형식을 상징한 공간들을 구상하고 이들을 엮어 전체를 배치해 가면서, 정형과 부정형의 결합이라는 이원적 원리를 지속적으로 되새긴 ㄷ자형 평면구성이다.

3 밑에서 바라본 처마. 본채 2층의 두 날개채는 팔작지붕으로도 그려 보았으나 강건하고 간결 한 맛이 현격히 떨어진다. 학인의 집이라면 조금은 소박한 것이 낫지 않겠는가 하는 조언을 받아 맞배지붕으로 간결하게 했다.
4,6 가운데 마당이 있는 공간구조로 채를 나누고 처마를 내밀어 우리 땅의 기후 풍토를 반영했다.

퓨전 한옥, 다물마루

다물마루는 현대건축에 한옥의 구법과 형식을 융합하려는 시도이고 그간의 건축설계에서 지향하였던 지속에 대한 관심이 바탕을 이루고 있다. 건축은 그 땅에 오래 남아 인간의 행위와 정신을 증언하는 것이라는 생각은 내 설계와 교육에 기본정신이 되어 왔다. 수많은 안을 그리면서 불만스러워 한 설계과정 자체가 그렇게 거쳐야 할 고투의 여정이었다. 그 끝자락에서 콘크리트 구조체를 받침대로 하며 그 위에 한옥 목구조를 결합하는 하나의 작은 길을 찾았다. 제자가 이름 붙여 준 퓨전 한옥이다. 한국미의 핵심이라고 말한 바로 섞어서 비비고, 오랜 시간 곰삭은 깊은 맛으로 버무려 멋들어지게 이질적인 것들을 한데 녹여낸다. 이것이 한국문화가 생동하며 매혹을 갖는 순간의 맛과 멋이다. 국가와 민족, 지역 사이에서도 개방과 교류를 통해 서로 다른 문화가 충돌하고 섞일 때만, 의미 있고 새로운 문명, 문화가 피어난다. 지중해 무역의 중심으로 윤택했던 크레타가 그랬고, 십자군 이래 동서교류의 길목이었던 베네치아, 비단길 위에 수많은 도시, 퓨전 문화를 섞어내며 융성했던 당나라 장안이 그랬다. 이 땅이 세계를 향해 활짝 열려 있을 때 우리 문화도 세계 보편적 가치를 드러내며 세상에 자랑할 만한 것들을 생산해 내었다.

한옥실습 마지막 조립과정을 다물마루 집터 현장에서 하기로 하였다. 실습생 두 팀이 모여 두 채의 3칸 집 뼈대를 세우고 상량을 한다. 실습과제지만 초기부터 당호를 짓고 그것을 두 팀의 이름으로 삼았다. 즐거운 벗이라는 뜻의 열우재와 작은 웃음, 소소헌이다. 이중 내가 참여한 소소헌을 사들이기로 하고 이미 설계에 반영해 놓은 상태였다. 소소헌을 작업실 상부 옥상에 벽 없이 여름 누정처럼 얹어 놓는다고 생각하였다. 물론 축소모형으로 기둥 높이가 모자라므로 동바리 기둥을 받쳐 실내공간의 높이를 확보해야 했다.

실습과정을 실제 현장으로 가져온다는 생각은 공사비를 절약할 수 있다는 데서 출발하였다. 그러나 이 일은 내 손으로 깎은 실습결과물이 살 집으로 세워진다는 흥미로운 사건이 되었다. 다음은 2006년 3월 25일(토) 오후 2시30분 한옥 짓기 실습 상량식의 상량문이다.

그대가 내 집 짓고 내가 그대 집 지으면
그 집이 내 집인가 이 집이 그대 집인가
내 집 네 집 살더라도 우리 집처럼 찾아주게

1 한옥의 대청마루를 연상케 하는 시원스럽게 트인 거실이 밝다.
2 주방에서 바라본 거실 모습이다.
3,6 거실에서 미토공방*土工房으로 이어지는 미서기문으로 닫으면 시선을 집중시키는 디자인 요소가 되고 열면 거실과 공방이 하나가 되는 열린 공간이 된다.
4 여백의 미가 있는 편안한 휴식공간이다.
5 본채 뒤로 딸려 있는 도자기 작업장인 미토공방*土工房이다.

본체 2층의 두 날개채는 팔작지붕으로도 그려 보았으나 강건하고 간결한 맛이 현격히 떨어진다. 재료가 슬레이트든 함석이든 우리나라 어디서나 볼 수 있는 팔작지붕 형태가 그렇게도 격조 없어 보일 것으로는 상상도 할 수 없었다. 서구에서 만들어진 3차원 캐드 프로그램 자체가 한옥의 곡면을 다루기에는 불편하여 그런 것이기도 하지만, 그 깊이 없는 모습이 바라볼수록 불행해지는 느낌이었다. 더구나 우리나라 사람들이 그렇게도 애호해 왔다는 선자서까래 구조 때문에 목재 값은 거의 배가된다. 당연히 맞배지붕이 여러모로 합리적이라는 판단이 섰다. 교육과정 중 전통 목수에게 자문하며 철근콘크리트 벽체 위에 전통서까래를 얹는 것이 그리 어색한 일이 아니라는 결론을 얻었다. 한옥 짓기 실습과정이 한옥을 결합하기로 한 설계과정의 결심에 확신을 준 것은 분명하다.

책장 자체를 벽체로 써보려고도 생각하였으나, 무늬만 한옥이냐는 아내의 핀잔에 예산초과를 감수하며 황토벽돌을 썼다. 불로장생까지는 아니더라도 건강이 우선이다. 결국, 2층의 침실 검이당과 화이정은 모두 황토벽돌로 벽을 쌓았다. 황토벽돌 바깥으로 합판을 대고 외단열시스템을 적용하였다. 게르마늄 가루 등을 섞었다는 황토몰탈로 바닥을 미장하면서 균열 방지를 확실히 하기 위해 가는 철망을 깔고 바른다. 이후 휘발성유기화합물, 포름알데히드 등 유해 물질 측정으로 실내공기 질을 비교하였다. 당연히 자연 재료를 쓴 만큼 유해가스가 덜 나온다. 그러나 한옥의 외벽까지 회벽 같은 자연재료라야 한다는 과거지향적 입장은 다시 생각해볼 필요가 있다. 아랫목 물그릇에 얼음이 어는 재래식 한옥의 냉풍을 새로운 한옥에서도 참고 살라고 강요해서는 안 된다. 한옥의 진화 과정에는, 단열과 통풍이라는 서로 모순되는 요구를 현대적 기술로 해결해야 하는 등, 많은 구체적 과제가 놓여 있다. 건축설계는 이 부분에서도 다양하게 새로운 시도가 이루어져야 한다.

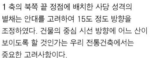

1 축의 북쪽 끝 정점에 배치한 사당 성격의 별채는 안대를 고려하여 15도 정도 방향을 조정하였다. 건물의 중심 시선 방향에 어느 산이 보이도록 할 것인가는 우리 전통건축에서는 중요한 고려사항이다.
2.3 별채를 올린 터는 훼손되었던 원래 지형을 회복한다는 의미도 있다. 경사지형을 반영하여 여러 층의 단으로 바닥면을 구성하였다.
4 미사당 외부 아궁이
5 미사당 쪽마루에 앉으면 한없는 고마움을 느끼던 우리 선조의 시원한 '눈맛'을 기억하게 된다.
6 구들을 설치한 온돌방에 맥반석판, 화강석판, 동판에 황토미장과 도배장판 콩댐까지 재래식 방법을 학습하며 원리를 터득해서 시공했다.

미사당未師堂 이야기

하루살이 건축을 원하는 건축가는 없다. 건축가는 누구나 자신의 작품이 한 장소의 의미를 형성해 가면서 그곳에 오래 남아 기억되기를 바란다. 미사未師는 40년 가까이 학교에 있으면서도 아직도 가르치는 일보다는 공부하는 자리가 더 편하다는 느낌을 담아 지은 이름이다. 끝이 보이지 않고 할 일만 쌓여가는 이 직업이 퇴임 때까지도 그렇게 지속할 듯한 예감이다. 사는 동안은 서재에서 건너가 몸과 머리를 쉬고 기운을 회복하는 장소이다. 거기에 흔적이 남아 산 자들이 모이고, 함께 기념하는 자리로서 가문을 넘어 열린 사당이 될 수도 있다고 상상하였다. 이는 후대의 모든 자손에 대한 교육적 배려이기도 하다. 미사당은 인간과 자연, 그리고 삶과 죽음의 순환에 대한 생각으로 미완성(non finito) 상태를 줄여갈 작정이다.

미사당은 각기둥과 민도리 구조 집을 배운 뒤 배흘림 원기둥과 굴도리로 응용하는 과제가 되었다. 바닥은 원적외선이 나와 건강에 좋다는 재래식 구들에 맥반석 판과 재활용 화강석 판을 섞어 쓰고, 수맥의 영향을 차단하기 위한 동판도 재활용하며, 황토로 바닥을 마무리하였다. 여인들이 좋아하는 일종의 찜질방이다. 두꺼운 아랫목 넓적바위 구들장은 윗목보다 더디게 데워진다. 두어 시간이 지나야 미지근하고, 새벽에나 뜨거워지며 혹한기에도 하루 반, 봄가을에는 이틀 정도 온기가 지속하는 성능을 보여 주었다. 연기가 한 바퀴 돌아 나와야 하는 되돈고래 구들 구조에 대한 이웃들의 걱정과는 달리 불도 잘 들었고, 우리가 흔히 굴뚝이라고 잘못 부르고 있는 구새를 통해 나오는 연기는 거의 열기가 없이 서늘하다. 에너지는 충분히 구들장에 잡아둔다는 뜻이니 책과 인터넷을 통해 배운 이 방식의 구들에 대해 열 보존 성능은 확인된 셈이다.

미사당을 앉힌 자리는 대지의 서북쪽 끝자락 높은 곳에, 원래 지형을 회복시켜 만든 터로서 자연을 마주 보고 앉을 만한 입지이다. 멀리 안대와 함께 여러 산의 윤곽을 내다볼 마당이기도 하다. 툇마루든 방안이든 그곳에 앉으면, 한없는 고마움을 느낀다던 우리 선조의 시원한 '눈맛'을 기억하게 된다.

한옥은 몸을 살리는 집이다

다물마루 세 번째 집을 퓨전 한옥으로 짓고 살면서 어느 정도 믿음을 갖게 된 것이 있다. 한옥의 생명 친화성, 즉 한옥은 몸을 살리는 집이라는 점이다. 영생불사까지는 아니라도 최대한 건강하게 오래 살고 싶어 하는 사람들의 소망에 건축이 보탬이 되어야 한다.

과학적으로도 확인된 원적외선 효과는 뜨끈한 온돌 바닥에 '지진다.'라는 표현처럼 몸의 습관으로 언어화되어 있다. 우리 몸에 맞는 섬세한 설계를 이루어 내려면, 이 땅 위에 오랜 기간 집과 마을을 지으며 쌓아온 토착적 지혜를 먼저 들여다보는 것이 당연한 순서라 할 것이다. 새로 건설된 아파트나 주택의 새집증후군과 현대 공업재료가 배출하는 환경 호르몬의 문제점이 부각되면서 새롭게 주목받게 된 것이 전통건축재료 즉, 목재와 황토이다. 호흡에 직결되어 가장 일상적으로 인체에 지속적 영향을 주는 공기 질은, 생명 유지의 관건이며 건강에 직접 관련된다. 동양의학이 기반으로 삼는 기氣는 여전히 측정이 어려운 상태라고 하지만, 수질과 공기 질, 원적외선 등은 계측 가능한 성분이다. 정부에서도 실내공기 질을 결정하는 여러 성분 중에 특히 휘발성유기화합물(VOC)과 포름알데히드를 중심으로 기준치를 마련하고 있다. 별채 미사당, 소소헌이 낮은 수치가 나왔고 거실, 안방, 화이정이 높게 나왔다. 이런 사실은 전통재료의 사용 정도와 오염물질 방출 정도가 대체로 반비례함을 보여준다. 실제 다른 실에 비해 난방온도가 비교적 낮은 미토공방을 제외하면 위와 같은 순서가 확인되고 있다. 즉, 황토 및 목재 등 전통적 자연재료 사용이 TVOC(VOC를 총괄 측정 환산하여 도출한 수치) 방출량에 직접적으로 반영되고 있다. 마찬가지로 포름알데히드양 또한 별채 미사당과 소소헌에서 다른 방에 비해 확연히 낮게 나오는 것을 확인하였다. 이로써 처음에 가정했던 전통재료 사용과 실내 공기 질의 상관관계가 어느 정도 검증되었다고 보아도 될 듯하다. 신축 후 일정 기간 증발시키거나 환기를 강조하는 것으로 충분할 수도 있다. 그러나 여전히 환기와 보온이라는 서로 모순되는 요구를 해결할 신한옥의 창호체계를 개발하는 과제가 남는다.

한옥을 향한 관심과 실천을 위해 과거로만 눈길과 마음을 고정해 되돌아갈 수는 없다. 한옥을 '한국건축'이라는 현대어로 번역하고 있는 필자는, 이 땅에서 살다 간 이들이 현재에도 살아 작용하고 있는 혼의 켜가 두터움을 느낀다. 지금 여기에 새로운 집을 세우려는 건축가라면 당연히, 한옥 탐구와 실험을 거쳐 하나의 길을 찾을 수 있다고 믿는다. 그 길 위에서 21세기 새로운 문명의 보편적 요구를

1 계단을 오르면 본채 2층 뒤로 달아 붙인 서재인 작은 웃음, 소소헌小笑軒이다. 한옥실습 과제로 참여한 3칸 삼량가 맞배지붕 소소헌을 사들여 설계에 반영하였다.
2 소소헌小笑軒에는 아직 벽이 없다. 열린 누각으로 옥상정원 역할을 기대하였다.
3 소소헌小笑軒에 설치한 벽난로

4 검이당儉而堂. 2층 좌측 날개 큰 딸방 이름으로 삼국사기에 나오는 검이불누儉而不陋, 검소하지만 누추하지 않다는 뜻이다.
5 화이정華而亭. 2층 우측 날개 둘째 딸방 이름으로 화이불이華而不侈, 화려하지만 사치하지 않음을 뜻한다.

품어 안을 수 있음을 건축계 안팎의 사람들과 소통하고자 하였다.

다물3인 다물마루는 군부대이전사업에 따라 국가에 수용되어 헐리게 되었다. 이를 계기로 인근의 새로운 터에 도가장원이라는 이름으로 자유, 자연, 자립을 지향하는 신한옥 연구 중심을 설립하며, 그 보급과 실천을 위한 교육·생산기지로 네 번째 다물마루, 가칭 다물서당 건립을 시작하였다.

건축개요

대지위치
경기도 이천시 마장면 관리 117번지 외 1필지(246답)

대지면적   657㎡

건축면적   130.83㎡

연면적   219.96㎡

지역, 지구   농림지역, 농업보호구역

용도   단독주택 및 2종 근린생활시설

구조   철근콘크리트조 및 한식목구조(한옥)

설계   (주)명지건축도시설계원건축사사무소

시공   건축주 직영

기천리
한옥

취재협조
이연건축 조전환 대표

기천리한옥은 겹처마 팔작집으로 건축면적이 1층 134.8㎡⁽⁴⁰·⁸⁵평⁾, 2층 45.6㎡⁽¹³·⁸²평⁾, 옥상데크 5.74㎡⁽¹·⁷⁴평⁾로 전체 56평 한식목구조 복층형이다.

한옥이 현대인의 살림집으로서의 위상을 확보하기 위해서는 현대인의 라이프스타일에 맞는 한옥으로 변화되어야 함은 물론이고 현대 건축적 요소를 반영한 각 공정의 전문화와 공정의 유기적 결합이 가능한 시스템화가 필수적이다. 현대주택으로서의 한옥은 기초공법을 비롯하여 가구架構법, 흙벽 만드는 과정과 현대식 입식 주방과 화장실의 내부화에 따른 수도 및 하수·오수의 배관과 전기·통신·유선 장치 등은 집에 필수불가결한 요소가 되었다. 이런 요소들의 기능화 문제를 어떻게 한옥의 틀에 담아낼 것인가가 관건이다.

채 나눔과 칸 구조의 변화

전통한옥은 규모는 그리 크지 않지만, 확대를 지향한 까닭에 자연주의가 넉넉하게 자리 잡고 있고 독립성을 인정하면서 전체적으로 어우러지는 화합을 중시한다. 건물의 용도에 따라 공간의 크기를 정하고 독립적인 건축물을 지어 전체의 조화를 꾀한다. 한옥에서 독립적인 건축물의 단위를 채라고 하는데, 채는 용도와 공간의 쓰임새에 따라 단독으로 지어지지만, 한옥은 여러 채의 단독건물이 모여 하나의 건축물을 구성한다. 독립과 상생의 구성 공간과 주변의 자연적인 환경에 잘 적응되도록 지어지는 건축물이 한옥이다. 이런 전통한옥의 장점에도 현대 산업사회에서의 집은 노동과 살림이 분리된 주거 기능만이 강조된다. 그래서 채를 나누기보다는 하나의 건축물 내에서 생활하기 편리한 단일 집합건축물 형태를 선호하게 되었다. 一자형 주택의 채 나눔 형태가 단일 집합건축물로 변화되면서 거실, 방, 주방, 화장실 등 공간구분에 따라 기둥을 세워 공간을 구획하는 공간개념으로 바뀌었다. 이는 치수가 긴 나무의 수입으로 가능해진 일이기도 하다. 바꾸어 말하면 채와 칸 개념의 전통한옥에서 공간 구분을 중심으로 하는 집의 공간 구성이 달라진 단일 집합건축물인 한옥은 이전의 개념과는 다른 현대적 요소를 담고 있다.

기천리한옥은 칸 개념에서 단일 집합 건축물로의 변화로 외곽 처마 도리에서 서까래를 고정할 중도리를 돌린 후 서까래를 걸어 처마를 만든 후 전체 지붕은 다시 구성하여 장선을 이용한 덧지붕을 만들었다. 이때 거실은 전통한옥 대청마루의 느낌을 살려 서까래가 노출된 연등천장으로 구성하였다.

위_ 멀리서 보면 서원에서나 보이는 평삼문처럼 보이지만, 왼쪽의 넓은 칸은 차량이 출입할 수 있도록 하고 오른쪽은 사람이 출입하는 문으로 홑처마 맞배지붕의 대문이다.
아래_ 담장 너머의 출입문은 옛날 대문의 현대적 적용형태이다.

외곽 처마 도리에서 서까래를 고정할 중도리를 돌리고 서까래를 걸어 처마를 만든 후 전체 지붕은 다시 구성하여 장선을 이용한 덧지붕을 만들었다.

나무기둥과 흙벽의 단열문제를
이중 쌓기로 극복하다

전통한옥은 기둥과 기둥 사이에 심벽방식으로 흙을 쳐 벽체를 구성하니 나무와 흙이 수축하여 기둥 사이의 틈으로 밖이 내다보일 정도로 단열문제가 심각하다. 기둥과 흙벽 사이의 단열문제를 보완하기 위하여 우선 8치(약 24cm) 기둥 안쪽에 맞추어 폭 20cm 정도 되는 진공 압착식 흙벽돌을 쌓고 내부에선 나무 기둥을 포함하여 황토 미장함으로써 내부의 틈을 막아 준다. 더하여 이중으로 기둥과 도리를 감싸 올리는 흙벽돌 쌓기 방식을 채택하였다. 내부에 폭 10cm 되는 작은 흙벽돌을 나무 기둥을 감싸면서 올라가 도리 위까지 올려 쌓음으로써 외부의 틈을 내부 흙벽돌이 막아주는 단열 보강을 이루었다. 이로 말미암아 천장 마감선이 높아지는 부수적 효과도 얻게 되었다. 외부 나무 기둥과 흙벽 사이 남는 약 4cm 정도의 벽면은 황토미장이나 회벽미장이 가능하도록 하고 세월이 지나도 보수가 쉽도록 하였다.

1 기천리한옥은 서향집으로 전통한옥의 느낌을 잘 살려 낸 복층형 현대한옥이다.
2 본채에 한 칸을 덧대어 출입문을 설치했다.
3 출입문에서 대문으로 연결되는 동선에 판석을 깔았다.

1 마당의 공간은 동양화의 여백처럼 소통과 여유의 공간이다. 마당은 전통적으로 행사가 이루어지는 공간이어서
비워두었다. 현대는 조경공간으로 적극 활용하고 있다.
2 한옥은 처마가 깊어서 처마 모서리에 걸리는 추녀 끝에 활주活柱를 받친다.
활주 대신에 위·아래 게눈각이 새겨진 까치발을 세웠다.
3 쪽마루에 계자난간을 둘러 누마루의 형태를 취했다.

4 지붕이 서로 만나서 지붕골이 만들어지는 회첨추녀 부분에 벽난로 연통을 내었다.
5 거실 전면과 후면에 쪽마루를 두어 마당과 집의 연계성을 살리는 것이 하나의 방법이다
6 자연과의 조화를 이룬 뒤뜰을 조망할 수 있는 2층 자투리 공간에 툇마루를 내부화하여 방에서
명상실로 통하는 비밀스러운 공간을 만들었다.

삼중창으로 단열문제를 해결하다

조선 후기의 격식을 갖춘 집에서는 밖에서부터 덧문에 해당하는 쌍창, 방을 밝게 하려고 살이 적은 용자살의 영창, 방을 어둡게 하는 흑창의 삼중의 창을 달았는데 보통의 살림집에서는 흑창 없이 두 겹의 구조로 했다. 창호는 지붕 모양과 함께 현대한옥을 한옥답게 만드는 결정적 역할을 한다. 문제는 단열이다. 전통한옥의 창과 문이 작았던 이유이기도 하다. 단열과 전망을 중시하는 현대인들의 요구를 충족함과 동시에 한옥으로서의 전통을 살려내는 것이 중요하다. 단열과 변형을 방지하기 위하여 나무 질감의 섀시를 외부 창으로 하고, 세살을 기본으로 하는 목창을 내부 창으로 하여 이중창을 기본으로 삼는다. 나아가 한옥의 외형 느낌을 더 잘 살려내기 위하여 목창으로 덧창을 달아 덧창 여닫이, 섀시 미닫이, 목창 미닫이로 삼중창 형태를 취하기도 한다. 외부 창은 16mm 복층 유리이고, 목창은 세살을 가운데에 두고 양면에 3mm 투명유리를 끼웠으며, 살 안쪽에 한지 아크릴로 창호지 질감을 살렸다. 이는 창호지를 교체하여야 하는 불편함을 없애고 관리가 쉽도록 하기 위함이다.

기천리한옥의 손님방 형태의 방 하나는 현대인들이 좋아하는 찜질방을 만들었다. 벽지는 통기성, 습도 조절기능, 탈취기능 등 흙벽의 기능을 헤치지 않도록 한지벽지로 마감하고, 바닥은 황토로 미장한 상태에서 난방 시 원적외선을 방출하는 황토방의 기능을 잘 살릴 수 있도록 콩기름을 먹인 종이 장판을 사용하였다. 거실은 공동공간으로써 마루 형태가 좋으나 난방이 가능한 형태여야 하기에 현대적 건축소재인 온돌마루를 사용했다. 일반적으로 강화마루를 선호하나 대청의 연등천장과 어울리도록 천연접착제로 접착하는 우물마루 형태를 취하기도 한다. 전등은 건축주의 취향에 따라 선택하는 것이 좋으나 일반적으로 전통 창살을 응용한 등을 주로 사용한다. 또한, 사방이 노출된 환경은 바닥 난방으로는 집의 공기를 덥히는 데는 한계가 있기 때문에 관리의 어려움, 화재위험 등으로 노출형 벽난로 기성제품을 권한다. 매립형태나 디자인 등을 고려해 벽난로의 위치를 정하는 것이 중요하다. 가구는 붙박이장 형태로 벽장 내부를 공간 구분하여 장으로 만드는 방식을 선호한다.

이처럼, 전통한옥의 칸 구성과 채 나눔의 개념과는 달리 단일 집합건축물인 현대한옥은 현대인의 라이프스타일에 맞게 지속적으로 변화를 수용하면서 거듭나고 있다.

왼쪽_ 거실은 전통한옥 대청마루의 느낌을 살려 서까래가 노출된 연등천장으로 구성하였다. 3대 주거양식의 공간구성과 기능을 살린 집이다.
오른쪽_ 거실의 오량천장과 현대식 질감의 세살창이 어울리는 집이다.

건축개요

대지위치
경기도 화성시 팔탄면 기천리

대지면적
677m²(205평)

건축면적
1층_ 134.8m²(40.85평)
2층_ 45.6m²(13.82평), 옥상데크5.74m²(1.74평)

연면적
186m²(56.4평)

용도   단독주택

구조   2층 한식목구조, 황토조적

구조시공   이연건축

총괄시공   (주)행인흙건축 www.hangin.co.kr | 033 344 0983

1 사방이 노출된 환경은 바닥 난방으로는 집의 공기를 덥히는 데는
한계가 있기 때문에 관리의 어려움, 화재위험 등으로 노출형 벽난로를 설치했다.
2 거실은 공동공간으로써 마루 형태가 좋으나 난방이 가능한 형태여야 하기에
현대적 건축소재인 온돌마루를 사용하여 우물마루로 했다.
3 현대 주부들이 가장 신경 쓰는 공간 중 하나인 주방을 입식으로 꾸몄다.
4 방 한 칸을 취미실 겸 차실로 꾸몄다.

숯 단열벽체-전통단열외檑

글_ 이조흙건축 이기열 대표

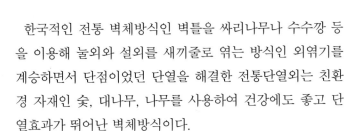

한국적인 전통 벽체방식인 벽틀을 싸리나무나 수수깡 등을 이용해 눌외와 설외를 새끼줄로 엮는 방식인 외엮기를 계승하면서 단점이었던 단열을 해결한 전통단열외는 친환경 자재인 숯, 대나무, 나무를 사용하여 건강에도 좋고 단열효과가 뛰어난 벽체방식이다.

전통단열외란 무엇인가?

전통단열외는 한옥의 벽체를 만들 때 사용하던 윗대(산자散子)를 이중으로 만들고 그 사이에 숯 단열층을 넣어 단열을 보강한 제품으로 실측 후 공장에서 제작하여 현장 설치하는 숯 단열벽체이다. 외檑는 흙을 바르기 위해 나무, 대나무 등을 가로세로로 엮은 것을 말하는데, 이는 지진에도 강하고 내구성이 우수한 흙벽을 만들 수 있게 하지만 단열에 취약하고 현장에서 제작하기 때문에 과다한 인건비와 번거로움 등의 문제로 일부 한옥이나 문화재에만 적용되고 있다. 전통단열외의 구조물(흙벽)은 수직, 수평(지진하중), 좌굴하중에 안전한 구조물이라 할 수 있다. 보강재(대나무, 나무 등)를 사용하여 지지틀(프레임)을 만들고 지지틀 내부에 단열재 왕겨숯 등를 채운 후 양쪽에 외를 부착한 전통단열외는 구조적으로 각종 하중에 안전하고 단열성능이 우수하다. 단열재로 쓰이는 왕겨숯은 탈취기능, 방음기능, 습도조절, 음이온 방사기능을 가지고 있어 건강한 생활을 할 수 있고 열전도, 열의 대류 현상을 방지하는 우수한 환경단열소재이다.

황토벽돌과 전통단열외 흙벽 단열비교시험

실내온도 20도에서 왕겨숯을 단열재로 쓴 전통단열외 흙벽과 단열층이 없는 황토벽돌 사이에 드라이아이스를 넣고 실험한 결과 전통단열외 흙벽 바깥면은 18~19도이고 황토벽돌 바깥면은 영하 2~3도로 큰 차이를 보인다. 결과적으로 밀도가 높은 황토벽돌은 냉기가 열전도에 의해 전달되는 반면, 전통단열외 흙벽은 밀도가 낮은 왕겨숯의 단열효과 때문에 열전도가 안 되기 때문이다. 그래서 황토벽돌의 경우엔 단열을 위해서는 반드시 두줄쌓기를 하고 사이는 단열층을 두어야 한다.

전통단열외 흙벽 마감은 황토몰탈 마감, 타일마감, 시멘트마감, 초벌바름 후 전돌, 파벽돌, 스톤코드 등 다양한 마감을 할 수 있다. 또한, 전기, 통신, 수도배관은 윗대 사이에 넣어 손쉽게 시공할 수 있는 장점이 있다. 전통단열외 종류는 마감 두께별로 90mm, 120mm, 150mm, 200mm를 기본으로 하며 필요한 경우 다른 두께도 주문 제작이 가능하다. 이조흙건축에서는 전통단열외를 개발하여 전통 건축물뿐만 아니라 황토주택과 흙집, 현대적인 건축물 등에도 적용할 수 있게 개발한 제품을 공급하고 있고, 황토집을 직접 짓고자 하는 건축주를 위해 기본도면을 제공하고 전통단열외를 구매하여 벽체와 지붕에 설치한 후 직접 미장과 마무리 공사할 수 있는 DIY 숯황토집 프로그램을 운영하고 있다.

자료제공_ 이조흙건축 (www.izo.kr, 070_8865_3411)

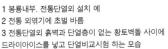

1 봉룡내부. 전통단열외 설치 예
2 전통 외엮기에 초벌 바름
3 전통단열외 흙벽과 단열층이 없는 황토벽돌 사이에 드라이아이스를 넣고 단열비교시험 하는 모습

4 전통단열외 종류는 마감 두께별로 90mm, 120mm, 150mm, 200mm를 기본으로 하며 필요한 경우 다른 두께도 주문 제작이 가능하다.
5 영암 왕인박사유적지 식당. 전통단열외 설치 후 회벽마감 하였다.
6 영암 송죽관. 전통단열외 설치한 예

신한옥

5

목수가 자기 집을 지으며…

법고창신

글

(주)법고창신 김진식 대표

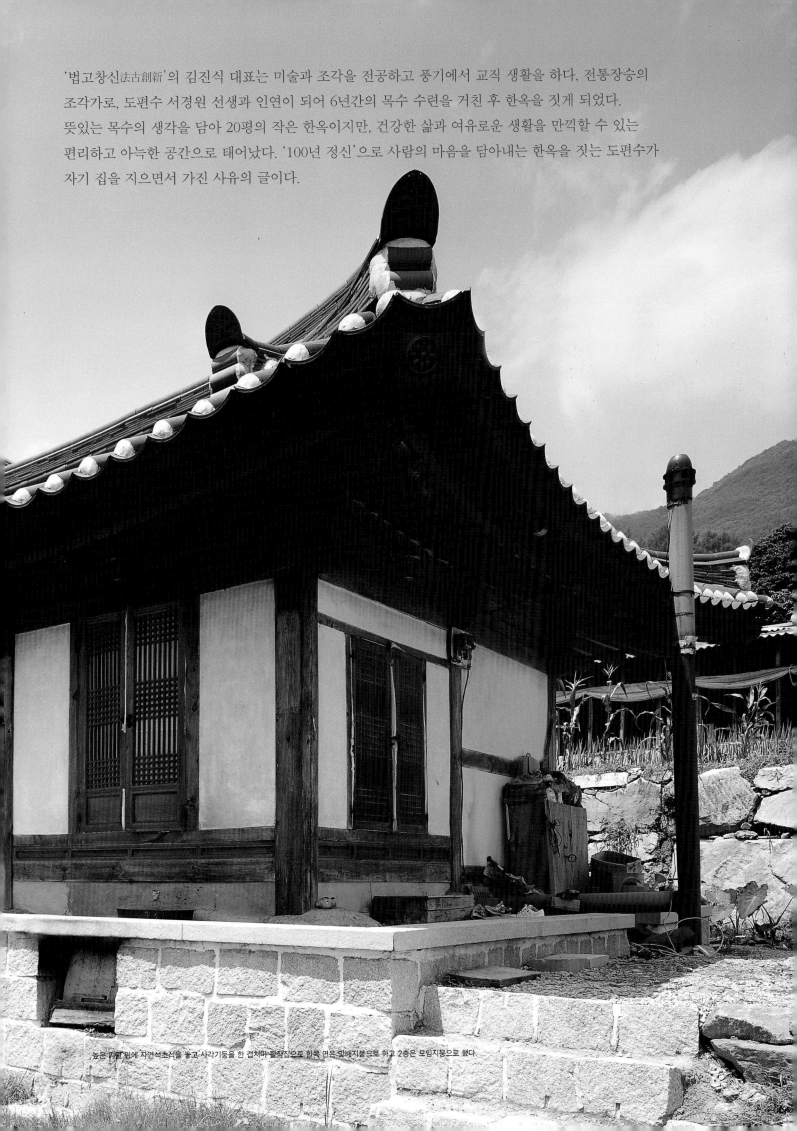

'법고창신法古創新'의 김진식 대표는 미술과 조각을 전공하고 풍기에서 교직 생활을 하다, 전통장승의
조각가로, 도편수 서경원 선생과 인연이 되어 6년간의 목수 수련을 거친 후 한옥을 짓게 되었다.
뜻있는 목수의 생각을 담아 20평의 작은 한옥이지만, 건강한 삶과 여유로운 생활을 만끽할 수 있는
편리하고 아늑한 공간으로 태어났다. '100년 정신'으로 사람의 마음을 담아내는 한옥을 짓는 도편수가
자기 집을 지으면서 가진 사유의 글이다.

높은 기단 위에 자연석초석을 놓고 사각기둥을 한 겹처마 팔작집으로 한쪽 면은 맞배지붕으로 하고 2층은 모임지붕으로 했다.

목수가 자기 집을 짓다

지구의 모든 생명체는 스스로 자기의 보금자리를 만든다. 그러나 유독 인간만이 스스로 집을 짓지 않는다. 못 지을 수도 있지만, 엄격히 분업화된 사회에서 집을 지을 줄 몰라도 삶에 큰 지장은 없다. 하지만, 그래도 자기 집을 장만하는 것이 녹녹치만은 않은 것이 현실이다. 도편수로서 많은 집을 지었지만, 마음에 든 집은 한 채도 없다. 그럼 내 집을 지으면 마음에 들게 지을 것 같지만, 오히려 내 집은 더 마음에 들지 않는다. 옛말에 "목수 집 대문이 기울고 대장간 집에 식칼이 없다."라는 속담처럼 목수가 자기 집을 지으면 더 대충 짓는다. 대다수 건축주는 자기 집 짓듯이 잘 지어 달라고 주문하지만, 목수에게 이런 주문은 대충 지어 달라는 뜻이 될 수도 있다. 목수 집이 시원찮은 건 여러 이유가 있겠지만 첫째는 금전 문제다. 목수들은 몇 명을 빼고는 대부분 가난하다. 일 배울 때 영감님들이 목수는 자꾸 나무를 깎아내서 돈을 벌지 못한단다. 자꾸 붙여야 하는데 깎아내니 줄어들 수밖에 없다고···. 그래서 먹고 살기 바쁜데 집에 투자할 자금이 없다. 그래서 남의 집은 잘 지어도 내 집은 형편없다. 둘째는 시간이 없다. 일단 나보다는 남이 우선이다 보니 내 일이나 내 집은 당연히 뒤로 밀린다. 셋째는 게으름 때문이다. 집에 오면 벽에 못 박는 것도 귀찮게 느껴지기 때문에 정말 다급한 일이 아니면 그냥 내버려 둔다. 그래서 목수 집이 비뚤다는 말이 나왔다. 나만의 핑계일 수도 있지만, 주변의 목수 대부분이 그런 것 같다. 그래서 목수의 집을 보여 준다는 것은 부끄러운 일이다. 이 집도 앞의 변명들 같이 형편없이 지어졌다. 독자들의 이해를 바란다.

건물의 외형은 전체 정면 3칸 반, 측면 2칸 규모에 서북쪽으로도 각각 반 칸씩 덧대어 주방으로 하고 그 위에는 방으로 꾸민 2층 한식목구조이다.

1층 평면도

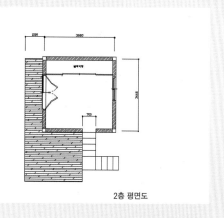

2층 평면도

1 2층 앞에는 데크를 깔아서 2층의 답답함도 없애고 주변경치를 보기 좋게 했다.
2 다층 구조는 가족 간의 프라이버시 보호도 가능하고 도시한옥을 지을 때 기능을 보완하는 한 방법이다.
3 집 지을 대지가 삼각형 형태로 20평도 처마가 경계선에 걸려 짓기 어려워 2층 구조로 하였다.

66m²(20평)의 작은 2층 한옥

결혼하고 첫 딸을 낳았다. 그때는 작업실 창고 한 귀퉁이 방에 살았다. 방안에 가스레인지가 같이 있는 탓에 보행기 타던 딸이 뜨거운 국 냄비를 잡아당겨 엎어 버렸다. 다행히 화상은 안 입었지만, 형편이 안 돼도 빨리 집을 지어야겠다는 절박함이 있었다. 그 당시 농가주택 지원자금의 규정이 66m²(20평) 이상을 지어야 2천만 원의 자금을 빌릴 수가 있었다. 또한, 미술을 전공하고 한옥을 익혀서인지 항상 새로운 시도를 많이 했다. 집 지을 대지가 삼각형이라 66m²(20평)평도 처마가 경계선에 걸려서 짓기가 어려워서 부득이 2층 구조로 지었다. 다층 구조는 도시한옥을 지을 때 꼭 필요한 방법이라고 생각한다. 그리고 가족 간의 프라이버시 보호에도 쉽다. 전통한옥에서는 인방의 두께가 벽의 두께를 결정하고 벽이 얇아 난방에 문제가 많다. 저희 집은 인방의 두께를 늘려 벽체를 2중 쌓기로 열손실을 줄였고, 전통한옥에서 대청마루가 실내가 아닌 밖의 공간이라면 현대 주거문화는 거실이 생활의 중심이 되었으므로 대청을 거실로 활용하기 위해 창문에 덧창을 넣어 2중으로 했다. 전통한옥의 최대의 단점인 부엌을 현대에 맞게 거실 옆에 나란히 붙여 동선을 편하게 했다. 그러나 아파트같이 정사각형의 겹집구조는 한옥의 외형이 커져 큰 대들보가 필요하기 때문에 할 수가 없었다.

한옥의 미는 켜켜이 쌓이는 기와지붕의 곡선의 아름다움인데, 단독주택은 이런 맛이 없다. 그래서 지붕을 2중으로 만들어서 한 켜를 더 줄 생각으로 2층 지붕을 만들었다. 그리고 문들은 다른 현장에서 남은 것들을 재활용했다. 지은 지 8년이 지났지만, 아직도 미완성으로 진행 중이다. 집은 편리하고 안락해야 한다. 그래서 주방과 화장실, 그리고 대청마루를 실내로 끌어들였다. 둘째아들을 낳고 부모님까지 3세대 여섯 가족이 한 지붕에서 살게 되니 거실이 여간 요긴하게 쓰이는 게 아니다. 2층 앞에는 데크를 깔아서 2층의 답답함도 없애고 주변경치를 보기 좋게 했다. 언제 공사가 끝날지는 모른다. 살면서 하나하나 채워 가야 할 집이다.

언제부터인가 우리 땅에서 우리 집을 보기가 어려워졌다. 값싼 시멘트 집은 경제성 때문에 어쩔 수 없다고 이해하더라도, 현대에 지어지는 미국식 경량목구조나 유럽식 통나무주택이 온 산천을 뒤덮고 있고, 이제는 일본식 집들도 들어오고 있다. 전통한옥을 짓는 목수로서 참으로 안타깝고 자존심 상하는 현상들이다. 한옥이 다시 사랑을 받는 그날까지 국민과 특히 관계되는 모든 분이 힘을 모았으면 한다.

법고창신 김진식 대표와 일문일답을 통해 한옥 건축의 일면만을 보아온 사람들에게 도움이 됐으면 하는 바람으로 정리했다.

1_ 회사명인 '법고창신'이란 무엇입니까?

'법고창신'의 의미는 '옛것을 본받아 새로운 것을 창조한다.'라는 뜻으로 옛것에 토대를 두되 그것을 변화시킬 줄 알고 새것을 만들어 가되 근본을 잃지 말아야 한다는 뜻입니다. 지금 한옥이 외면을 당하는 이유는 제도적인 문제도 있

1 정면 2칸 대청의 간살이는 머름 위에 네 짝의 세살청판분합문을 달고 오른쪽 1칸은 함실아궁이가 있는 사랑방으로 여닫이 세살 쌍창을 달았다.
2 정연한 기단과 겹처마의 처마가 자연과 풍경을 주고받는다.
3 팔작지붕 한쪽 면을 맞배지붕으로 하여 2층 데크와 만나는 부분을 처리했다.

지만, 과거와 달라진 현대인들의 삶을 담아내지 못했기 때문이라 생각합니다. 변화하지 않는 것은 생명 없이 모양만 있는 박제와 같습니다. 친환경적이라 건강에 좋고 미적으로도 아름다운 한옥의 장점은 살리고 불편한 점들은 개선해서 다시금 국민에게 사랑받는 한옥을 짓겠다는 뜻입니다.

2_ 장승과 한옥 작업이 서로 어떤 연관을 줍니까?

두 분야 모두 소나무를 주로 쓴다는 점과 가공하는 톱, 끌, 망치, 대패 등 연장이 같다는 공통점이 있고, 다른 점은 집을 짓기 위해서는 집에 맞게 나무를 가공한다면 장승은 원목인 나무에 맞게 작업을 한다는 점입니다. 항상 나무와 같이 생활하면서 나무의 여러 가지 성질들을 익힐 수 있는 장점이 있습니다.

3_ 가장 기억에 남는 작업은 무엇입니까?

2000년에 도목수로 독립해서 주로 살림집을 많이 지었습니다. 사찰이나 제실, 문화재보수와는 달리 살림집 짓기는 많이 다릅니다. 생활의 편의성과 현대 건축 재료와의 조화, 과거 한옥의 단점을 보완하는 것 등을 주로 고민하며 작업해 왔습니다. 매번 새로운 집을 지을 때마다 항상 새로운 문제와 고민이 생기기 때문에 가장 기억에 남는 집을 꼽기는 어렵지만, 산림조합 중앙회 목재유통센터의 프리컷팅기를 이용해서 처음으로 지은 경기도 광주시 실촌읍의 인동장씨 종택이 기억에 남습니다. 한옥 기계화의 가능성을

깨닫게 해준 집입니다.

4_ 한옥의 현대화, 산업화에 대해 말씀해 주십시오.

첫째는 대중화 저변 확대가 우선입니다. 둘째는 모듈화 규격화가 되어야 합니다. 셋째는 저비용 고효율의 친환경 주택이 되어야 합니다. 모든 한옥을 이렇게 규정지을 수는 없고 지어서도 안 되지만, 더 많은 사람에게 혜택을 주기 위해서는 앞의 3가지가 전제돼야 한다고 봅니다. 많은 조사에서 아직도 한옥에 살고 싶어 하는 국민이 다수이고 국가나 지방자치단체에서도 많은 지원책이 나오고 있어 가능성은 무궁무진하다고 봅니다. 그러나 전통 목수에 절대적으로 의존해야 하는 기존의 건축방식으로는 수요를 감당할 수 없고 이것은 건축비 상승으로 이어져 쉽게 한옥을 접할 수 없는 주된 요인입니다.

5_ 앞으로 구상 중인 것은 무엇입니까?

한옥의 대중화와 우리의 주거문화를 외국으로 수출하는 겁니다. 그것을 이루기 위해서는 모듈화·기계화가 선행되어야 합니다. 한옥 가공 기계화를 꼭 이루어 동호인들 끼리 서로 집을 지을 수도 있고 수요가 많아지면 조립을 위해서 목수들도 더 많은 일거리가 생기게 하고 싶습니다. 또한, 벽체 가공이나 공사기간이 많이 걸리는 시공분야를 개량해서 다양한 새로운 시공법을 개발하고 싶습니다.

1 전통한옥에서 대청마루가 실내가 아닌 밖의 공간이라면 현대 주거문화는 거실이 생활의 중심이 되었으므로 대청을 거실로 활용하기 위해 창문에 덧창을 넣어 이중으로 했다.
2 세살청판분합문으로 다른 현장에서 남은 것들을 재활용했다.
3 한옥의 미는 단독주택에서는 맛 볼 수 없는 켜켜이 쌓은 기와지붕의 아름다운 곡선이다. 지붕을 2중으로 만들어서 한 켜를 더 줄 생각으로 2층 지붕을 만들었다.
4 서까래의 말구가 보여 깔끔하지 못하기 때문에 완자살 문양으로 모임지붕의 천장을 구성하여 마무리했다.

한옥 시공과정

기둥굴리기	장부구멍 파기	대들보	서까래	지붕판재
기초 및 초석 놓기	그렝이질		하인방 넣기	중인방 넣기
창방 끼우기	주두 얹기	다림 보기	대량 및 장여걸기	대량과 도리 맞춤
대량과 도리 맞춤 상세	왕지도리 상세	고주에 대량 끼우기	고주에 대량 결구	고주에 종보 결구
중장여 결구	중도리 결구	종보 및 중도리 결구	상량문 쓰기	상량식
종도리 올리기	종도리 올린 모습	추녀 걸기	장연 건 모습	단연걸기 전 모습
갈모산방 얹기	평고대 걸기	말굽서까래(마족연) 걸기	이매기와 부연 걸기	부연 걸기 상세
회첨추녀에 서까래 걸기	고삽	박공과 목기연	마루귀틀 짜기	문설주 넣기

신한옥

6

아파트에
전통건축의 정신을 접목하다

리첸시아

취재협조
코어핸즈(주)

복잡함 속에서 좀 더 단순화하고자 하는 주인 욕구를 반영하였다. 미니멀리즘(minimalism)한 모던한 실내분위기로 복잡한 디테일을 생략하여 단순하게 처리되었다.

금호 리첸시아는 외형은 아파트지만 내부는 전통가옥이 주는 여유와 멋을 담고자 했다. 다양한 타입의 공간마다 거실에 툇마루를 떠올리게 하는 요소를 배치하거나 거친 한지나 목재를 사용하고 오래된 고가구와 미니멀한 가구를 배치하는 등 서구적 삶의 공간인 아파트에 우리 전통건축의 정신을 접목하고 있다.

리첸시아는 주상복합단지로, 고소득 계층의 사람들이 다른 집단에 비해 더욱 품위 있고 차별화된 여유로운 공간을 원하고 있다. 더 안정적인 성향으로 현대적인 이미지를 이해하고 받아들이지만, 전통적인 분위기도 수용하는 양면성을 띤 보수적 경향이 뚜렷하다. 연령층은 대부분 50대 이상의 중·장년층이며, 성공한 사업가로서의 엘리트 의식이 강하며, 일부 상류계층의 2세대들이 이에 포함된다. 한국의 전통적 이미지, 또는 서양의 풍요로운 전통 양식을 추구하며, 한편, 물질문명이 주는 편리함과 현대적인 이미지가 결합하여 더욱 중후함이 깃든, 편안한 공간에서 여유로운 생활을 영위하고자 한다. 평면계획은 핵가족화와 가족 수 감소의 영향으로 침실이 점차 줄어들고 있어, 과거 4~5개에서 3~4개의 침실로 축소되고 있다. 또한, 전통적인 사랑방 문화가 사라지고 공간의 전용화가 이루어지고 있으며, 그 공간을 거실이나, 가족실, 취미실 등 가족의 단란한 생활을 영위할 수 있는 공간으로 할애되고 있다. 가족들의 단란한 생활과 파티 등을 위한 사회적, 다목적 공간으로서의 전용 식당공간이 반드시 필요하며, 비교적 여유 있는 규모의 전용욕실, 드레스실, 홈바 등을 갖추되 부부 전용공간의 배려와 공동주택의 단점인 대형물품 수납을 위한 창고를 적용해야 한다. 특히 최근의 두드러진 경향으로 욕실공간과 주방, 또는 다용도실 공간의 확장과 기능적인 설비 시스템의 고려, 가구와 집기의 배치는 각 기기 등의 성능과 디자인을 고려해야 한다.

리첸시아는 바쁘게 살아가는 현대인들에게 휴식과 삶의 여유를 느끼게 할 수 있는 휴양지의 느낌을 표현하였다. 또한, 현대적 개념이 적용된, 품격과 편리함을 주는 아파트를 만들고 싶었다. 와인컬러로 착색한 티크의 진한 천연 무늬목은 과거 일반목재에서 경험하지 못한 새로운, 깊은 소재의 맛을 제시하였고, 간결하게 정리된 몰딩과 프레임은 선을 강조하면서, 품위와 격조가 있는 분위기를 만들어 낸다. 전체 공간의 이미지는 비교적 간결한데, 기본 벽체는 단순하게 구성하여 현대적인 이미지와 여백의 미를 엿보이게 하지만, 마감 재료는 고재와 천연대리석, 내츄럴한 무늬목의 사용으로 실내공간의 풍요로움을 더해주었다. 가장 자연적인 것이 가장 감성적이듯 자연적인 것과 세밀하고 정교한 디테일 장식의 조화가 모던하고 정서적으로 표현된 공간 안에서 그 순수함의 빛을 뿜어낼 것이다. 부유하듯 가볍고 순수한 느낌과 투박하고 거칠지만 자연 그대로의 숨결을 담고 있는 상반된 듯 공생함이 조화를 극대화 시킨다.

A type

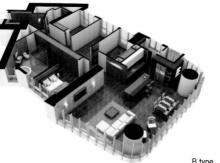

B type

평면도 - A type

평면도 - B type

위_실내구조물은 매우 간결하게 처리되지만 따뜻한 색상의 밝은 벽면과 단순한 형태인 목재의 선과 면이 더해져 매우 정돈되고 편안한 느낌이다.
아래_실내의 재료는 밝은색의 천연재료가 넓은 면으로 사용되고 창호, 몰딩, 집기류는 밝은 색조의 원목을 사용했다.
실내공간에 사용되는 직물류는 간결한 느낌의 천이 사용되고 조명을 비롯한 각종 소품류도 대체로 단순한 형태의 것을 사용했다.

주된 재질과 소재는 전통과 현대적 감각의 조화로 무채색과 원색을 적절히 조화시켜 섬세하고 세련된 한국전통의 미를 표현하였으며, 동양의 지역적 특성과 현대화된 사회풍토를 반영하여 전통과 현대를 접목한 새로운 이미지를 연출하였다. 오래된 고가구와 미니멀한 디자인의 가구가 자연스럽게 조화된 공간은 심오하고 정적인 미를 느낄 수 있도록 절제하면서 자연스러운 느낌을 살려 투박한 느낌이 들지 않도록 세련된 색조와 간결한 표현을 구사하였다.

한국성을 현대적으로 표현

조급하고, 빨리 달리기에 익숙해진 현대인에게 기술의 발전을 이야기하기보다는 뒤를 돌아보며 여유를 갖고, 느리게 걷다가 때로는 쉬기도 하는 것, 이것이 오히려 어려운 삶의 코드일 것이다. 철저히 서구 중심의 주거문화인 공동주택에 현대의 삶의 방식을 받아들이되 우리 전통의 공간을 표현하는 일이 쉬운 것은 아니다. "열린 구조에 의한 소통의 관계" 이것은 단지, 형식만이 아닌, 전통공간이 지닌 속성과 사상, 정신을 이해하고 해석하는 중요한 키워드이다. 문명 발달의 속도에 맞추어 우리의 옛것을 망각하는 속도도 빨라지고 있지만, 웰빙문화를 생각하기에 앞서 자연을 생각하고, 자연에 순응한 전통공간의 아름다움을 따라 몸과 마음을 건강하게 다스릴 수 있는 슬기를 배우고 싶다. 이제는 한국인들이 사는 집에 서구적인 색채를 빼어내고, 한국성을 표현하는 작업은 하나의 추세가 아닌, 다중의 삶의 공간을 만드는 디자이너로서 궁극적으로 추구해야 할 정신이자 책임일 것이다.

리첸시아는 장식 없는 절제된 공간 속에서, 빛과 덩어리, 자연소재만으로 존재하는 젠 스타일(zen style)의 한국성韓國性을 현대적으로 표현하였다. 기와나 초가를 얹고, 한지 창호를 쓰거나 전통 패턴을 이용하는 방식은 가능한 한 피했다. 열린 구조 속에서 공간과 공간이 서로 작용하는 관계가 더욱 중요하며, 형태는 간결하고 담백하되, 자연의 숨결을 느낄 수 있는 천연벽지나 오래된 육송을 사용했다. 색상은 티크의 무 결이 여러 갈래와 칼라로 표현되듯 그 거친 듯 정교한 패턴과 질감의 느낌을 메인컬러로 사용하고 여기에 풍성한 볼륨과 부드럽게 반짝이는 풍부한 느낌의 흑갈색을 서브컬러로 사용하여 소재와 컬러가 절제된 농염함을 표현했다.

사용성 및 안전성에 대한 배려

더욱 창조적이고 개성적인 가지가 존중되고 개인의 가치관이나 자아실현 욕구가 중시되므로 여가활동이 더욱 강조되며 이를 주택 내에서 수용하는 디자인적인 배려가 필요하다. 주택을 소유의 개념에서 자신의 라이프스타일(lifestyle)이나 가족형태에 적합한 주택을 선택하게 되고 자유롭고 개성화된 공간을 추구하게 된다. 소유개념을 벗어남으로써 새로운 주택의 기능에 대한 요구에 따라 주거공간의 계획 시 새로운 시도가 가능해진다.

과거와 비교하면 청소년들의 신장 및 체격이 커져 인체 스케일에 의한 모든 작업, 작동 구조물의 기본 치수에 변화를 가져온다. 책상이나 싱크대, 세면대 등의 작업대의 높이, 실린더나 스위치 등의 높이가 미래 거주자들의 휴먼스케일을 고려한 설계가 되어야 한다.

생산성 및 가격적정성에 대한 배려

아파트는 공공성과 집합성이라는 건축계획상의 한계 때문에 단지의 구성에서부터 건물의 외관, 평면형태, 내부설비에 이르기까지 일정한 유형으로 고정되어 계획되기 때문에 거주자들의 다양한 생활양식이나 세대의 성장과 변화에 대해 효과적으로 대응하기 어렵다. 이러한 문제는 건축물이 인간과 공간의 대응문제라는 본질적인 관점에서 볼 때 주체자인 인간보다는 경제적인 이유로 공간의 효율성에 더 중점을 두고 계획되어 왔다는 점에서 기인한다. 아파트 계획에서 물리적인 측면도 중요하지만, 공간의 사용자가 인간이라는 점을 생각할 때 실제 인간이 그 속에서 "어떻게 살아가고 있는가?" 하는 것에 초점을 맞추어야 하며 이러한 노력이 꾸준히 시도되고 있다.

환경친화적 배려

인간의 건강한 삶을 유지 할 수 있는 인간 중심의, 자연친화적인 재료의 사용을 들 수 있다. 원래 우리의 전통건축은 나무, 흙, 돌 등을 주재료로 사용하였으며, 그것을 가공할 때도 인위적인 조작과 변형을 절제하였다. 이것은 자연으로 회귀하는 인간 본성과 자연적 물성과의 조화를 통해 인간의 생리적, 심리적으로 안정을 취할 수 있음은 물론, 도료 등 인간에게 해로운 화학재료의 사용을 최소화하고,

자연재의 사용으로 교체와 폐기 시 자연적 분해에 의한 순환적 생태계의 원리를 반영하는 것이다. 이것은 생체학적인 것은 물론 정신적으로도 건강한 공간을 배려한 쾌적함과 만족감을 주는 최상의 목표를 위한 수단이다.

리첸시아는 바쁘게 살아가는 현대인들에게 휴식과 삶의 여유를 느끼게 할 수 있도록 휴양지의 느낌이 들게 감성 디자인과 내츄럴을 표현하였다. 고재와 천연대리석, 네츄럴한 무늬목을 통해 간접적인 소통의 느낌을 전달하고 현대적인 가구를 적용시킴으로써 편안한 느낌을 들게 하였다. 우리가 잊고 살기 쉬운 가치와 청렴함에 대한 새인식은 실용적이면서도 우아함을 잃지 않는 새로운 단순함의 미학을 표현한다. 전통을 추억하며 회상하기 위해 현대 속의 고귀한 전통의 미학과 정신을 추구하고자 한다. 물질보다는 정신을, 채움보다는 여백을, 수직보다는 자연과 인간과 공간이 하나 되는 '수평의 아름다움'을 강조하였다.

재 료

바닥_ 천연대리석, 원목플로링, 육송고재
벽_ 대리석, 실크벽지, 천연벽지, 육송고재
천장_ 실크벽지, 한지, 바리솔

1 거실은 툇마루를 떠올리게 하는 요소로 배치하여 서구적 삶의 공간인 아파트에 전통건축을 접목하였다.
2 감성이 흐르는 공간을 만들기 위한 조명방식에 대한 원칙은 뚜렷하다. 천장에 부착된 직부형 조명을 배제하고 간접조명 방식을 사용하였는데, 간접조명은 광원으로부터의 휘도를 방지하고 자연스럽게 분산되는 빛으로 말미암아 실내공간을 편하고 부드럽게 연출할 수 있다.
3 대리석으로 만든 테이블 모퉁이에 미니 연못을 만들고 수생식물인 물배추를 키우고 있다. 감수성이 있는 수공간은 마음을 편안하게 이끄는 평정심이 담겨 있다.

1 디딤목을 오르면 대청마루를 연상케 하는 좌식식당으로 바닥은 우물마루를 깔고 천장은 부드러운 간접조명으로 전통미를 살렸다.
2 공간은 사람들의 건강한 삶과 행복을 누릴 수 있게 해준다. 건강한 자연의 재료로부터 비롯된 공간이야 말로 사람들의 건강한 삶도 유지해 준다.
3 침실로 전체 공간의 이미지는 비교적 간결하게, 기본 벽체는 단순하게 구성하여 현대적인 이미지와 여백의 미를 주었다. 마감 재료는 고재와
천연대리석, 자연스러운 무늬목을 사용하여 실내공간의 풍요로움을 더했다.

신한옥

7

천 년 고궁의 재현

라궁羅宮

해체와 결합의 유연한 조우

취재협조
guga도시건축연구소

경상북도 경주시 신평동에 위치한 '라궁'은 '신라의 궁궐'이란 뜻이다. 라궁은 전통한옥의 건축기법을 토대로 현대적 기능을 추가한 전통 한옥호텔이다. 천년 왕궁의 이미지와 화합한 이곳은 지하 1층, 지상 2층 규모에 연면적 1,842.27㎡(557.28평)이며, 동서로 98m, 남북 38m다. 총 16개의 객실은 모두 독립된 마당과 우수한 조망을 확보했을 뿐만 아니라 전면에 인공연못을 두고 후면에는 중정과 화계로 꾸며졌다. 관리영역에는 식당과 라운지가 위치한다.

라궁의 구조는 넓은 마당을 중심으로 ㄴ자형 숙박동과 ㅡ자형 관리동이 이어져 ㄷ자형으로 구성되어 있다.

도시한옥의 집합개념을 적용한 집중형 배치

라궁의 작업 초기, 한옥 숙박채를 분산·배치하는 '분산형 배치'를 검토하였으나, 소요 관리인원과 이동 동선, 운영여건 등 여러 측면에서 불합리한 부분이 많았다. 이러한 문제점을 극복하기 위해 도입된 '집중형 배치'는 한옥 숙박 unit을 '도시한옥과 같은 집합과 연이은 배치'를 통해 관리의 효율성을 높이는 동시에, 회랑을 연결공간으로 제안하였다. 특히 공간과 조형의 격식을 높이고, 일반 한옥 공간에서는 얻기 어려운 고유한 체험을 부여하는데 많은 고심이 뒤따랐다.

1 메인스케치
2 라궁은 지하 1층, 지상 2층 규모에 연면적 1,842.27m²(557.28평)이며, 동서로 98m, 남북 38m다.
객실은 호수로 돌출된 누마루형 7동, ㄷ자형의 마당형 7동, 스위트룸 1동, 로열 스위트룸 1동으로 전체 16동의 4가지 유형이다.
3 항공촬영한 라궁의 모습
4 라궁은 목수 107명, 석공 17명 등 경복궁 증축 이래 목수 최대동원이라는 기록을 남겼다.

자연으로의 개방

각 숙박 unit는 프라이비트한 마당과 함께 밖으로 열린 풍경을 지니도록 계획되었다. 주어진 기존 지형을 활용하여, 인공연못(가로 90m, 세로 45m)을 중심에 놓고 주변 지형으로 감추었다. 따라서 개방적이면서도 외부 장애물이 보이지 않는 독립적인 경관을 객실에서 바라볼 수 있게 설계하였다. 덧붙여 숙박 unit중 누마루는 돌출되어 있어서 천혜 자연의 비경을 선사한다.

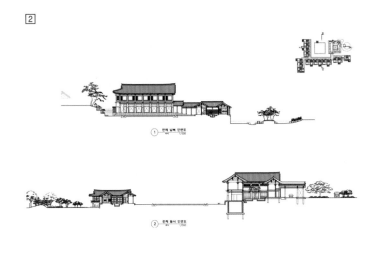

1 배치 및 등고선 계획도
2 전체 단면도
3 전체 1층 평면도
4 반복 모듈화 평면도

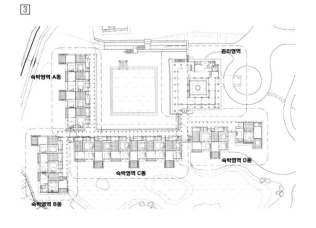

숙박동 회랑. 한옥의 한 지붕을 공유한 채 툇마루 공간을 길게 회랑으로 연결하여 각 객실로 연결하는 동선을 확보했다.

새로운 전통적 격식공간의 창출

라궁의 공적인 영역의 계획, 즉 리셉션 공간과 라운지, 식당을 담고 있는 관리동, 숙박 unit을 연결하는 회랑 등의 공간과 조형은 우리의 전통적 조형을 현대적으로 승화하여 계획하였다. 이러한 작업은 곧 '새로운 전통적 격식공간'을 만들고자 함이다. 특히 관리동은 경사지에 조성된 2층 규모의 요사채 등을 참고하였다.

1 회랑에서 바라본 관리동 후면 모습
2 관리동 후면. 리셉션 공간과 라운지, 식당을 담고 있는 관리동은 경사지에
조성된 2층 규모의 요사채를 참고하였다.
3 강화유리 활용을 통해 개방감을 극대화한 관리동 측면
4 '라궁羅宮'은 '신라의 궁궐'이란 뜻이다.

위_ ㄷ자형의 라궁은 전면에 인공연못을 두고 후면에는 중정과 화계로 꾸며 뒷산과 아우러져 자연과 조화를 이루고 있다.
아래_ 라궁 관리동 전면 전경

1

2

3

4

1,3 관리동 내부는 중정을 가운데 두고 ㅁ자형의 로비로 설계하였다. 중정은 '하늘은 둥글고 땅은 네모남'을 이르는 천원지방天圓地方형으로 천원天圓에 열린 하늘을 향해 서 있는 나무를 사방에서 감상할 수 있도록 했다.
2 관리동 회랑의 천장 아래는 대형 노리개로 전통미를 살렸다. 전통가구와 지붕선이 조화를 이룬다.
4 관리동 라운지 전경. 동양적 선을 강조한 물결치는 파도처럼 곡선을 그리는 천장의 등이 색다른 분위기를 연출한다.

왼쪽_ 고전가구를 활용한 관리동 프론트 데스크의 모습. 전통을 현대적으로 해석하여 특별한 멋을 더해준다.
오른쪽_ 관리동 2층 한식당으로 라궁을 찾는 이들을 위한 식당공간이다.

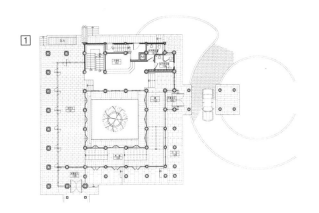
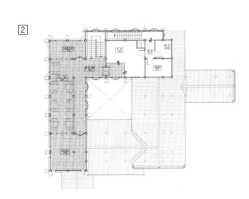

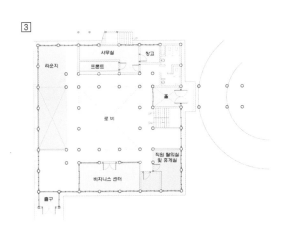

1 관리동 1층 평면도
2 관리동 2층 평면도
3 관리동 1층 평면구성
4 관리동 2층 평면구성
5 관리동 북측 입면도

마당과 노천온천의 결합

라궁의 마당은 기존 한옥 마당이 지나는 은밀한 공간적 성격을 적극 활용하여, 노천온천을 마당에 설치하였다. 완벽하게 보장된 프라이비트 공간, 자연과 개방되어 여유를 즐길 수 있도록 계획한 노천온천은 색다른 여행의 재미를 더해준다. 개인의 라이프스타일을 반영한 마당은 도시한옥 설계 작업에서 얻어낸 영감이다. 마당과 노천온천의 결합, 또는 누마루와 노천온천의 결합 등은 이제까지 없었던 새로운 시도이기도 하다.

현대적 실내 환경과 전통적 구법의 결합

현대적 실내 환경과 전통적 구법의 결합이 시도되었다. 모든 공간은 냉방과 난방, 전기와 통신, 관리 등 호텔이 갖추어야 하는 기능적인 실내 환경을 제공할 수 있도록 계획하였고, 이러한 현대적 실내 환경은 전통적 구법으로 이루어진 공간 아래에서, 눈에 띄지 않게 전통적 요소들과 조화를 이룰 수 있도록 계획하였다.

1 숙박동 회랑에서 객실의 대문을 들어서면 마당에 노천온천이 보인다.
2 한옥으로 둘러싸인 ㅁ자형의 마당에는 노천온천으로 대문만 닫으면 은밀한 공간이 된다.
3 숙박동 디럭스룸 마당 전경. 노천 온천탕을 계획하여 색다른 여행의 재미를 더해준다.
4 전통한옥의 멋이 베인 숙박동 디럭스룸 대청마루에 입식에 익숙해져 있는 고객을 위해 현대에 맞는 기능을 담은 전통가구를 배치했다.
5 숙박동 디럭스룸 누마루. 바닥은 우물마루로 하고 천장은 서까래가 노출된 연등천장이다. 머름 위 네 짝의 만살분합문을 걸쇠에 걸면 안과 밖이 하나가 되는 열린 공간이 된다.
6 숙박동 스위트룸 온천 욕조. 누마루와 노천온천의 결합은 이제까지 없었던 새로운 시도이기도 하다.

한옥의 현대화

라궁은 한옥의 현대화를 실험한 프로젝트로서 3D 설계를 기반으로 한 부재의 기계화가공과 조립과정의 체계적인 진행으로 건축조직에 있어서도 현대적인 관리방법을 도입하였다. 라궁은 연면적 560평의 한옥목구조로 건립함으로서 관공서나 학교, 병원, 공공시설 등을 한옥으로 대형시설 건축할 수 있다는 가능성을 열었다. 서까래, 수장 홈, 주먹장, 도리 가공기계들을 개발 제작하였으며, 익공이나 계자각의 조각 역시도 CNC 가공기계로 한옥부재 가공의 기계화로 한옥산업화의 가능성을 확인하였다. 기초와 지하에 온천 등을 위한 설비시설이 배치되면서 현대적인 구조로 구성되어 그 위에 한옥목구조가 결합하고, 복층을 이루는 부분은 미국식목조방식이 응용되기도 한 현대구조(R/C)와 한옥목구조의 복합화가 이루어지고, 벽체 등에 A.L.C 블럭 등 한옥으로서는 새로운 현대적인 소재들을 응용하여 한옥의 성능을 높이는 역할을 하였으며 공기를 획기적으로 단축시키는 효과를 얻었다.

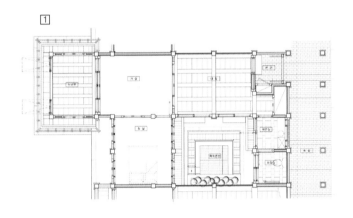

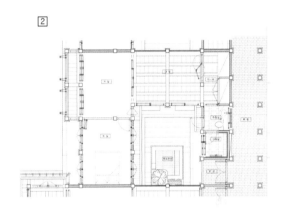

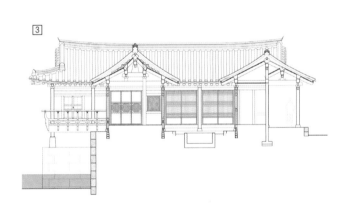

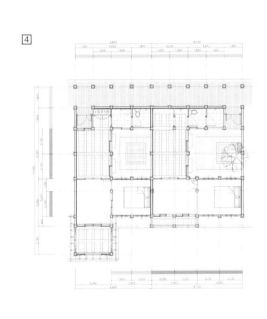

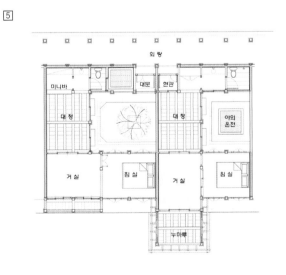

1 누마루형 평면도
2 마당형 평면도
3 누마루형 입면도
4 단위 세대별 모듈 평면도
5 단위 세대별 평면도

1 기둥 사이 난간의 위·아래에 세로살을 대고 가운데 풍혈을 대어 장식 효과를 높였다.
2 삼량가 맞배지붕의 노출된 벽에 화장벽돌과 내민줄눈으로 꽃담을 쌓아 장식적이다.
3,4 화계 위에 조선 현종(1664년) 때 지어져 이전한 3동의 숙제헌이 있다.
전통한옥과 현대한옥이 조화를 이루고 있다.

숙박동 회랑. 삼량가로 사다리형초석 위 민흘림기둥의 도열이 정연하다.

라궁이 '2010 한국관광의 별' 행사에서 영예로운 수상을 하게 된 것은 전통한옥을 국내 처음으로 호텔에 접목하고 전통한옥의 단점인 구조적 생활 불편 시설을 현대적 편의시설로 대체한 것 등이 좋은 평가를 받았다. 한옥은 건축주의 안목과 건축가의 심성과 목수의 솜씨로 완성된다. '라궁'은 건축주, 건축가와 목수가 새로운 방식으로 협력했고, 전통한옥을 그대로 재현하는데 그치지 않고 현대에 맞게 재해석하여 새롭고 현대화된 기능을 담아 탄생하였다.

건축개요

프로젝트명 전통한옥호텔 라궁	**건축면적** 1,529.81㎡(462.76평)
대표작가 조정구	**건폐율** 7.91%
건축설계 (주)구가도시건축사무소	**연면적** 1,842.27㎡(557.28평)
설계담당 민도식, 조지영, 차종호, 최경자, 구본환	**용적율** 9.52%
구조설계 윤구조	**규모** 지하 1층, 지상 2층
조경설계 환경조형연구소 그린바우	**구조** 근콘크리트조, 한식목구조
한옥시공 이연건축	**외벽재료** 한식회벽마감, ALC 전용 플라스터, 한식기와(지붕)
대지위치 경상북도 경주시 신평동 2-1번지 외 207필지	**설계기간** 2005년 10월~2006년 7월
대지면적 19,344.79㎡(5,851.77평)	**공사기간** 2006년 9월~ 2007년 4월

신한옥

8

한옥산업화의 실험적인 프로젝트

한옥
테마관

취재협조
이연건축 조전환 대표

'한스타일 박람회'는 창조적 계승을 통한 우리 문화의 세계화를 도모하기 위한 행사로서 전통문화인 한옥, 한식, 한복, 한글, 한지, 한국음악의 6가지 콘텐츠로 전시하였다. 최근 웰빙 주택, 고품격 주택으로서 한옥의 가치가 주목받으면서 한옥선호도가 증가함에 따라 국토해양부는 한옥의 현대화, 대중화를 위한 기술개발 및 시범사업 등을 지원하면서 이번 국토해양부가 주관하는 '한옥테마관'은 전통한옥의 특성을 고려하여 국민의 인식을 재고하기 위한 현대화된 사례를 선보였다.

'한옥테마관' 건물의 외형은 전체 정면 4칸, 측면 1칸 반 규모로 사다리통초석에 원기둥을 한 겹처마 맞배지붕의 초익공 오량집이다.

한옥산업화의 실험적인 프로젝트

'한옥테마관'은 한옥산업화협의회 회원사의 협력으로 진행된 한옥산업화의 실험적인 프로젝트이다. 기둥과 도리 가공은 인천, 보와 수장재는 김해, 석재는 익산, 기와는 울산, 창호는 경기도에서 가공하여 전국 각지의 분업화된 작업으로 기와를 얹은 한옥을 2일 만에 현장에서 조립함으로써 효율적인 공기관리를 할 수 있었다. 이런 준비가 없었다면 COEX의 전시일정상 불가능한 일이었을 것이다. 이는 모듈화된 한옥의 특성을 최대한 활용하여 가공정보가 담긴 한옥정보모델링(HIM: Hanok(Holistic) Information Modeling)을 인터넷으로 공유함으로써 각 부재 생산자 상호 간의 의사전달을 원활히 할 수 있었던 데 기인한다. 이후 인천, 김해, 군산 등 항만에 접한 기존의 목재가공업체들이 한옥에서 목재산업의 새로운 가능성을 발견하고 새로운 설비를 투자하고 기술을 개발하는 계기가 되었다.

한옥의 기술개발을 위하여 건축 전문가들에게 물어보면 제일 먼저 하는 이야기가 "한옥을 좋아하는데 내가 한옥을 잘 몰라서…"라고 이야기한다. 건축을 전문으로 하고 있지만, 한옥의 구성 원리나 구체적인 기술에 대해 접할 기회가 없다는 이야기일 것이다. 한옥의 구성 원리는 한글을 닮았는데 한글이 자음과 모음의 조합으로 우주만물을 표현하듯이 한옥은 기단과 주춧돌 등으로 구성된 기단과 기둥과 보, 도리로 구성된 몸채, 그리고 서까래, 추녀, 박공 등으로 구성된 지붕이 조합되어 칸을 이루고 그것이 다양한 형태로 조합되어 채를 이루고 여러 채가 자연환경과 더불어 한집안을 이룬다. 한옥을 처음 접하는 사람들은 어렵다고 말하지만, 구성 원리를 파악하고 나면 한옥보다 과학적이고 쉬운 집이 없다. 옛날 사용하던 집의 도면을 보면 매우 간단하여져 있다. 집주인도 집을 어느 정도 이해하고 있고 목수도 집주인의 원하는 바를 알고 있기에 가도架圖를 통해 서로 정해야 할 것은 많지 않게 된다. 집의 칸이 몇 칸이고 지붕 모양을 정하고 방인지 마루인지 그리고 전체적으로는 향을 어디로 할 건지 정도만 표시해도 일이 진행되었다.

1 한옥테마관 왼쪽 2칸은 전시실, 가운데 1칸은 평대문, 오른쪽 1칸은 사랑방으로 꾸몄다.
2 여닫이 세살 쌍창으로 촘촘한 살의 짜임새가 격조 있다.
3 낮은 와편담장 너머로 툇마루에 계자난간을 둘러 누마루 형식을 취했다.

한옥을 현대화하기 위해서는 크게 두 갈래의 접근이 필요하다고 생각한다. 하나는 한옥의 언어(소프트웨어)를 모두가 쉽게 사용할 수 있게 하는 것이고, 또 하나는 수공업적으로 이루어지는 생산과정(하드웨어)을 변화시켜 생산력을 높이는 일이다. 언어를 자유자재로 사용할 수 있어야 그 깊은 아름다움을 표현할 수 있고, 생산력이 높아져야 적은 비용으로 많은 사람이 사용할 수 있기 때문이다.

한옥 언어의 이해-소프트웨어

한옥을 늘 접하면서 보아왔다면 기둥, 도리, 보, 추녀 등을 말만 해도 형상을 떠올릴 수 있겠지만, 한옥을 접할 기회가 거의 없는 일반인은 한옥 부재의 형상이 매우 복잡한 편이어서 평면적으로 이해하는 것은 거의 불가능하다. 그러나 컴퓨터의 발전으로 한옥의 형상을 자료화하여 다룰 수 있는 것이 가능해졌다. 일반인들도 쉽게 다룰 수 있는 스케치업 같은 프로그램도 나와 있어, 3D형상 데이터 안에 말로는 하기 어려운 치목 과정의 섬세한 기술적인 부분을 담아낼 수 있게 됐다. 이러한 자료를 한옥을 짓고자 하는 집주인과 배우고자 하는 학생들이 사용한다면 목수가 수련하면서 배웠던 많은 내용을 손쉽게 사용할 수 있게 된다. 아름다운 처마 곡선을 만들기 위해서는 선자연이라는 매우 까다로운 부재를 만들고 설치해야 한다. 목수가 아니면 배우기도 어렵고 그리기가 거의 불가능하다. 그렇지만 3D데이터를 사용하게 되면 쉽게 이해할 수 있고 그것을 이용해서 집을 그릴 수 있게 된다.

1 뒤뜰 쪽마루에서 여닫이 세살 쌍창을 열면 사랑방이다.
2 정면 4칸 중 1칸을 대문으로 했다.
3 낮은 와편담장과 높이를 달리하는 꽃담 사이로 동선을 내었다.

4 석탑과 물확, 도자기 등 전통 소품이 야생화와 어우러져 전통미가 돋보인다.
5 관람객의 편의를 위해 넓은 동선을 확보하고 우측에는 한옥 영상관을 설치했다.

한옥의 생산력 제고-하드웨어

한옥을 기계화한다고 하면 많은 사람이 모듈화하는 것에 대하여 이야기한다. 그러나 한옥은 이미 모듈화가 되어 있는 구성 체계를 가지고 있다. 화성 성역의궤 등의 옛 문헌들을 보면 큰 건물도 4개월 안에 다 지었다. 모든 부재를 사전에 가공하여 이른 시일 안에 조립해서 구축하는 한옥은 일정한 규칙성을 가지는 반복으로 매우 조직적인 구조를 가진다. 이미 대량생산의 체계를 가지고 있다고 해도 과언은 아닐 듯하다.

이러한 한옥의 특성은 최근 이야기되고 있는 BIM (Building Information Modeling)의 체계와도 연결된다. 짓기 전에 형상정보와 가공정보 그리고 시공정보를 담고 있는 3차원 모델링 기법으로 시뮬레이션을 해보면 설계변경도 바로바로 할 수 있고, 4D라는 공정검토 방법도 이용된다. 이러한 과정에서 만들어진 형상정보는 CAD/CAM 정보로 변환되어 CNC 가공기계로 전달되고 목재가 가공된다. 이러한 기계기술과 가공기술은 우리나라가 세계적인 경쟁력을 가지고 있다. 단지 한옥에 적용이 안 됐을 뿐이다.

아직은 한옥에 대한 수요가 많지 않아 한옥을 대량생산하기에는 많은 연구개발이 필요하지만, '한옥테마관'을 통해 가능성은 충분히 확인했다는 평가를 받고 있다. 한옥의 현대적인 생산방식은 건축주의 다양한 요구를 수용할 수 있는 정보처리에 기초한 주문제 생산방식으로 발전해야 집주인과 목수가 하나가 되어 지어왔던, 우리 고유의 집짓기 방식을 이어 갈 수 있을 것이다.

왼쪽_ 한옥 창문 속에 또 창문이 있고 그 안에 풍경이 보인다. 이런 풍경은 '중첩'이라는 한옥의 구조에 있다.
오른쪽_ 머름 위 문얼굴 사이로 누마루의 계자난간과 나무의 귀공자인 소나무(松)가 풍경으로 다가온다.

한옥정보모델링 3D 시뮬레이션

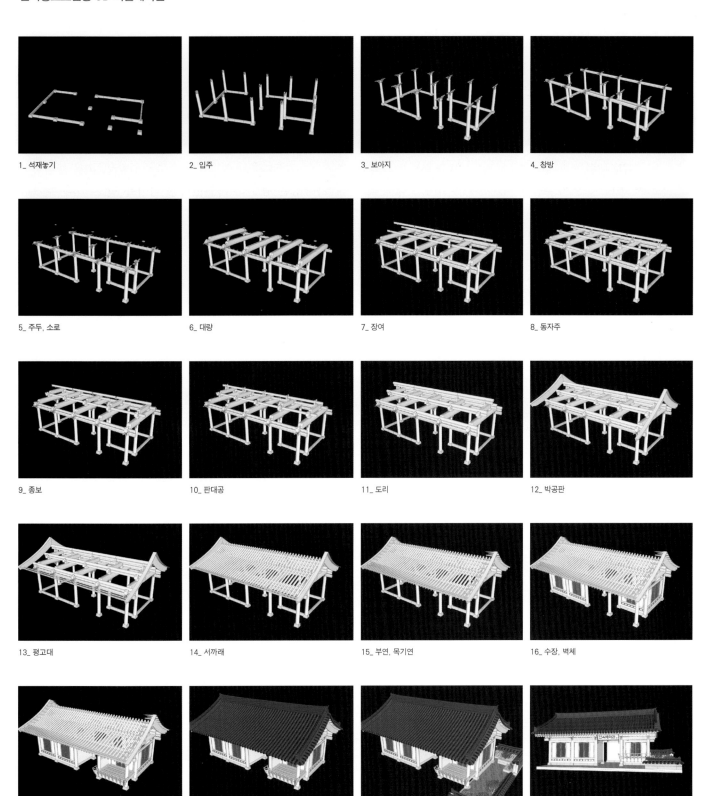

1_ 석재놓기

2_ 입주

3_ 보아지

4_ 창방

5_ 주두, 소로

6_ 대량

7_ 장여

8_ 동자주

9_ 종보

10_ 판대공

11_ 도리

12_ 박공판

13_ 평고대

14_ 서까래

15_ 부연, 목기연

16_ 수장, 벽체

17_ 누마루

18_ 지붕

19_ 조경

20_ 완성

'한옥테마관'의 3D 시뮬레이션을 통해 '한옥테마관'을 짓기 전에 기초부터 완성까지 공정별로 20개의 과정을 소개하고 있다.
각 부재는 한옥정보모델링(HIM: Hanok Information Modeling)의 형상정보와 가공정보 그리고 시공정보를 담고 있는
3차원 모델링 기법으로 데이터 형태여서 CAD/CAM 정보로 변환되고 CNC 가공기계로 전달되어 목재가 가공된다.
한옥 정보 모델링은 BIM의 기반 위에 한옥의 특성정보를 결합하여 한옥의 설계와 시공 그리고 유지보수의 각 단계를 통합적으로
운용할 수 있게 하며, 특히 한옥의 특성 중의 하나인 전체 연동적(Holistic)모델링을 지향함으로써 각 부재 간의 연관과
그에 따른 결구방법 등을 포함하여, 민도리집을 시작으로 주심포, 다포, 익공식 등의 형상데이터와 공장제 가공을 위한 가공데이터
그리고 부재의 전단력 등의 구조 데이터를 포함하게 된다.

1 기둥 가공

2 보 가공

3 서까래 가공

4 박공판 가공

5 계자각 가공

6 익공 가공

7 목기연 가공

8 부연 가공

9 고색 단청

10 초석 및 고맥이석 놓기

11 입주

12 기둥과 초석

13 보아지, 창방 조립

14 주두

15 소로, 장여 조립

16 보 조립

17 사괘맞춤

18 동자주 놓기

19 주도리 조립

20 중도리 장여

21 중보 조립

22 중도리

23 판대공 놓기

24 소로, 종도리 장여

1~9 한옥은 일정한 규칙성의 구조로 되어 있어 기둥, 보, 서까래 등 모든 부재를 사전에 가공하여 현장에 반입했다.   10~31 초석을 놓고 기둥 세우기부터 가구구조架構造의 조립순서를 보여준다.

25 종도리(상량)	26 평고대, 서까래 걸기	27 서까래 개판 깔기	28 이매기, 부연 걸기
29 단연 걸기	30 덧서까래, 개판 깔기	31 박공판, 목기연 조립	32 벽체 반입
33 수장 들이기	34 벽체 구성	35 기와 올리기	36 기와 놓기
37 내림마루	38 마루반입	39 마루놓기	40 난간달기
41 내부공사	42 방구성	43 현판	44 담장치장
45 담장기와	46 문달기	47 벽체미장	48 마무리

32~37 벽체 반입과 수장들이기, 기와 놓기의 과정을 보여 준다.   38~48 마루 놓기, 내부공사, 벽체 미장과 마무리된 과정을 보여준다.

1/

한옥의
처마 곡선을
함수로
풀어내다

한옥 정보

HIM_
Hanok(Holistic)
Information
Modeling

2/

한옥은
전일적
연관성을 가진
건축이다

3/

한옥은
수학적 구성이
가능한
건축이다

4/

한옥은
자유롭게 이동
및 정착하는
건축이다

모델링

한옥 정보 모델링
1

한옥의
처마 곡선을
함수로
풀어내다

글
이연건축 조전환 대표

호텔 '라궁'으로 이름이 알려진 조전환 목수의 글을 소개한다. 필자는 한옥 정보 모델링HIM_ Hanok(Holistic) Information Modeling 이라는 개념어를 통해 우리 전통건축 한옥의 설계방법에 대해 대단히 새롭고 놀라운 통찰을 보여주고 있다. 특히 한옥 짓는 방법에 대한 설명은 우리에게 시사하는 점이 많을 것이다.

장차 우리의 건축 역사를 규명하는 데 조금이라도 도움을 주기 위하여, 나 자신이 평생 배우고 익힌 산 기예들과 지식을 직접 서술하여 후진들에게 전하려고 한다. 여태껏 나와 같이 대목大木 수업을 거친 사람이 직접 서술하여 펴낸 건축 책을 한 권도 찾아볼 수 없다는 것은 무척 불행스러운 사실이다.
_ 조승원의 한식목조건축설계원론韓式木造建築設計原論 머리말에서

23살부터 대목 일을 시작하여 60여 년 동안 건축을 천직으로 삼아 살아갔던 조승원趙勝元 선생의 『한식목조건축설계원론』의 머리말 첫 구절이다. 대목으로서 근대건축을 경험한 목수가 64세부터 6년 동안 남은 힘을 다해 제도하고 집필한 책으로 탈고한 뒤 11년이 지난 1981년에 출간되었다. 전통건축을 새로운 건축방법으로 해석할 수 있기를 바라는 마음이 담겨 있으나 이 책에 대하여 아는 이가 별로 없다. 서구의 건축 문화가 전통건축 양식의 탈영토화와 재영토화의 과정에 바우하우스 같은 시기를 거치기도 하면서 현대적인 생산양식에 조응하는 형태로 변화하다가 20세기에 그 꽃을 피우고 주류를 이루고 있는 것에 비하자면, 우리의 전통적인 건축방식은 풀어야 할 많은 숙제를 가지고 있다. 그중에서도 목수로 이어졌던 한옥의 구체적인 생산시스템을 현대적인 생산양식에 맞추어 번역하는 작업은 가장 핵심적인 과제이다.

호텔 라궁 전경

외국에서 들어온 건축방식이 주류를 이루면서 한옥에 대한 연구는 문화재의 복원과 유지 차원을 크게 벗어나지 못한 가운데 많은 세월을 지내왔다. 그러던 중 80년대를 겪은 세대들이 사회의 중심이 되면서 개발 우선보다는 삶의 질에 대한 고민이 현실적으로 드러나기 시작한다. 이러한 현상은 소극적으로는 귀농자들이 농촌에서 삶을 꾸려나가기 위해 남아 있는 한옥을 고치는 과정에서 현대적인 설비를 창조적으로 결합하는 등 다양한 구성체가 형성되고, 보다 적극적으로는 최근 들어 지자체나 중앙정부차원에서 한옥지원정책을 펴면서 이런 흐름이 확연해지게 된다.

특히 서울의 북촌 한옥마을과 전주의 한옥마을이 일정한 성과를 만들어내면서 '도시한옥'이라는 개념이 형성되고 도시구조 안에서 한옥이라는 과제가 본격적으로 논의되기 시작한다. 내외부의 경계가 없는 글로벌 시대로 접어들면서 그동안 일본이나 유럽, 미국 등의 건축사조 수입에 앞장서던 건축가 중 일부가 새로운 상품으로서 신한옥이라는 개념을 제시하며 "한옥이 돌아왔다."라고 선언하고 "한옥에 살어리랏다!"라고 결심을 하게 되는데, 사실 한옥이 한시도 자기 자리를 벗어난 적이 없었으며, 지금 사는 아파트도 한옥의 특징을 고스란히 담고 있다. 오히려 건축가들이 "한옥으로 돌아왔다"라고 말하는 것이 솔직하지 않을까 싶다.

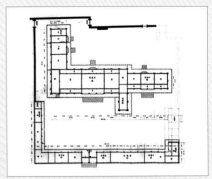

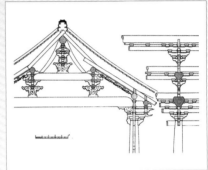

각종 매체를 통하여 한옥은 하나의 트랜드로 자리를 잡아가고 있으며 이러한 흐름 안에서 미국이나 일본에서 건축을 공부한 사람 중에 북촌의 한옥 몇몇 채를 수리한 경험을 가지고 한옥전문가가 되는 과도기적인 현상도 나타나고 있다. 편차는 있겠지만, 목수들이 한옥에 대한 결구의 이해와 치목하고 조립 등을 전체적으로 파악하고, 집 짓는 책임자로서 역할을 하는데 최소 5년 정도의 기간이 필요하다. 한옥은 전체적으로 연동하는 체계여서 부분적인 지식으로는 접근하기가 쉽지 않기 때문이다. 기존의 집을 수리하는 경우에는 기본 틀이 있기 때문에 부족한 부분을 채우고 넘치는 부분을 빼면 가능하지만 빈 땅에 한옥을 세우려면 당장 막막해지는 것이 대부분일 것이다. 배우기에는 시간이 부족하기 때문에 목수들에게 의존해서 집을 짓게 되는데, 한옥에 대한 체계적인 교육을 전혀 받지 않은 상태에서 한옥을 지으려니 건축가가 가지는 고민의 정도는 미루어 짐작할 만하다. 그리고 오랜 시간 동안 서로 다른 언어를 써 온 건축가와 목수가 쉽게 조응하기를 바란다는 것은 무리가 따른다.

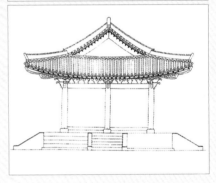

한옥을 건축가 한 사람의 작품으로 보기엔 문제가 많다. 오랜 세월 동안 만들어진 일정한 식이 있고 그러한 방식을 공유하면서 여러 분야가 협업하는 사회적인 공동창작 작업으로 파악하는 것이 정확하다. 중국의『영조법식營造法式』이나 일본의『장명匠明』(일본 에도시대 막부의 대동량大棟梁을 지냈던 평내가平內家에 전해지는 책으로 대목들이 직접 정리한 비례체계를 담고 있다) 등의 문헌이 남아 있어 기준으로 삼고 있지만, 우리는 독자적으로 정리된 문헌은 발견되지 않고 있다. 주로 중국의『영조법식』을 참고했다는 기록 정도가 있을 뿐이다.

최근 문화재청에서 정리한『영조규범營造規範』에서는 일정한 규칙이 발견되지 않는다고 결론짓고 있다. 문화재 건축을 중심으로 평면적으로 분석하는 학자들로서는 어쩔 수 없는 결론이겠지만, 집을 직접 지어야 하는 목수로서는 다르게 바라본다. 집을 계획하는 과정에서 일정한 경험적 규칙성을 가지고 부재의 규격 등을 결정하게 되는데, 주변의 환경과 집의 규모, 집의 격에 따라 다르게 적용하며 조합해나가기 때문이다.

겹처마. 서까래 끝에 방형 단면의 부연이 덧붙여진 처마

건축역사를 이야기하시는 분들은 고려시대 중기에 남송과의 교류를 통해서 주심포작이 도입되고 원과의 교류를 통해서 다포작이 들어왔다고 이야기한다. 그러나 그보다 앞서서 고구려나 백제의 장인들이 일본에 건너가 세운 건축물들은 설명하지 못하고 있다.

중국 목조나 일본 목조는 제도화된 비례 체계를 따르고 있다. 하지만 우리가 자유롭다는 관점에서는 아직 정리가 안 된 것이라고도 할 수 있지만, 창작이라는 관점에서는 일정한 형식이 필요 없을 수도 있다. 예를 들어 일본의 경우, 백제 때 넘어간 금강조는 1,400년 동안 크게 변화 없는 일정한 방식으로 집을 지어오고 있다. 감히 스승의 나라에서 들어온 것을 바꾸거나 변형시킬 엄두가 나지 않았을 것이다. 외래문화를 받아들이는 견해는 원래의 형식을 교조적으로 받아들이지만, 새로운 것을 만드는 중심에서는 그것은 지나간 하나의 형식에 불과하다. 창작하는 자는 몰분자적인 사고를 하기 때문에 일정한 형식에 구애받지 않는다.

상대적으로 우리나라 목조건축의 기법은 대강 아홉 가지 특징을 가지고 있다. 첫째 좌향법坐向法과 축기법築基法, 둘째 기둥의 치목법治木法과 생기법生起法 및 측각법側脚法, 셋째 조량법造梁法, 넷째 귀추녀의 출기법出起法, 다섯째 선자포연법 扇子布椽法, 여섯째 평교대의 연첨법連簷法, 일곱째 포작법包作法, 여덟째 누옥樓屋 처마기둥의 부주법浮柱法, 아홉째 용재법用材法 등을 열거할 수 있다.
_ 한식목조건축설계원론韓式木造建築設計原論 18쪽

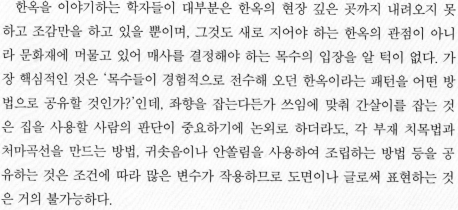

한옥을 이야기하는 학자들이 대부분은 한옥의 현장 깊은 곳까지 내려오지 못하고 조감만을 하고 있을 뿐이며, 그것도 새로 지어야 하는 한옥의 관점이 아니라 문화재에 머물고 있어 매사를 결정해야 하는 목수의 입장을 알 턱이 없다. 가장 핵심적인 것은 '목수들이 경험적으로 전수해 오던 한옥이라는 패턴을 어떤 방법으로 공유할 것인가?'인데, 좌향을 잡는다든가 쓰임에 맞춰 간살이를 잡는 것은 집을 사용할 사람의 판단이 중요하기에 논외로 하더라도, 각 부재 치목법과 처마곡선을 만드는 방법, 귀솟음이나 안쏠림을 사용하여 조립하는 방법 등을 공유하는 것은 조건에 따라 많은 변수가 작용하므로 도면이나 글로써 표현하는 것은 거의 불가능하다.

'라궁'을 지을 때 560개의 기둥을 포함하는 수많은 부재를 치목하고 조립하는데 스케치업이라는 3D 프로그램을 사용해 현장의 정보교환에 효용성을 확인하면서, 한 단계 더 나아가 파라메트릭 모델링을 통해 한옥의 각 부재를 파라메터에 따라 자동 생성하는 방식을 연구했다. 3년 정도 지나 일정한 성과를 거둠으로 이를 정리한 한옥 정보 모델링HIM_ Hanok(Holistic) Information Modeling이라는 실천적 개념어를 제시한다.

HIM(Hanok Information Modeling)은 BIM의 기반 위에 한옥의 특성정보를 결합하여 한옥의 설계와 시공 그리고 유지보수의 각 단계를 통합적으로 운용할 수 있게 하며, 특히 한옥의 특성 중의 하나인 전체 연동적(Holistic)모델링을 지향함으로써 각 부재 간의 연관과 그에 따른 결구방법 등을 포함하여, 민도리집을 시작으로 주심포, 다포, 익공식 등의 형상데이터와 공장제가공을 위한 가공데이터 그리고 부재의 전단력 등의 구조 데이터를 포함하게 된다. 이로 말미암아 한옥에 대한 기본정보가 부족하더라도 설계하고 누구나 시공하는 것이 가능하게 할 것이다.

전통건축의 실천적 계승 HIM_ Hanok(Holistic) Information Modeling

계자난간. 닭다리 모양의 난간 기둥에 풀 무늬를 새긴 가느스름한 계자각鷄子脚을 세운 난간

제도판에 의한 청사진은 CAD로 이어지고, 다시 BIM이라는 새로운 지평이 열리고 있는 시점에 HIM의 제시는 자연스러운 일이다. 굳이 BIM과 구분하여 HIM인 것은 전통목구조건축이 가지는 특징을 포함하기 때문이다. 골이 파인 목재를 사용하는 것은 매끈한 표면을 가진 콘크리트를 사용하는 것과는 많이 다르다. 목재는 수종에 따라 그리고 생장 지역의 조건에 따라 다양한 물리적인 특성을 지닌다. 목재의 뒤틀림과 쪼개짐은 우리가 한옥을 건축하는 데 있어 수용하고 극복하여야 할 점이다.

야생마 같은 목재를 길들여서 구조체를 만들기 위해서는 대상에 대한 이해가 먼저 되어야 하며 사개맞춤 등 한옥의 결구방법은 이러한 목재의 특성을 고려하여 계획된다. 0.3mm 정도 되는 먹금의 살림이나 죽임으로 결구의 견고성을 좌우할 수 있고, 하방을 끼울 때 미리 휘게 가공하고 양쪽을 들어 올려 간의 중심부분도 지붕에서 도리를 거쳐 내려오는 연하중을 지탱하게 한다. 그래서 3차원적인 접근이 가능한 BIM이 앞선 설계방법보다 훨씬 많은 정보를 포함하여 목구조를 기본으로 하는 한옥의 본질을 드러내기 쉽다. 이러한 기반 위에서 한옥이 가지는 다양한 아름다움을 담아 현대적인 건축에 적용할 때, 비로소 전통의 계승이 실천적으로 가능한 것이다.

한옥 처마곡선 함수로 풀다.

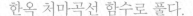

한옥의 아름다움을 꼽을 때 제일 먼저 이야기하는 것이 처마곡선이다. 주변의 산세와 그 건물이 가지는 위계, 주인의 성향에 따라 다르게 만들어지는데 그 미시적인 차이와 반복에 의해 집은 객체적인 표정을 지니게 된다. 그 선은 건축과정에서 주인과 목수의 끊임없는 상호작용으로 이루어지게 되는데 이러한 작용을 미분하여 설계과정에 반영하는 것은 지금까지의 2D 기반에서는 불가능한 일이었다.

목재는 직선적인 성향을 가지고 있다. 그러한 직선 부재를 조합하여 미려한 곡선을 만들어 내는 것에는 다양한 기술적 내용과 미학적 내용을 포함하게 된다. 한옥의 곡선을 르코르뷔지에의 곡선과 비견하는 것도 우연은 아닐 것이며 비정형의 곡면을 가진 현대건축과도 일맥상통한다고 볼 수 있다.

그뿐만 아니라 계자난간이나 익공 등 공포의 조각, 그리고 귀솟음과 안쏠림 등 한옥의 특징적인 수법들을 수치화하여 정량적인 계측과 이를 기반으로 창조적인 계획을 할 수 있게 된다. 필자는 아키캐드의 GDL스크립트를 이용하여 한옥의 각 부재를 파라매트릭 모델링 기법으로 만들었다. 독립변수와 종속변수를 통해서 부재 하나하나가 다양체를 형성한다.

알고리즘건축 한옥

조선시대의 영조의 괘를 살펴보면 규모가 큰 궁궐의 전각들도 공사기간이 6개월을 넘지 않는 경우가 많다. 사계절이 분명한 탓에 날이 풀리면 일을 시작해서 장마 전에 기와를 올려야 하고, 장마가 끝나고 시작하여도 얼기 전에 끝내야 한다. 집중적으로 일할 수 있는 기간은 120일 정도이다. 일 시작하기 전에 각각의 부재들은 계획적으로 치밀하게 준비되는데 이는 일정한 규칙성을 가진다. 부재의 규격, 평면의 구성, 입면의 구성 등에서 비례체계를 발견할 수 있는데, 이러한 조직적인 건축 경험은 현재의 공장제 생산방식과 결합하는 데 아무런 문제가 없다. 그리고 전후에서 현재까지 여전히 경제의 축을 이루고 있는 건설 산업 또한 조직적인 건축 경험에서 기인한다고 해도 과언은 아닐 듯싶다.

하나하나 수공에 의존하던 전통적인 건축 생산방식에서 벗어나 공장제 생산방식에 편입하는 것이 이 시대 한옥의 절체절명의 과제인데. 다행히도 한옥은 태생적으로 MC(modular coordination) 방식을 취하고 있다. 모듈화된 건축 부재와 조직적인 공사조직을 통한 한옥건축은 전 과정의 수학적 해석이 가능하고, 이것을 다시 알고리즘화하여 컴퓨터 프로그램으로 제어할 수 있다. 이것은 부재의 형상을 만드는 것부터 각 공정을 시뮬레이션하여 공사의 효율성을 높이는 일까지의 구축과정을 포함한다. 양택론陽宅論 등으로 정리된 집의 배치와 구성 등이 분자 단위로 조직되어 있는 한옥의 특성은 현대적인 라이프스타일에 적용할 수 있고, 일정한 규칙성 안에서 수직적, 수평적으로 확장할 수 있다.

1 창덕궁 후원,
　주합루
2 경희궁 숭정전
3 경복궁 교태전
4 경주 라궁

한옥의 DNA

한옥건축 전 과정의 내용을 포함하여 구성되는 HIM은 다양체와 접속할 수 있는 게이트웨어로서 작용할 수 있다. 건축 외의 다른 영역(영화나 게임 등)의 디지털 콘텐츠와 결합할 수 있으며 다른 문화권의 건축과도 결합할 수 있다.

한옥에서 나타나는 일정한 패턴에 대한 정보는 인접하는 문화예술 장르에 사용할 수 있도록 가공할 수 있으며 한옥 DNA의 게놈 지도를 작성하여 세계적인 건축 양식들과 자유롭고 다양한 교섭을 할 수 있는 토대를 마련해야 한다. 한옥의 DNA 분석을 위해서는 많은 조사와 연구가 필요하다. 공간조직의 형태와 구성요소 그리고 색채요소, 설비환경 등 총체적인 분석과 재구성이 필요할 것이다. 이러한 연구들의 결과물이 HIM을 풍성하게 만들 수 있기를 바란다.

최근 우리나라에서도 빈번한 건축 문화재들의 보수공사와 복원공사를 하면서 직접 관찰의 조사방법으로서 우리 영조법식의 지식과 기법들을 정리하기 시작하였다. 그러나 이런 조사방법은 이미 과거에 조상이 시행하였던 결과만을 보는 것이지, 그 조상이 그 결과를 어떻게 성취했든가 하는 동기나 의도를 밝히기는 어렵다고 여겨진다. _ 한식목조건축설계원론 6쪽

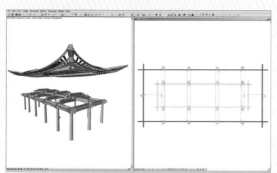
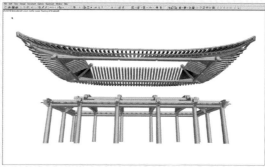

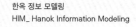
한옥 정보 모델링
HIM_ Hanok Information Modeling

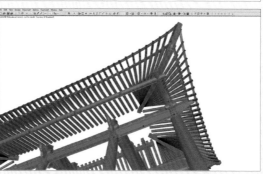

유사 이래 처음으로 정부에서 예산을 세워 한옥기술개발 R&D를 시행하고 있다. 2009년 1년 동안 필자도 기획과제에 참여하여 제1세부과제(한옥생산시공통합시스템 구축)를 주관하였다. 현장의 목수와 한옥을 가공·생산하려는 공장의 실제적인 요구 및 필요한 기술을 중심으로 방향을 잡고, 무엇보다도 제4과제인 한옥정보센터에 집약된 한옥의 특성 정보가 제1세부과제인 대량생산 기반 가공시스템으로 이어져 좋은 품질의 한옥이 저렴하게 생산되어 많은 사람이 한옥을 누릴 수 있도록 구성하였다. 연구를 위한 연구, 보고서를 만들기 위한 연구가 아니라 실질적으로 성과를 낼 수 있도록 많은 사람이 관심을 두고 지켜봐야 할 것이다.

한옥 정보 모델링

2

한옥은
전일적
연관성을 가진
건축이다

한옥의 부재 하나를 만들기 위해서는 전체를 파악해야만 한다. 가령 간단한 부재인 서까래 하나를 깎는다고 치자. 서까래의 길이는 내목길이와 외목길이로 나누어지는데, 내목길이는 도리[1] 세 개로 이루어진 삼량집에서는 기둥 위의 주심도리[2]에서 마루도리[3]까지 거리를 의미하고, 오량집 이상에서는 주심도리에서 중도리까지의 길이를 말한다. 삼량집에서는 보의 길이, 오량집 이상에서는 퇴의 길이와 연관되는 것이다. 즉 집의 전체규모를 비롯해 툇마루의 크기, 그리고 중도리는 보를 몇 등분(삼등분 혹은 사등분)하여 걸 것인지 와도 연동해서 생각해야 한다. 한편, 외목길이는 처마를 이루는 길이를 의미한다. 그러므로 서까래가 전체 지붕선 중 어디에 있느냐에 따라 외목길이는 달라진다. 추녀 쪽으로 가게 되면 안허리곡선과 허리곡선의 궤적 위에 있으므로 그 길이가 정면 중앙에 걸리는 서까래보다 길게 될 것이며 휜 정도도 더 커야 할 것이다.

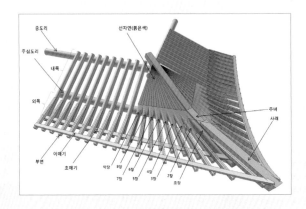

추녀의 부위별 명칭

지붕의 곡선은 그 집이 위치하는 자연경관과 그 집에 사는 사람의 사회적 지위, 그리고 그 사람의 건축관에서도 영향을 받게 되며 서까래를 깎는 목수의 솜씨 및 재료가 되는 목재의 상태에 따라서도 달라진다. 형상뿐만 아니라 집의 규모에 따라서도 지붕의 무게가 달라지며, 서까래 하나가 감당해야 할 몫에 따라 그 굵기를 판단해야 한다. 어떤 나무를 쓰느냐에 따라 구조적인 내력값이 달라지면 그 수명이 결정된다. 이렇듯 비교적 단순한 서까래 하나를 깎는 데에도 물리학적이고 미학적인, 그리고 인문학적인 판단을 하게 되는데, 하물며 기둥이나 보 같은 복잡한 부재들은 어떠하겠는가?

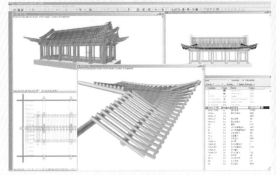

왼쪽_ 한옥 정보 모델링
HIM_ Hanok Information Modeling
오른쪽_ 서까래.
지붕판을 만들고 추녀를 구성하는
가늘고 긴 부재

---

1 들보에 직각 방향으로 걸어 처마지붕을 꾸미는 가로대. 놓이는 위치에 따라 주심도리, 외목도리, 내목도리, 중도리, 하중도리, 상중도리, 종도리로 구분 2 보통 대들보나 툇보 위에 얹는 것이나, 상대건물上代建物 일수록 들보보다 위에 올려 긴서까래를 받치는 도리 3 종도리. 가구재의 맨 위에 있는 부재인 용마루 받침재

한옥은 복잡한 연관성 때문에 쉽게 접근하기 어려워 도제식으로 훈련된 소수의 목수에 의해 그 방식이 전수되면서 폐쇄적인 기문을 형성해왔다. 아무리 복잡하고 큰 집이라 할지라도 한 사람의 목수가 전체를 아우르며 진두지휘해 나갈 수밖에 없는 것은, 아주 미세한 부분까지 통일성을 기하지 않으면 집이 제대로 세워질 수 없기 때문이다. 한옥을 지을 때는 하나를 만들고 그에 따라 다음 것을 만드는 것이 아니라. 전체를 미리 만들어 놓고 순식간에 조립해야 한다. 그래서 모든 부분을 만들어 나갈 때마다 전체를 염두에 두어야 하는 고도의 정신노동이 필요하다. 이러한 과정에서 철학적인 사유가 발전하게 되는 것은 자명한 이치일 것이다.

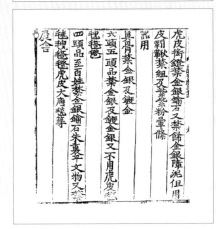

자연환경과 연관성

태조실록을 읽어보면 한양천도의 과정에는 정도전을 비롯한 여러 인물이 나온다. 당시 하륜은 지금의 신촌 일대를 도읍으로 주장했고 무학대사는 인왕산을 주산으로 하고 북악을 청룡으로 남산을 백호로 한 유좌묘향酉坐卯向[4]의 동향 궁궐을 주장했다. 하지만, 정도전은 예로부터 동면東面한 궁궐을 보지 못했다고 하며 북악을 주산으로 하고 관악을 조산으로 하는 임좌병향壬坐丙向[5]의 남향을 주장했고, 이로 말미암아 지금의 경복궁이 탄생하게 된 것이다. 아마도 무학대사는 친구인 태조가 세우는 나라이니 청룡이 튼튼하여 자자손손 이어지는 태조의 나라를 중심에 두고 생각했을 것이고, 정도전은 왕의 나라가 아닌 신하의 나라를 꿈꾸었으므로 당연히 한강과 관악산까지 펼쳐지는 넓은 판국을 보았을 것이다. 바라는 바가 어찌 됐든 집을 짓는 데 있어 제일 먼저 산의 흐름을 보고 물의 흐름을 살핀 것인데, 이러한 보살핌은 집을 짓는 기본원리로서 한옥의 모든 부재 안에 작용하게 된다. 예를 들어 들보[6]를 걸 때도 '수내기를 본다'라고 하는데, 이는 나무의 아래쪽(벌구)과 위쪽(말구)의 방향을 살피고 그 집의 위치와 향에 따르는 것이다. 집의 배치, 지붕의 모양, 심지어 문살의 모양이나 개수도 깊게 살펴보면 이러한 원리와 연관성을 보인다.

『삼국사기』 잡지편 옥사조

사회환경과 연관성

『삼국사기』 잡지雜志편 옥사屋舍조를 간략히 살펴보면 다음과 같다. 진골은 집의 길이와 폭이 24척을 넘을 수 없고 막새기와를 사용할 수 없으며 부연을 달지 못하고 금, 은, 유석[7]으로 꾸미지 못하며 오색단청을 할 수 없다. 6두품은 집의 길이와 폭이 21척을 넘지 못하며, 5두품은 18척, 4두품과 평민은 15척을 넘지 못한다. 이처럼 통일신라시대에는 사회 계층에 따라 집의 규모와 장식을 규제했다. 이런 규정이 존재했다는 것은 사회적 관계가 집과 관계가 있다는 것을 보여주는 단적인 예라고 할 수 있다.

위_ 막새기와. 한쪽 끝에 둥근 모양 또는
반달 모양의 혀가 달린 수키와
아래_ 부연. 처마 서까래의 끝에 덧얹는 네모지고
짧은 서까래

---

4 묏자리나 집터 따위가 유방(酉方, 24방위 중 정서방을 중심으로 한 15° 안의 방향)을 등지고 묘방(卯方, 정동방을 중심으로 한 15° 안의 방향)을 바라보는 방향. 서쪽에서 동쪽을 바라보는 방향 5 묏자리나 집터 따위가 임방(壬方, 정북방에서 서쪽 15°의 방위를 중심으로 한 15° 안의 방향)을 등지고 병방(丙方, 정남방에서 동쪽 15°의 방위를 중심으로 한 15° 안의 방향)을 향한 방향 북서 방향을 등지고 남동 방향을 바라보는 방향 6 칸과 칸 사이의 두 기둥을 건너질러 도리와는 ㄴ자 모양, 마룻대와는 十자 모양을 이루는 나무 7 놋쇠

1 민도리집. 기둥이나
벽체 윗부분이 도리와 장여 사이에
소로 없이 도리와
장여만으로 된 한식 주택.
2 최소한의 규정으로
보전되고 있는 북촌 한옥마을
3 순조의 부마도위 궁집
4 명재고택(윤증고택)

일두고택

한편, 집의 규모를 총 길이로 제약하는 신라와 달리, 조선은 집의 칸 수로 그 규모를 규제했다. 경국대전(성종 9년에 제정된 법령)에 명시된 가사규제家舍規制를 살펴보면 대궐은 제한이 없으며, 대군(임금의 적자)은 60칸, 군(임금의 서자)과 공주(임금의 적녀)는 50칸, 옹주(임금의 서녀)나 종친 및 2품 이상의 관리는 40칸, 3품 이하는 30칸, 그리고 백성은 10칸으로 정해져 있다, 부재들의 구체적인 크기도 명기되어 있는데, 예를 들면 대군은 고주高柱[8]의 높이를 13척으로 제한했고 들보는 20자, 도리의 길이는 11자를 넘지 못했다. 일반 사가에는 기둥 위에 포작[9]이 없는 민도리집[10]만을 용인했으며 부연을 달아 겹처마를 이루는 것이나 단청도 금지했다. 또한, 둥근기둥은 왕이 사는 대궐에만 사용됐고 일반 정자나 건물의 기둥은 사각기둥을 쓰거나 다듬지 않은 통나무를 쓰게 했다.

현대의 건축법과 같은 이러한 법령은 직접적으로 규제하기도 했지만, 간접적으로도 다양한 영양을 미쳤다. 즉, 집의 규모와 방식에 따른 개별적인 부재들까지 그 영향을 받게 되는데, 눈에 드러나는 계급이 존재하지 않는 현대사회에서도 이러한 법령들이 오랜 시간 동안 관례화되면서 불문율로서 거론되고 있다. 다만, 절대 권력에 의하여 규제되던 시대와는 다르게 지금은 경제적인 조건과 집 짓는 사람의 취향에 의해 집의 격식이 결정된다. 그러므로 그러한 사회적 영향력이 직접적으로 한옥에 반영되지는 않지만, 그래서 오히려 집주인의 눈높이가 적나라하게 드러난다고 할 수 있다. 주로 식당이나 펜션 등으로 사용되고 있는 이른바 '한옥'을 보면 뜬금없는 조합을 자주 발견할 수 있는데, 그것도 어차피 이 시대의 사회상을 반영하는 것이기에 차마 뭐라고 이야기는 못 하지만 답답한 가슴에 눈을 돌리게 된다. 이러한 관점에서 보면 서울의 북촌 한옥마을이나 전주의 한옥마을에서 등에 적용되는 최소한의 규정이 과도기 효용을 지닌다고 볼 수 있겠다. 더욱이 최근 들어 한옥에 대한 인식이 재고되면서 서양건축 위주로 건축기본법을 한옥의 조건에 맞게 개정하려 한다는 반가운 소식이 들려오고 있어 다행스럽게 생각한다.

정신문화와의 연관성

언젠가 오랜 시간 남아 있는 집들을 답사하다가 불현듯 의문이 생겼다. "왜 이렇게 다들 훌륭한 일을 한 것인가?" 그러고는 시간이 꽤 흘러 "집이란 것이 땅 위에만 지어진 것이 아니구나!"라는 결론에 내리고 혼자 웃었다. 한옥은 나무로 지어진 집이라 없어지기가 쉽다. 억하심정으로 불이라도 놓아버리면 순식간에 형체도 없이 사라진다. 그러므로 지금까지 남아 있는 집들은 땅 위에 달고질[11]을 잘하여 튼튼하게 지었을 뿐만 아니라 민심 위에도 튼튼하게 주초[12]를 놓았음이 틀림없다. 특히 이 땅의 민심이 권력이나 재력에 쉽게 굴하지 않는다는 것은 역사적으로 증명된 사실이기에 더욱 놀랍다. 그렇다면 무엇이 그토록 오랜 시간 동안 집을 서 있게 만드는 것일까.

건축 답사나 여행에서 빠지지 않는 집들 중에서도 함양의 일두고택, 논산의 명재고택, 안동의 충효당 등을 꼽을 수 있다. 이 집들은 일두 정여창鄭汝昌선생이나 명재 윤증尹拯선생, 그리고 서애 유성룡柳成龍선생의 생전에 지어진 집이 아니다. 후손이나 후학이 선생의 사상과 삶을 기리며 재구성한 오마주라고 볼 수 있다. 그뿐만 아니라 경주의 최부잣집이나 구례의 운조루는 그 많은 재산에도 해방 후의 인공시절[13]을 무사히 지나왔다. 거기에는 "사방 백 리 안에 굶어 죽는 사람이 없게 하라"라는 가훈과 "타인능해他人能解"[14]라는 글이 쓰여 있는 원석圓石 유억柳億선생의 원형뒤주가 있었기 때문일 것이다.

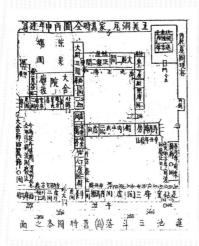

왼쪽_ 운조루 가도
오른쪽_ 운조루 "타인능해他人能解" 뒤주. 가난한 사람 누구라도 쌀을 마음껏 퍼갈 수 있는 뒤주다.
주인의 얼굴을 대면하지 않고 편안하게 쌀을 가져가도록 뒤주를 일부러 곳간채 앞에 마련해 두었다.

1 안동 하회마을 충효당
2 최부잣집. 경북 경주시 교동에 있는 만석꾼 경주최씨의 고가옥
3 독락당. 이언적이 벼슬을 버리고 초야草野에 묻혀 있던 사랑채로 경주시 안강읍 옥산서원 안에 있다.

유·불·선의 사상을 아우르면서 혼자 즐기던 회재晦齋 이언적李彦迪선생의 독락당獨樂當이나 4년 동안 지은 10평 남짓한 집 화단에는 청매화를 심어 절우사節友社라 이름을 붙이고 손바닥만 한 샘에 몽천蒙泉이라 불렀던 완락재玩樂齋의 좁은 방에서 우주를 품은 퇴계退溪 이황李滉선생의 도산서당을 보면 담장의 높이나 마루의 넓이, 기둥 하나하나의 굵기도 허투루 결정되지 않았음을 느끼게 한다.

---

8 높은 기둥 9 공포. 처마 끝의 무게를 받치기 위하여 기둥머리에 짜 맞추어 댄 나무쪽. 10 기둥이나 벽체 윗부분이 도리와 장여 사이에 소로 없이 도리와 장여만으로 된 한식 주택 11 달고질. 집터를 다지는 데 쓰는 연장인 목달구, 쇠달구, 돌달구 등을 이용하여 땅을 단단하게 다지는 일 12 주추. 기둥 밑에 괴는 돌 따위의 물건 13 인민공화국 시절의 준말 14 나무로 만든 쌀뒤주에 구멍을 뚫고 그 위에 써 놓은 글. 그 구멍을 통해 누구나 마음대로 쌀을 가져가도 좋다는 뜻

위_ 머름. 청판이나 방의 아래쪽 중방에
방풍을 하기 위하여 높인 하부인방
아래_ 고맥이초석. 하방 밑에 생기는 화방벽과 만나는 초석,
측면의 마감을 깨끗하게 하기 위해 만들어지는 특수한 초석

전일적 모델링 Holistic modeling

자연의 흐름과 인간 사회의 흐름, 그리고 고도의 정신문화가 한옥을 한옥답게 만드는 세 개의 축으로 작용하면서, 한옥은 단순한 조합이 아니라 마치 홀로그램(hologram)처럼 전일적(holistic) 연관성에 존재함을 알 수 있다. 이러한 작용은 한옥의 내적 구성에서도 프랙털(fractal)현상으로 나타나게 되는데, 집의 전체 규모와 격식, 좌향[15] 등은 내부를 구성하는 모든 부재에 일정한 영향을 미치게 된다. 이러한 전일적 연관성을 가진 한옥을 풀어나가기 위해서는 각각의 객체가 되는 부재를 다양체로 만드는 것에서부터 시작해야 한다. 직접적인 영향을 받는 주변 부재들의 위치와 크기 및 형상 등을 변수로 하여 알고리듬을 구성하고, 입체적인 접근을 수용하면서, 한 단계 더 나아가 머름이나 선자연[16] 등의 좀 더 복잡한 부재 묶음을 만들어 나가고, 그 부재 묶음을 한 단계씩 통합하면서 전체를 구성해 나가는 것이다.

한 칸 수장에 사용되는 변수들

외부 변수로는 한 칸의 폭과 기둥의 높이, 창방[17]의 춤, 기둥의 굵기 등이 있으며 부재 묶음으로는 머름이 있다. 내부 부재로는 하방[18], 문하방, 쪽하방, 중방[19], 문중방, 쪽중방, 문인방, 상방[20], 하방벽선, 중방벽선, 상방벽선, 기둥문선 등이 있으며 각각의 부재는 편모, 둥근모, 결원모, 쌍사면 등의 쇠시리[21]를 할 수 있고 두께와 높이, 길이를 조정할 수 있다. 한 칸 수장은 다시 하부의 문짝 묶음 및 벽체 묶음 등과 결합하고 기둥, 창방, 도리, 주초, 고맥이 등과 연관된다.

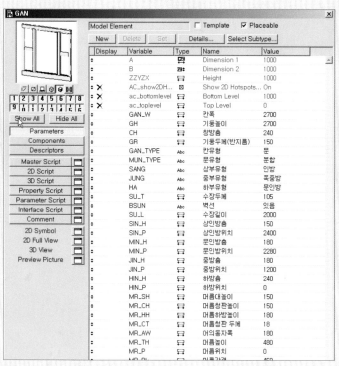

왼쪽_ 한 칸 수장에 사용되는 변수들
오른쪽_ 변수의 연관관계를 규정하는 스크립트

15 묏자리나 집터가 자리 잡은 방위 16 선자서까래. 추녀 옆에서 중도리의 교차점을 중심으로 하여 부챗살 모양으로 배치한 서까래 17 한식 나무 구조 건물의 기둥 위에 건너질러 장여나 소로, 화반을 받는 가로재 18 하인방. 벽의 아래쪽 기둥 사이를 가로지른 부재 / 인방: 출입구나 창 등의 개구부 위에 가로 놓여 벽을 지지하는 수평재 19 중인방. 벽의 중간 높이를 가로지른 부재 20 상인방. 창이나 문틀 윗부분 벽의 하중을 받쳐 주는 부재 21 나무의 모서리나 표면을 도드라지거나 오목하게 깎아 모양을 내는 일

변수의 연관관계를 규정하는 스크립트

　내포하는 부재들과의 연관성을 규정하여 다양한 결합방식을 취하게 한다. 머름
이 있는 경우와 없는 경우, 중방 위에 창이 들어가는 경우, 상방이 있는 경우와 없
는 경우, 부재의 쇠시리에 따른 다양한 부재 연결방법 등을 포함하게 되며, 여기
에 외부 변수에 따른 변화도 더한다. 다음은 HIM 프로그램을 이용해 여러 변수의
조작으로 변하는 모델링 작업 화면이다. 나머지 조건은 모두 같은 채 단 하나의
수치만 바꿔도 부재의 조합은 눈에 띄게 변하는 것을 볼 수 있다. 이것이 HIM을
이용한 한옥 설계이다.

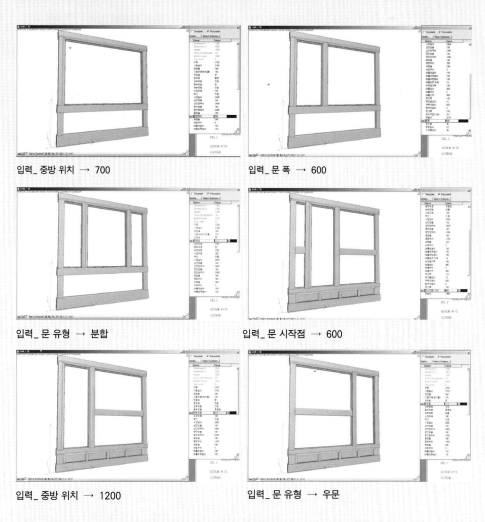

입력_ 중방 위치 → 700

입력_ 문 폭 → 600

입력_ 문 유형 → 분합

입력_ 문 시작점 → 600

입력_ 중방 위치 → 1200

입력_ 문 유형 → 우문

HIM을 이용한 최종 결과물의 예

한옥은 수학적 구성이 가능한 건축이다

비례_ 동양의 황금비, 구고현법股勾弦法

어릴 때 아버지에게 직각 잡는 것을 배운 적이 있다. 벽돌집의 문틀을 세우기 위해 먹을 놓는 작업을 하면서 기준먹을 길게 놓고 중심점을 잡은 뒤 4m 지점에 표시하고 줄자의 5m 지점을 꼭짓점으로써 원호를 그리고, 다시 중심점에서 줄자 3m 지점을 꼭짓점으로 원호를 그려 그 교차점과 기준먹의 중심점을 잇는 곳에 먹을 놓아 직교하는 기준선으로 사용한 것이다. 3:4:5라는 숫자의 조합을 사용한 것인데, "수학 시간에 배운 피타고라스 정리를 실제로 이렇게 사용하게 되는구나!" 해서 기분이 좋았던 기억이 있다.

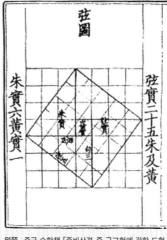

왼쪽_ 중국 수학책 『주비산경』중 구고현에 관한 도형
오른쪽_ 부석사 조사당의 문에 나타난 황금비례

위_ 불국사의 백운교에서 찾아볼 수 있는 구고현
아래_ 파르테논 신전에서 찾아볼 수 있는 황금비

3:4:5의 비율은 고구현법股勾弦法[22]이라고 해서 오래전부터 초석을 놓기 위해 집의 직각을 잡는 방법("청명을 본다"라고도 한다)으로 쓰여 왔으며 3:4 또는 3:5 등의 비율은 집의 평면과 입면 상의 가로·세로비 또는 창문의 가로·세로비로 많이 사용됐다. 특히 3:5는 피보나치 순열이기도 하면서 황금비(1:1.618)와 근접한 비례로, 옛 건물이나 고가구를 살펴보면 자주 등장하게 된다. 이러한 비율은 생명체가 발육하는 과정에서 자주 나타나는 패턴으로 인간이 아름답다고 느끼는 보편적인 인자라고 할 수 있는데, 세월이 오래된 건물일수록 그리고 잘 보전된 건물일수록 많이 발견된다.

목수는 숫자에 민감한 직업이다. 집의 규모를 정하고, 부재의 크기와 개수 등을 헤아려 계획하고, 자재를 준비하고 들어가는 품수를 헤아려 공기와 공정을 정하게 되며, 대부분은 투여되는 자재와 품수를 종합하여 전체 예산을 정하게 된다. 집주인의 정성적인 사용가치를 정량화하여 현실화시키는 것이 목수의 몫이기 때문이다.

전일적인 한옥은 구축해 나가는 과정에서 수학적인 연관관계로 이루어진 복잡계를 구성하게 되는데, 집의 좌향[23]을 잡는 것에서부터 부재 하나하나의 규격과 결구방식을 정하는 데까지 구축적인 전체 과정에서 나타나게 된다. 이러한 기술적인 패턴들을 연산할 수 있는 수학적인 알고리듬으로 치환할 수 있어 컴퓨터 프로그래밍이 가능한 것이다. 이러한 사고는 새로운 것이 아니라 인간을 포함한 만물의 원리를 깊게 고민해오던 우리의 기본적인 사고방식이다.

좌향_ 나경의 각도에 따라 각각 다른 수학적인 의미체계를 지닌다.

집의 좌향을 정하는 데는 나경羅經이라는 도구를 사용한다. 허리춤에 차고 다닌다고 해서 패철[24]이라고도 불리는데 9층으로 된 방사형의 눈금이 있어 1층의 8방위로부터 9층의 120방향 사이의 길흉을 판단하는 복잡한 의미체계로, 집 주변 자연환경과의 관계 속에서 최선의 좌향을 결정하고 그 좌향을 기준으로 하여 동사택[25], 서사택 등의 양택론[26]에 따라 집의 간살[27]을 배치하게 된다. 나경의 원리는 수많은 역서의 내용을 포함하고 있는데, 특히 복희팔괘[28]인 하도의 선천수와 문왕팔괘[29]인 낙서의 후천수의 관계로부터 천지 간 모든 현상을 수리로서 해석한 중국 송나라 학자 소강절의 황극경세서는 음陰·양陽·강剛·유柔의 4원四元을 근본으로 하여, 4의 배수로 우주의 모든 현상을 설명한다. 이 철학은 독일의 G.W.F. 라이프니츠의 2치논리二値論理[30]에 힌트를 주었고, 그 이진법이 컴퓨터 문명의 기초가 되었다는 것은 주지하고 있는 사실이다.

알고리듬의 컴퓨터 프로그램으로 설계된 한옥

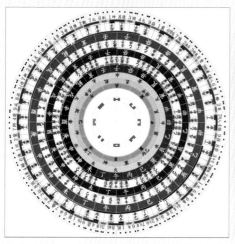

왼쪽_ 패철. 우주의 모든 것을 포함하고 하늘의 이치를 다스린다는 뜻의 '포라만상包羅萬象 경륜천지經綸天地'에서 따와 라경(나경)이라고도 하며, 예전 항아리나 넓은 그릇에 물을 담고 나뭇잎 위에 바늘을 놓아 물에 띄워 측정했다고 하여 뜬쇠라고도 한다.
오른쪽_ 창덕궁 연경당. 창덕궁 후원에 있는 조선시대 상류 주택의 양식으로 지어진 건물

건좌(乾坐, 동남향)로 된 집에, 간방(艮方, 동북방)으로 문을 내면 부귀하고 자손이 많으며, 태방(兌方, 서방)으로 문을 내면 인구가 흥성興盛하고, 곤방(坤方, 서남방)으로 문을 내면 재물이 왕성하며, 손방(巽方, 동남방)과 감방(坎方 북방)으로 문을 내면 남녀가 전염병을 앓게 되고, 이방(離方), 남방(南方)으로 문을 내면 늙은이는 해수咳嗽로 죽고 젊은 부인이 보존하지 못한다. 곤좌(坤坐, 동북향)로 된 집에, 건방(乾方, 서북방)으로 문을 내면 금은보화가 한이 없고, 간방으로 문을 내면 부귀하고, 태방으로 문을 내면 전장田庄[31]이 풍족하며, 손방으로 문을 내면 택모宅母를 잃고, 진방(震方, 동방)으로 문을 내면 인연人煙이 끊기며, 이방으로 문을 내면 젊은 부인이 재앙을 입고, 감방으로 문을 내면 손님이 돌아가지 못한다.

_ 산림경제山林經濟 복거편 | 홍만선 저

---

22 동양의 피타고라스 정리. 구勾는 넓적다리. 고股는 정강이를 뜻하며, 넓적다리와 정강이를 직각으로 했을 때 엉덩이 아래 부분에서 발뒤꿈치까지가 현弦이다. 직각삼각형에서는 밑변이 '구', 높이가 '고', 빗변이 '현'이 된다. 23 묏자리나 집터 따위의 등진 방위에서 정면으로 바라보이는 방향 24 찰쇠. 문장부 옆에 박아서 대접쇠와 맞비비게 되어 있는 쇳조각 25 주택의 주요 3요소로서 일컬어지는 대문(출입문), 안방(부부침실), 집안 전체에서 가장 주목할 만한 힘이 모이는 곳), 부엌(주방)이 집의 중심점을 기준으로 하여 북쪽, 남쪽, 동쪽, 동남쪽의 네 방위 안에 전부 배치된 집 26 도읍지, 마을, 집의 위치, 공간에 바람과 물의 들어옴과 나감이 인간에게 길한 영향을 끼칠 수 있도록 좋은 땅을 찾는 이론 27 칸살. 일정한 간격으로 어떤 건물이나 물건에 사이를 갈라서 나누는 살 28 하도河圖를 보고 복희伏羲가 만든 이동감서離東坎西 건남곤북乾南坤北의 기호체계 29 낙서洛書를 보고 문왕文王이 만든 진동태서震東兌西 이남감북離南坎北의 기호체계 30 명제에 대해 참과 거짓. 두 종류의 진리값만 인정하는 논리 31 개인이 소유하는 논밭

왼쪽_ 창덕궁 대조전. 구름 모양의 받침대인 운공과 첨차 위에 소로와 함께 얹는 짧게 아로새긴 이익공二翼工은 화반 윗부분에 얹어 장여와 도리를 가로로 받친다.
오른쪽_ 창덕궁 낙선재. 조선 헌종 13년(1847)에 후궁 김 씨를 위해 지은 전각

이 시대의 상식으로 읽어보면 터무니없는 이야기로 생각되지만. 좌향이 가지는 수리적인 의미가 생활문화 전반에 깊이 작용하는 것을 알 수 있다. 이렇듯 집을 짓는 데 있어서 자연과의 연관성을 파악하고 그것을 수학적인 상징체계로 사용하고 있었다는 것은 주의 깊게 살펴볼 일이다.

창덕궁 연경당 민도리집.
기둥이나 벽체 윗부분이 도리와 장여 사이에 소로 없이 도리와 장여만으로 된 집

격식_ 집의 격에 따라 양식의 종류와 규모가 정해진다.

집은 위계와 규모에 따라 다양한 양식으로 지어지는데 창덕궁을 예로 들면. 정전인 인정전은 정면 5칸, 측면 4칸의 다포집[32]으로 중층으로 구성되었으며 포작은 밖으로 3출목[33] 안쪽으로 4출목된 구조를 지니고 있다. 내전인 대조전은 이익공에 운공으로 장식됐으며, 그 아래인 낙선재 등은 초익공으로 구성되고 연경당 등의 건물은 민도리집으로 되어 있다. 그리고 집의 크기에 따라 3량, 5량, 7량, 9량, 11량 등의 가구구조를 가지는데, 이는 또다시 내부공간의 쓰임에 따라 1고주 5량, 2고주 5량, 1고주 7량 등으로 구성된다. 집이 높아지게 되면 처마의 깊이를 더하고 집이 넓고 높아지면 주심도리 밖으로 출목도리를 걸어서 처마의 깊이를 더하고 부연을 달아 겹처마를 이루기도 한다.

한편 건물의 격식은 집을 구성하는 거의 모든 부재에 영향을 미치는데, 익공를 직절한 단순 구조보다는 쇠서[34]나 앙서[35]등의 살미[36]가 높은 격식이고 문짝도 울거미[37]에 쌍사[38]를 넣거나 살에 투밀이[39]로 장식하는 것이 높은 격식에 속한다. 구조방식이나 장식방식이 달라지면 집을 치목하는 방법과 조립하는 순서 등이 다르게 적용되며, 한옥의 구축 알고리듬에 구체적인 특성정보로 작용하게 된다.

위_ 이익공의 운공 치장.
왕비의 거처인 경복궁의 교태전이나
창덕궁의 대조전에 쓰임
아래_ 초익공 방식의 누마루.
초매기와 이매기의 곡선을 수식화하여
추녀 부분을 구성

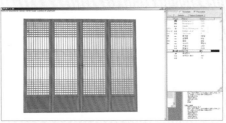
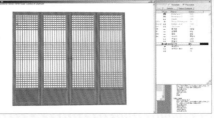

살의 개수가 많을수록 높은 격식의 집에 사용된다.

---

32 두공이 많아서 기둥머리 위, 기둥과 기둥 사이에 공간포라는 두공을 배치한 집 33 첨차가 기둥 중심에서 나와 도리를 받친 공포의 부재 34 전각의 기둥 위에 덧붙이는 소의 혀와 같이 생긴 장식 35 끝이 위로 삐죽하게 휘어 오른 쇠서받침 36 공포에서 기둥 위의 도리 사이를 소의 혀 모양으로 꾸민 부재의 짜임새를 통틀어 이르는 말 37 문틀과 같이 뼈대를 짜서 맞춘 것을 통틀어 이르는 말 38 기둥이나 창문틀 또는 창문 울거미에서 두 줄이 오목하게 들어간 쇠시리 또는 그 모양 39 창살의 등을 둥글게 밀어 만드는 일

방식_ 구축방법에 따라 부재의 크기와 종류가 결정된다.

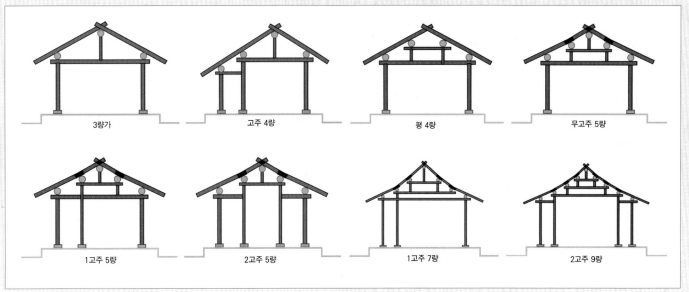

3량가	고주 4량	평 4량	무고주 5량
1고주 5량	2고주 5량	1고주 7량	2고주 9량

각종 가구 유형

격에 따른 집의 양식이 결정되면 집을 짜나가는 방식에 따라 다양한 부재들의 종류와 크기가 결정되는데 일을 배운 기문이나 지역에 따라 조금씩 다른 비례체계나 결구방법을 사용해 다양한 집의 느낌이 들게 된다. 같은 초익공집[40]이라 해도 보목[41]에 주먹장을 넣어 장여[42]를 결구하는 방식과 주두 위에서 장여끼리 결구하는 방식은 부재의 치목이 다르고 주두를 넣은 방식에도 기둥과 창방을 같은 높이로 결구하는 방식과 기둥을 1치나 1.5치 정도 낮게 하여 주두가 그 턱에 끼워지게 하는 방식이 있다. 다양한 구축방법에 따라 각 부재의 규격을 결정하는 것은 일정한 규칙성을 부여함으로써 수식화가 가능하다. 예를 들어 축 부재의 결정단계는 기둥 → 보→ 창방 및 익공 → 장여 → 도리 → 동자주 및 대공 결정단계 등으로 구성되며, 이러한 과정을 거치면서 연관되는 부재들의 크기는 상호작용하면서 결정된다. 여기에서 각 부재의 비례체계가 드러나게 되는데, 그것은 한옥적인 특성을 결정짓는 패턴을 형성하고 있다.

치목을 할 때, 여러 가지 명건들의 나무를 이어서 맞추는 접합개를 재단하려면 우선 기준이 되는 촌수, 즉 재材를 선택하여야 한다. 보통 우리나라에서는 보통 주량작柱梁作이면 기둥의 주경柱徑이 재가 되고, 또 익공작翼栱作이나 포작包作이면 제공[43]과 첨차[44]의 공경栱徑을 재로 삼았다. 일단 재가 선택되면, 이 기준 치수에 맞추어 여러 가지 명건들의 촌수와 접합개구들의 재단 치수가 저절로 결정된다. 구옥構屋의 제도와 칸 수에 따라서 이 재材의 치수가 달라지고, 또 그 재材의 분수分數, 즉 푼에 의하여 재단, 치목되었다. 그 도량의 촌수에 관계없이 치목분수는 통일되어 있었던 것이다. 이런 용·재법用材法이 이른바 금률金律이라고 하는 비례법比例法이다. 우리나라에서는 이 비례법이 비교적 자유롭다. 그러나 원칙적으로 이런 비례법을 준수하지 않으면, 많은 명건들을 짜맞추는 목구조의 견고성이 약해진다. _ 한식목조건축설계원론 20쪽 | 조승원·조영식 저

익공과 보의 조립_ 두 개의 익공을 한 이익공방식 조립.

---

40 익공의 쇠서가 한 개로 된 집 41 대들보가 기둥에 얹히는 부분, 대들보 양쪽 끝에 걸이를 쳐서 목이 지게 한다. 42 도리 밑에서 도리를 받치고 있는 길고 모진 나무 43 첨차와 살미가 층층이 짜여 진 공포 44 삼포三包 이상의 집에 있는 꾸밈새(토막), 초제공, 이제공 따위의 가운데에 어긋나게 맞추어 짠다.

중국 북송시대의 영조법식營造法式이나 일본의 장인가문의 비법서인 장명匠明 등에서는 엄격한 비례법을 제시하는 데 반해 우리의 비례법은 상황에 따른 변화가 큰 편이다. 이는 고정된 틀을 사용하기보다는 자연과 인간의 전일적인 연관을 중요시하는 우리의 문화적인 특징에서 기인한다고 볼 수 있다.

한옥 부재의 수치분석과 GDL프로그래밍

각 부재를 HIM에서 적용하기 위해서는 먼저 형상에 대한 기하학적인 데이터를 분석하여 파라미터를 지정해야 한다. 한옥에 대한 수치분석 작업은 많은 과제를 안고 있는데, 목수들을 통해서 경험적으로 전해지고 있는 구조방식이라든가 처마곡선의 휜 정도, 공포의 체감비율 등과 같은 구체적이고 세밀한 접근이 필요하다. 필자는 그간의 현장 경험을 바탕으로 한옥의 모든 부재에 대한 분석 작업과 그 정보를 바탕으로 BIM 툴인 아키캐드(ArchiCAD)의 GDL(Geometric Description Language)을 통해서 3D 모델링을 하고 있다. 인방이나 장여, 도리 등의 단면을 가진 직선 부재는 단면의 형상과 길이, 다른 부재와의 연결을 위한 결합부분의 장부맞춤 정보들을 조합하여 구성하기 때문에 어렵지는 않으나, 흘림을 가진 기둥이나 곡선을 가진 보, 추녀 등은 수식을 구성하기가 쉽지 않다. 우선은 2차원의 좌표값을 해석해서 그 값들의 증감을 통한 일차적인 규칙성을 도출해내고, 다시 그것을 함수화하여 파라매트릭 모델링이 가능한 변수지정의 방법을 사용하고 있다.

GDL 프로그래밍_ 수치해석을 기반으로 GDL 스크립터를 작성한다. 파라미터를 통하여 연관 부재들과 연동할 수 있도록 프로그래밍 한다.

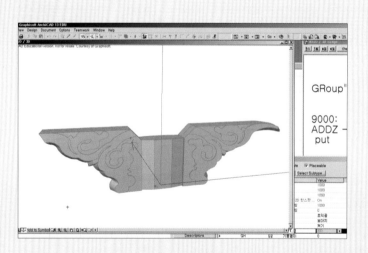

단일 부재 간의 연관성을 분석하여 조립하는 순서에 따라 모델링을 해 나가는데, 머름이나 문짝 등은 2차원 공간에서 결합할 수 있지만 귀솟음을 가진 추녀 부분은 3차원 공간의 미적분적인 변위를 수식화해야 하는 어려움이 있다. 한옥을 구성하는데 가장 어려운 선자연의 구성과정을 살펴보면 평장연의 물매[45]로부터 추녀로 이어지는 허리곡선의 위치별 증분을 수식화하고, 다시 장연[46]의 처마 내밀기로부터 추녀 끝까지 이어지는 안허리곡선의 증분을 수식화한다. 이것은 실재 한옥을 지을 때 평고대[47]를 걸고 밧줄을 감아 주리를 틀어가면서 매기[48]를 먼

---

45 구배. 수평을 기준으로 한 경사도 46 들연. 오량五樑 이상으로 지은 집의 맨 끝에 걸리는 서까래 47 처마 끝에 가로로 놓은 오리목 48 집을 지을 때 서까래 끝을 가지런히 하는 일

저 잡아 놓고 서까래를 걸어 나가는 것과 같은 역할을 한다. 그런 뒤에 각 서까래 코의 위치값을 산출하는 과정을 진행하는데, 그것은 허리곡선과 안허리곡선의 수식에 서까래의 X값을 대입함으로써 얻어지게 된다. 선자연 부분으로 넘어가면 좀 더 복잡한 수식이 필요하게 된다. 장연의 내목길이와 굵기를 변수로 해서 선자연의 개수가 결정되면 추녀의 뒤초리[49]를 받는 중도리의 왕찌[50] 중심점에서 추녀 두께의 절반 지점과 주심도리의 왕치[51]부분, 주심도리 위의 내목길이 지점을 꼭 짓점으로 하는 삼각형이 만들어지는데, 그 삼각형은 선자연의 각 장의 펼침 각도로 나누어지게 되며 그 각도를 변수로 해서 각각 선자연의 통이 결정된다. 각각의 선자연은 갈모산방[52] 위에 놓이게 되며, 갈모산방의 각도에 따라 각각의 선자연에 밑변 각도가 결정된다. 한옥설계는 이처럼 매우 복잡한 연산 과정을 거치면서 전통적인 방법인 곡척[53]과 장척[54], 그리고 목수의 경험에 의해 진행됐다. 다행스럽게도 한옥은 사전에 가공해서 조립하는 방식으로 진행되기 때문에 그 결과를 예측하고 사전에 연산하는 방법으로 알고리듬의 구성과 컴퓨터 모델링이 가능한 것이다.

왼쪽_ 익공초각 수치분석도_ 익공의 초각은 기둥으로부터 나오는 힘을 상징하고 있다. 각 지점의 좌표값을 분석하여 수식을 만든다.
오른쪽_ 선자서까래(선자연). 추녀 옆에서 중도리의 교차점을 중심으로 하여 부챗살 모양으로 배치한 서까래

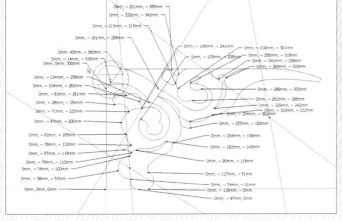

복잡계(Complex system)로 바라본 한옥 건축

한옥은 언뜻 보기에는 단순한 구성요소를 가지고 있는 것 같지만, 인문·사회적인 제 요소가 포함된 다양체로 파악하는 것이 한옥이 가지고 있는 특성을 정확하게 인식하는 방법일 것이다. 그동안의 과정에서는 다년의 경험이 축적된 목수 개인이 문제를 풀어왔다면 새로운 한옥에는 현대적 건축방식과 생활방식을 수용하여 이 시대의 보편적 가치를 담아내야 하는 과제를 안고 있다. 지역적인 건축방식에서 벗어나 인류의 보편적인 가치를 획득하기 위해서는 한옥이 가지고 있는 제반특성을 복잡계로 파악하는 것이 매우 유용하다고 생각한다.

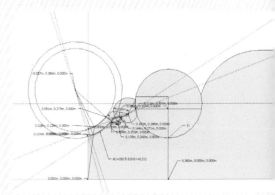

보의 수치 해석도_ 보는 좌우로 장여가 연결되고 아래로 주두를 통하여 기둥과 연결된다. 보의 춤(높이)은 보가 감당하여야 할 구조하중과 연관이 된다. 삼분두, 게눈각 등의 격식과 관계되는 조각이 보머리에 베풀어진다.

49 갈퀴의 살들이 한데 모여 엇갈린 곳 50 둥근 목재를 열십자로 교차토록 한 맞춤 51 지붕의 너새 끝에서 추녀 끝까지 비스듬히 물매가 지게 기와를 덮는 부분 52 산방. 추녀 곁의 도리 위에 서까래를 걸기 위하여 한쪽 머리는 두껍고 다른 한쪽 머리는 얇게 깎아서 붙이는 삼각형의 나뭇조각 53 곱자. 나무나 쇠를 이용하여 90도 각도로 만든 ㄱ자 모양의 자 54 열 자 길이가 되게 장대로 만든 자

한옥은 자유롭게 이동 및 정착하는 건축이다

대강 철저히 하라!

목수 일을 배울 때, 한 선배에게서 중요한 한마디를 들은 적이 있다. "대강 철저히 해라." 처음에 들을 때는 적당히 눈치 봐서 하라는 것인 줄 알았다. 그러나 그 뜻이 아니라 대강大綱을 철저하게 하라는 뜻이라는 것은 설명을 듣고서야 겨우 깨달을 수 있었다. 벼리 강綱은 삼강오륜三綱伍倫에서도 쓰이는 글자다. 고기 잡는 도구인 그물코를 꿰놓은 굵은 줄을 벼리라고 하는데, 벼리를 당기면 그물이 오그라들면서 안에 있던 물고기들이 잡힌다. 그러므로 '대강'이라고 하면 일에 골간이 되는 가장 중요한 것을 뜻하는 것이다. 아무리 보머리 조각을 정성스럽게 한다고 해도 사개[55] 부분이 헐거워지면 그 집은 못 쓰게 된다. 반대로 조각이나 쇠시리[56]는 투박하다 해도 짜임이 단단하면 집은 튼튼하게 오래갈 수 있다. 이렇듯 일의 중심이 되는 부분을 공들여서 제대로 해야 한다는 것을 그 선배에게서 배운 것이다.

한옥을 처음 접한 외국인은 그 규모가 중국보다 못하고 섬세함이 일본에 뒤떨어진다 하여 한옥을 중국이나 일본의 아류 정도로 대수롭지 않게 생각하며 살았다. 그러다 어느 날 무심코 바라본 처마가 뒷산의 산세와 너무 잘 어울려 유연일 것이라 여기며 유심히 살펴보게 된다. 지형의 전체적인 규모와 짜임이 많은 생각과 의도에 따라 만들어졌으며, 방이며 대청 등의 배치가 이치에 맞게 되어 있고, 문이나 창이 허투루 만들어지지 않았음을 알게 되어 한옥을 깊게 공부하게 되었다는 이야기가 있다. 이렇듯 한옥은 듬성듬성 만드는 것 같아도 그 안에는 오랜 시간이 스며 있는 것이다.

흐르는 공간 위에 흐르는 집을 짓다.

집을 지을 때는 먼저 집 자리를 잡는데, 명당을 정하기 위해서 풍수지리설을 사용하게 된다. 그 방법에는 대표적으로 6가지를 들 수 있는데, 간용법看龍法, 장풍법藏風法, 득수법得水法, 정혈법定穴法, 형국론形局論, 좌향론坐向論이 그것이다. 간용법은 산의 맥脈을 살피는 것으로 산맥의 기복을 용龍에 비유하여 맥의 흐름을 조종산[57]으로부터 혈장穴場[58]까지 살피는 방법이다. 장풍법은 들어오는 기는 받지만, 안의 기가 밖으로 흩어지는 것을 막을 수 있는 지세를 살피는 것으로 혈을 사방의 산이 둘러싸고 있는 경우이다. 득수법은 물이 있는 곳에 생기가 있다고 하여 물이 생기를 충분히 전달할 수 있는가를 살피는 것이고, 정혈법은 기가 결절結節[59]하는 혈의 위치와 형태를 파악하며, 형국론은 지세를 보고 그 감응의 여부를 판단하는 방법이다.

위_ 중국의 전통가옥. 아래_ 일본의 전통가옥

일본의 전통마을

55 사방의 보나 도리가 기둥 위에서 맞춰지도록 기둥머리를 네 갈래로 파낸 것 56 나무의 모서리나 표면을 도드라지거나 오목하게 깎아 모양을 내는 일. 또는 그런 것 57 종주산宗主山. 주산主山 위에 있는 주산 58 혈이 모이는 장소. 혈이란 용맥龍脈의 정기가 모인 자리로, 결국 풍수에서의 최종 목적은 바로 진혈眞穴을 얻기 위한 것 59 맺혀서 이루어진 마디

이처럼 집이 지어질 자리를 고정된 단단한 것으로 보지 않고 요동치고 움직이는 용으로 판단하고 있다. 지기地氣의 흐름은 물에 다다르면 멈추게 되는데, 보통은 물로 들어가기 전 가장 왕성한 자리에 집 자리가 있게 되고, 그 위에 말안장을 얹듯 집을 올려놓게 된다.

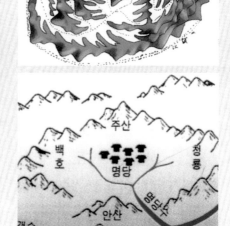

우리가 가장 힘 있고 편안한 말을 골라 타듯이 그렇게 집을 짓는다. 집이라고 하는 것도 나무기둥을 돌 위에 올려놓아 짓게 되는데, 지붕에 짐이 덜 실리면 기둥이 걸어 나가서 집이 흔들리게 되는 무르기 짝이 없는 것을 짓는다. 한옥에는 좀처럼 삼각형 구조를 찾기 어렵다. 다른 건축방식에서는 목구조를 쓰게 되면 보통 가새구조라고 해서 세 꼭짓점이 고정되는 방식을 취하여 구조의 안정성을 도모하게 되는데, 한옥의 목구조는 기본적으로 사각형 구조다. 그것도 돌 위에 그냥 올려놓은 것을 보면 완전한 사각형이라고 하기도 좀 어정쩡해서 현대 건축물의 구조를 해석하는 학자들이 보면 허점투성이의 집이다. 집의 영속성을 바라보지 않고 주변의 재료들을 이용해서 대강 균형을 잡아 구조를 짜고 벽을 드려서[60] 하는 것인데, 이것은 유목민들의 집에 대한 생각과 연결이 되는 지점으로 파악할 수 있다. 아이러니하게도 이러한 유동적인 집에 대한 생각들이 지속 가능한 집의 측면에서 보면 영속성을 지니게 된다.

풍수지리설의 개념 다이어그램

척도가 고정되지 않다.

목수가 집을 지을 때 쓰는 기준자에는 곡척과 장척이 있다. 곡척은 ㄱ자 모양의 철로 된 자로서 주로 부재의 단면과 연결부분의 장부를 그릴 때 사용되고 장척은 길고 가는 각재에 눈금을 그어 부재의 길이나 기둥이 놓일 초석의 간격 등을 재게 된다. 곡척은 들고 다닐만한 크기라 상관없지만 장척은 길어서 들고 다니기가 어렵다. 그래서 보통은 현장에서 만들어 쓰고 그 집에 놔두거나 없어지기 마련이다. 지금이야 철물점만 가도 미터로 된 줄자를 쉽게 살 수가 있어서 별문제가 되지 않지만 기준자가 없던 시절에는 한 자[61]로 된 목간[62]을 들고 다니다가 자치기할 때 하는 것처럼 자질해서 장척을 만들게 된다. 그런데 목간이라는 것이 모두 똑같다고는 볼 수 없다. 관영 건물이야 임금이 내려준 자를 쓰겠지만, 여염집[63]에서는 대강 잡아 눈대중으로 자를 만들 수밖에 없다. 또한, 집의 규모에 따라서 다르게 쓸 수도 있는 노릇이고…

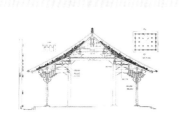

중화전 종단면도

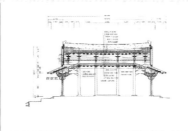

중화전 횡단면도

인정전 종단면도

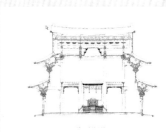

인정전 횡단면도

60 드리다. 집에 문, 마루, 벽장, 광 따위를 만들거나 구조를 바꾸어 꾸미다. 61 길이의 단위. 한 자는 한 치의 열 배로 약 30.3cm에 해당한다.
62 나무에서 줄기가 되는 부분. '나무줄기'로 순화 63 일반 백성의 살림집

「인정전, 중층 중화전, 현 중화전 모두 궁궐의 정전에 해당하는 건물이다. 만약에 궁궐건축의 영건[64]에 있어서 일정한 건축적 비례체계가 설정되어 있었다고 하면, 그 비례체계가 가장 적극적으로 적용되어야 하는 곳은 궁궐의 정전이다. 최상의 건축으로서, 최고 높은 등급의 규율로서, 모범적으로 완전한 비례체계를 적용해 건립되어야 하는 건축물이다. 의궤는 궁궐 내에서 관리에 의해 기록된 문서이다. 따라서 일단 의궤에 기록된 부재의 치수가 실제와 다르다는 것 자체가 일정한 규범이 설정되어 있지 않다는 것을 방증하는 것은 아닐까? 인정전도 상층의 평주[65]가 의궤의 기록과 다른 모습을 하고 있었고 고주의 높이에서도 의궤의 기록과 다른 모습을 하고 있었고 고주의 높이에서도 의궤의 기록과 다른 모습을 하고 있었다. 특히 중화전은 경운궁중건도감의궤의 기록과 많은 부분에서 상충하는 점을 발견할 수 있었다. 이 역시 명확한 영조규범이 설정되어 있지 않았음을 반증하는 것은 아닐까 판단된다. 각 영건의궤에 기록된 부재들을 서로 비교해 본 결과, 각 부재 사이에 어떤 연관성을 발견하기 어려웠다. 영조법식[66] 및 공정주법[67]에서 규정한 일정 부재 폭의 배수라는 개념이 혹시라도 영향을 미칠 수 있었을지는 모르겠으나, 크게 주목받지는 못했다. 건축물마다 일정한 규준을 갖고 건물을 영건했을 것임은 명백하다고 할 수 있으나 모든 건물을 아우르는 일반적인 규칙은 찾아지지 않았다.」 – 영조규범 조사보고서 310쪽 문화재청 2006년

중국에는 영조법식이나 공정주법이 있고, 일본에는 목수 가문에 내려오는 장명 같은 기준이 있는데 반해 우리에게는 전해져오는 영조규범서가 특별히 없어 2006년에 문화재청에서 조사사업을 진행한 적이 있다. 위의 인용문은 영조규범 조사보고서 제2장 비례체계의 소결 부분이다. 가장 높은 격식의 궁궐 정전을 짓는 데에도 통일된 기준을 두지 않았다는 것은 어떤 의미일까?

경국대전[68]이나 악학궤범[69]을 정리하고 지구상에서 가장 먼저 조세법을 제정하기 위해 여론조사를 했던 조선이 학식이 부족하여 필요함에도 정리를 안 했을 리는 없을 것이고, 아마도 필요성을 느끼지 못했을 것이다. 산이 다르고 쓰임이 다른데 어찌 집이 같을 수가 있을까.

일본 시텐노지. 2차대전 중 소실되어 1971에 재건

2004년 영국의 이코노미스트지에서 오래된 회사 10개를 꼽은 적이 있는데 그 중에 1등은 백제인들이 세운 곤고구미(金剛組)다. 일본의 쇼토쿠(聖德)태자는 사천왕사(四天王寺, 시텐노지)[70]를 세우기 위해 백제의 통신사와 같이 온 세 명의 장인을 초대하게 된다. 그 중 한 사람인 곤고시게미츠(金剛重光, 한국명: 유중광柳重光)에 의해 578년에 창업하여 1,432년에 걸쳐 40대를 내려오고 있다. 1400년이 지난 2006년에 한옥호텔 '라궁'을 짓기 위해 경주에 내려가 있을 때, 도편수[71] 정태도 대장大匠과 함께 황룡사지를 찾아가 남아 있는 석조 유물들의 치수를 재며 지금 쓰고 있는 곡척의 치수와 맞아떨어지는지를 확인한 적이 있다. 황룡사 9층탑이 백제의 장인 아비지阿非知에 의해 645년에 완성되니, 두 사건의 차이는 67년이 된다. 67년이면 제도가 크게 바뀔만한 세월도 아니고 또한, 국가대표 격으

64 집이나 건물을 지음 65 평주동. 밭둘렛간(벽이나 기둥을 겹으로 두른 건물에서 바깥쪽 둘레에 세운 칸)을 감싸고 있는 기둥 66 중국 북송시대北宋時代 이계李誡가 편찬한 토목건축 관련 저서 67 흠정공정주법칙례. 중국 청나라 중기의 국정 건축서. 목재의 치수, 각종 재료, 목수의 임금 따위를 수록 68 조선 시대 통치의 기준이 된 최고의 법전法典 69 조선 성종 24년(1493)에 성현成俔 등이 왕명에 따라 펴낸 음악책

로 파견된 것이니 아비지와 곤고시게미츠의 기술적인 연관성을 추측할 수 있다. 황룡사 석조유물의 치수를 재는 데 사용한 곡척은 일본산이다. 일본은 메이지유신明治維新 때 그동안 쓰던 척관법[72]과 서양에서 들어온 미터법을 혼용하면서 둘의 관계를 정리하게 되는데, 1m의 33분의 1을 기준으로 해서 30.3cm를 1척으로 삼아 사용하는 명치明治척을 썼다. 그것이 일본의 식민지 시절에 우리에게 들어와 지금도 건설현장 등에서는 널리 쓰이고 있으나 도량형이 미터법으로 통일되면서 사용이 불법화되어 있다. 하지만, 정태도 대장大匠과 나는 지금 쓰고 있는 척을 '아비지 척'이라고 명명해서 합법화하는 것이 좋겠다는 생각을 같이 했었다.

섬나라 일본은 바다 건너 들어온 문물을 버리지 않는다. 동양에서 가장 오래된 것들이 일본에 많은 이유가 그것 때문인데, 그에 비해 우리는 필요에 따라 만들 수 있다는 자신감 때문인지 훨씬 자유분방하다. 이것은 매끄러운 판 위에 골을 파는 자와 골 파인 공간에 머무는 자의 차이일 것이다.

말 위에 집을 짓다.

말을 타고 달리는 사람과 걸어가거나 멈춰 있는 사람이 바라보는 세계는 아주 다르다. 걸어가는 사람은 자기의 발걸음을 세어가며 거리를 인식하지만, 말을 탄 사람은 저 멀리 있는 큰 산과 그 앞에 있는 건물의 비례만을 파악한다. 구체적으로 그 건물이 가지고 있는 길이는 한참 뒤에 집을 지으면서 사유하게 된다. 즉, 관계 안에서 파악하게 되는 것이다. 또한, 걸어가는 사람과 말을 탄 사람이 대화한다는 것은 불가능한 일이다. 대화는 오직 같은 속도로 달려가는 사람끼리 가능하기 때문에 굳이 멈춰 있는 사람에게 말을 걸지 않고 그저 힐끗 보고 지나쳐 간다. 목수 선배들은 후배에게 자신이 깨우친 공식을 전수하지 않는다. 열심히 먹칼로 나무 위에 수식을 계산하고는 대패로 깎아 없애버리는데, 간혹 제자가 물어오면 대답보다는 지청구[73]하기 마련이다.

녹우당 사랑채 전경

고정된 틀에 기대지 않고 새로운 가치를 찾아 떠나는 것이 우리 역사의 한 모습이다. 광야를 달리던 기운이 호리병 같은 반도에 갇히게 되어 말 달릴 수 있는 새로운 광야를 찾아 끊임없이 요동을 쳐온 것이 우리의 역사인데, 그러기에 집을 단단하게 짓지 않는다. 주변의 돌을 모아 주추[74]를 놓고 나무를 잘라서 기둥을 세우고 흙을 구워서 기와를 얹는다. 그리고 언제나 해체될 수도 있고 불타 없어질 수도 있다. 아니면 분해되어 다른 곳에 지어지기도 한다. 몽골의 게르[75]처럼 낙타 한 마리에 실을 정도는 아니지만, 해남윤씨의 녹우당[76]은 수원에서 먼 길을 떠나 해남에 자리 잡았다.

집의 여행길은 땅 위로만 가는 것이 아니다. 새로운 영토를 찾던 유목민들은 대륙의 끝에 다다르게 된다. 삼면이 바다로 에워싸인 좁은 땅덩이지만 산수가 수려하고 골이 깊어 잠시 머무르는 틈에 대륙으로 난 길이 막히게 되면서 어쩔 수 없는 기질은 거친 숨을 쉬며 달리는 말의 등을 그리워하며 새로운 가치를 찾아 끊

---

70 일본 불교의 창시자인 쇼토쿠 태자가 건립한 일본 최초의 불교사찰. 우리 고대 문화의 일본 전파를 알려주는 대표적인 절이다. 71 집을 지을 때 책임을 지고 일을 지휘하는 우두머리 목수 72 길이의 단위는 척尺, 양의 단위는 승升, 무게의 단위는 관貫으로 하는 도량형법 73 까닭 없이 남을 탓하고 원망함 74 기둥 밑에 괴는 돌 따위의 물건 75 몽골족의 이동식 집. 벽과 지붕은 버들가지를 비스듬히 격자로 짜서 골조로 하고, 그 위에 펠트를 덮어씌워 이동할 때 쉽게 분해·조립할 수 있다. 76 해남윤씨 녹우당. 전라남도 해남군 해남읍 연동리蓮洞里에 있는 조선 중기의 문신 윤선도尹善道의 고택故宅으로 사적 제167호다.

임없이 사유의 광야를 달린다. 확장된 지평은 의미의 세계로 이어져 광활한 시공을 걷게 되는데, 그런 사람의 집은 말(言) 위에 집을 짓기도 한다. 잘 지은 기와집은 어디를 가든지 당호가 적힌 현판을 건다. 이 집은 이러저러한 뜻 위에 지어졌다는 것을 밝히고 있는데, 어느 것은 한눈에도 그 뜻을 파악할 수 있는 곳에 지어지고 어느 집은 한참을 생각해도 길 눈 없이는 대문을 찾기 어려운 의미의 숲 속에 놓이게 된다. 퇴계 이황 선생이 직접 지어 말년을 보낸 도산서당은 크지 않은 삼간 집이다. 지금의 생활방식으로는 좁아서 도저히 살기 어려운 집인데 퇴계는 생전 "필요 없이 너무 크게 지었다."라고 했다 하니 얼마나 큰 집인지 살펴볼 만하다. 동쪽에는 헌軒이 있고 가운데에 재齋가 있으며, 서편에는 부엌이 있는 아주 작은 골방 한 칸이 달렸다. 헌의 이름은 암서巖栖이고 재의 이름은 완락玩樂인데, 암서는 회암[77]의 시 '운곡雲谷'에서 유래한 것으로 '스스로 공부한 것이 미천하여 큰 바위에 기대어 조그만 효험이라도 얻겠다는 이야기로 마루에서 공부하겠다는 의미다. 완락이라는 것 또한 주희의 명당실기에서 인용된 말로 즐겨 완상[78]하니 일생에 부족함이 없다'라는 뜻이니, 방의 이름치고는 이만한 것이 드물다.

도산서당 전경

조그만 방과 마루에 이름을 붙임으로써 회암 주희 선생이 다다른 경지로 펼쳐지게 된다. 암서헌巖栖軒 앞에는 연못을 만들어 '정우당淨友塘'이라 부르고 그 아래 우물은 '몽천蒙泉'이라고 정했다. 몽천 동쪽의 산기슭에는 매화·소나무·대나무·국화를 심어 놓고 절우사節友社라 했으며, 사립문[79]은 유정문幽貞門이라 했다. 또 여기저기에 대臺[80]를 만들어 천연대天然臺, 천광운영대天光雲影臺라 하고, 시내의 한 줄기는 탁영담濯纓潭, 그 가운데에 있는 편편한 바위는 반타석盤陀石이라 하여 무한한 의미 공간으로 우주를 구성하였다. 말 그대로 집을 크게 지은 것이다.

77 주자학을 집대성한 중국 송나라의 유학자 주희朱熹의 호 78 즐겨 구경함 79 사립짝(나뭇가지를 엮어서 만든 문짝)을 달아서 만든 문 80 흙이나 돌 따위로 높이 쌓아 올려 사방을 바라볼 수 있게 만든 곳

그리고 그 집은 500년이 지난 지금까지도 1,000원짜리 지폐를 통해 여전히 새로운 세계를 맞이하고 있는 것은 우연한 결과만은 아닐 것이다.

신한옥을 위하여

퇴계 선생은 목수인 승려 법련과 법련이 죽자 일을 이어받은 승려 정일에게 집의 설계도인 옥사도자屋舍圖子와 도산잡영[81]의 7언 18절과 5언 26절을 지어주고 집을 짓게 하였다. 큰 스승이 있어 시키는 대로 일을 하는 것은 일하는 것을 업으로 삼는 목수에게는 즐거운 일이다. 그러나 지금은 목수에게 자기 집을 물어온다. 그저 나무나 까고 끼워 맞출 줄 아는 목수에게 집주인의 인생을 풀어내어 집을 지으라고 하는 것은 수태가 안 되는 여자에게 애를 낳으라는 이야기와 같은 이야기다.

왼쪽_정우당 표석
오른쪽_절우사 표석

산업화한 사회에서 집 짓는 일이 더는 한 개인 또는 한집안의 노동에서 벗어나 사회적인 시스템에 속하게 되면서 집으로부터의 소외현상이 광범위하게 일어나고 있다. 한옥도 1920년대에 집장사들이 대량으로 생산해낸 서울 북촌의 한옥마을이 한옥의 전형인 것으로 비칠 정도로 야성[82]을 찾아보기 어려워졌다. 옛사람들의 흔들리는 발자취는 전범典範[83]으로서 근엄한 사학자들의 교조敎條[84]가 되어 답답한 형식만을 재생산하고 있는 것이 한 흐름으로 자리 잡았다. 다른 쪽에서는 서구의 사고방식으로 한옥의 부분 또는 전체를 오브제로 사용함으로써 한옥 고유의 구성원리를 해체해버리는 방식을 사용하고 있는데, 두 가지 방법이 나름대로 의미가 있겠으나 본래의 자리를 파악하는 것에는 부족하다는 생각을 해왔다. 이에 현대적인 방법으로 한옥을 재구성할 필요를 느꼈고, 그것은 분석하는 것이 아니라 실천적인 결론을 내는 방법이어야 했다. 한옥호텔 '라궁'을 지으면서 우연히 접근하게 된 3차원 모델링은 이러한 생각의 전기를 마련해 주었고, 3년 동안 다양한 시행착오를 거치면서 한옥을 세 가지 방향에서 바라보게 되는 작은 결론에 도달했다. 글의 맞춤법을 잘 모르는 목수가 쓰는 글이라 겨우겨우 그동안 고민하였던 지점들을 쓰게 되었는데, 해놓고도 부끄럽기 짝이 없다. 단지 포전인옥抛磚引玉[85]이라고 했던가. 전공하는 분들의 귀한 말씀을 들을 수 있는 계기가 되었으면 좋겠다.

필자 조전환이 2010 페스티벌 BOM에서 상연한 퍼포먼스_
노마드 한옥. 대지를 떠나 무대 위에 서다.

---

81 '도산서당에서 이것저것을 생각나는 대로 시로 읊다'는 뜻으로, 선생 자신이 도산서당에서 거처하면서 직접 읊었던 한시 40제題, 92수首를 모은 시집 82 자연 또는 본능 그대로의 거친 성질 83 본보기가 될 만한 모범 84 역사적 환경이나 구체적 현실과 관계없이 어떠한 상황에서도 절대로 변하지 않는 진리인 듯 믿고 따르는 것 85 '벽돌을 버리고 옥을 얻다'라는 뜻으로, 다른 사람의 고견이나 훌륭한 작품을 이끌어내기 위하여 자신이 먼저 미숙한 의견이나 작품을 발표하는 겸손을 의미.

한옥의
원류를

1/

맹씨행단

2/

도산서당

3/

정여창
고택

4/

독락당

5/

추사고택

찾아서

한옥의 원류를
찾아서

1

ㄱ자형 평면에 담긴
현대적인 의미

맹씨행단

글
이연건축 조전환 대표

가운데 우물마루로 짜인 대청이 있고, 그 양쪽날개로 방이 배치된 공工자형 현대아파트의 평면과 같은 구성을 보인다.

맹씨행단孟氏杏壇을 처음 본 건 지난 1997년 여름이다. 올해로 십 년이 넘었다. 행단으로 향하는 계단을 오르면서 서서히 드러나는 한옥의 모습에 전율을 느꼈던 기억이 새롭다. 종전에 봐왔던 한옥과는 전혀 다른 느낌이었다. 사랑채와 안채로 구성된 조선시대의 날렵한 집과 달리 마치 범이 웅크리고 있는 듯 뭉툭한 모습이 그동안 가졌던 한옥에 대한 생각들을 일순간 원점으로 돌려놓았다. 흥분을 진정하고 찬찬히 살펴보니 문짝 하나 기둥 하나조차 여간 예사롭지 않았다. 가장 인상 깊었던 것은 평면의 구성이다. 가운데 우물마루로 짜인 대청이 있고, 그 양쪽날개로 방이 배치되었다. 언뜻 보기에도 익숙한 모습이었는데, 요즘 사는 아파트 구조와 유사하였기 때문이다.

가장 오래된 살림집에서 찾은 합리적인 구조

당시 주요 고민은 한옥을 박제화된 문화재가 아니라 사람이 사는 집으로 만들자는 것이었고, 그 합당한 구조를 찾고 있었다. 우리가 늘 보아온 조선시대의 집들은 민초들의 삼간 집보다는 사랑과 안채로 구성돼 머슴이나 있어야 유지할 수 있는 집이었다. 그런 형식을 핵가족화된 현시대에 적용하기에는 무리가 따른다. 그런 의미에서 맹씨행단 같은 工자형 평면은 아파트의 거실 중심 생활 방식을 그대로 적용할 수 있는 평면이다.

工자형 평면은 사농공상士農工商의 사상 속에서 공工이 천시되면서 잘 쓰지 않았던 평면이었다. 퇴계 이황이 도산서당의 용운정사에 쓰면서 서원건축에서 나타났다. 한 채 안에 독립된 두 개의 공간을 가질 수 있어서 실용성이 중시된 집에서 간혹 사용되다가, 조선의 마지막 아흔아홉 칸 집인 충북 보은에 선병국가옥에 이르러서야 적극적으로 활용하게 된다. 아이러니하게도 가장 오래된 집이 가장 현대적이었던 것이다.

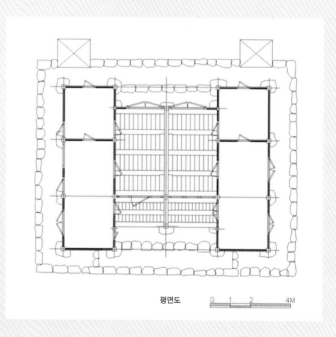

평면도　　0　1　2　　4M

1,2,3 가장 오래된 살림집으로 평가받는 맹씨고택에서 주의 깊게 볼 점은 내부의 평면 형태이다. 중앙의 우물마루로 짜인 대청을 중심으로 양쪽으로 방을 배치하였는데 흡사 오늘날의 아파트 형태와 유사하다.

널리 알려져 내려오는 최영 장군과의 인연

맹씨행단은 여말 조선 초에 살았던 청백리 고불古佛 맹사성이 살았던 집이다. 원주인은 무민공武愍公 최영 장군인데, 그의 부친인 최원직이 건축하였다. 맹사성의 부친인 맹희도와 조부인 맹유는 조선의 역성혁명을 이군불사二君不仕라 하여 두문동으로 은거했던 두문동 72현 중 한 사람이었다. 이방원이 두문동에 불을 지르면서 한산을 거쳐 온양으로 내려와 최영과 근처에 살게 되었다. 어릴 적 맹사성을 눈여겨 봐왔던 최영 장군과의 일화는 널리 알려진 일이다. 맹사성이 여섯 살 무렵, 최영 장군이 오침 중에 집 앞 배나무 위에서 용이 승천하려고 용트림을 하는 꿈을 꾸었다. 깜짝 놀라 깨어 배나무를 바라보니 한 아이가 배를 따고 있는 게 아닌가. "배를 따고 있는 게 뉘 집 아들인고."하고 점잖게 물으니 그 아이가 대답하기를, "아버지가 맹 희자, 도자입니다."라며 겸연쩍어하면서 배나무에서 내려와 정중히 절을 하고 가는 것이었다. 최영 장군이 곰곰이 생각해 보니 그 아버지인 맹희도는 5년 전에 문과에 급제, 온 동네를 떠들썩하게 한 사람이었던 것이다. 그리고 꿈에 배나무에서 용이 승천하는 모습을 보았고, 그 아이가 정중히 사과하는 모습 또한 예사 아이가 아닌지라 깊은 생각에 잠기게 되었다. 그래서 자기 집 아래쪽에 사는 이부상서 맹유(맹사성의 조부)의 집을 방문하여 꿈 이야기를 하게 되었고, 그 인연으로 맹사성은 최영 장군의 손녀딸과 결혼하게 되었다. 〈맹온재孟縕在 글 참조〉

예사롭지 않은 주택의 여러 요소

지금은 자취만 남아 있지만, 맹사성이 아홉 살에 심은 은행나무 옆에 학사가 있었다고 하는데, 그곳에서 후학을 가르쳤다 한다. '맹씨행단'이라는 명칭도 은행나무 아래서 제자를 가르쳤다는 공자의 일화와도 일맥상통하여 붙여진 것이다.

1,3 맹사성의 조부 맹유, 부 맹희도, 맹사성이 모셔져 있는 사당 세덕사로 통하는 일각문과 정면.
2 '맹씨행단'이라는 명칭도 은행나무 아래서 제자를 가르쳤다는 공자의 일화와도 일맥상통하여 붙여진 것이다.

맹사성은 청백리 명재상으로 유명하다. 맹씨행단 뒤쪽으로 200m 정도 가면 구괴정九槐亭이 나오는데, 아홉 그루의 느티나무가 있는 정자이다. 여기서 맹사성과 황희 그리고 권진 삼정승이 세 그루씩 느티나무를 심고 망중한을 즐기며 국사를 논했다고 한다.

집의 구조를 살펴보면 정면 네 칸, 측면 세 칸으로 면적은 90.90㎡이다. 정면 두 칸은 일고주오량一高柱伍樑 집이고 앞으로 퇴(退: 툇마루)를 두었다. 양쪽 날개는 삼량집으로 맞배지붕을 하였으며 각각 방을 배치하였다. 지붕은 합각의 내림마루가 익랑(좌우 양편에 지은 행랑)의 용마루로 이어지는 단순한 방법을 취했다.

지붕을 어떻게 처리하느냐에 따라 집의 수명은 좌우된다. 특히 취약한 부분이 회첨(처마가 ㄱ자 모양으로 꺾이어 굽은 곳)이다. 그 부분의 기와 처리에 정성을 다해야 하는데, 맹씨행단은 상대적으로 회첨이 많아 취약한 구조인데도 700년 넘게 본 모습을 유지해 왔다는 것은 그 후대들이

이 집을 얼마나 귀하게 여겼는지 미루어 짐작할 만하다.

조선시대의 세살문이 여성적인 아름다움이라면 맹씨행단의 문살은 단순하고 강인해 보이는 만살문을 하고 있다. 툇마루 창은 들어 걸게 하여 운치를 더하고 있다. 집의 방향이 해향亥向으로 설화산(448m)의 맥을 받기 위해 그렇게 하였는지, 아니면 개경을 바라보기 위해 그리 지었는지 알 수는 없으나, 흔하지 않은 북향집을 하고 있다.

당시 풍수의 대가로 알려진 맹사성이 이 집에 자리를 잡은 것은 그만한 연유가 있을 터인데, 필자는 아직 눈이 어두워 그저 짐작만 할 뿐으로 두고두고 풀어야 할 궁금증이다. 안대眼帶는 배방산의 험준한 능선을 바라보고 있으며, 뒤뜰은 들어오는 햇볕을 받기 위해 뒷담과 집의 거리를 넉넉하게 두고 창을 넓게 냈다. 뒤뜰의 굴뚝은 맹씨행단의 볼거리 중 하나다. 늠름하게 서 있는 모습이 집 전체의 모습과 더불어 이성계와 쌍벽을 이뤘던 최영 장군의 호방하고 듬직한 무골의 모습을 보는 듯하다.

맹씨고택은 흔하지 않은 북향집으로 대칭을 이루고 있다.

대량(大樑: 대들보) 위의 동자주는 보아지(기둥머리에 끼워 보의 짜임새를 보강하는 짧은 부재)에 초각을 하고 주두를 올려 구성하였고, 마루 대공은 복화반과 소슬합장으로 구성되어 고려시대의 건물임을 말해준다. 기둥 윗부분이 비교적 잘 보전되어 있어 전통 건축의 사료로서 중요한 역할을 하고 있다. 이는 신창맹씨가 대를 이어 지금까지 잘 보전함으로써 가능한 것이다. 위로는 맹유와 맹희도 그리고 맹사성을 모신 사당인 세덕사世德祠가 자리해 있고, 아래로는 고불 맹사성의 21대손인 맹건식 씨가 생활하는 살림채가 있다. 솟을대문 밖에는 뱃집으로 단아하게 지어진 기념관이 있어 찾아오는 이를 반기고 있다.

(※문이 잠겨 있을 때에는 주인어른이 밭일하고 있을 것이니 찾아가 부탁하면 된다.)

옛집을 살펴보는 것은 온고지신溫故知新 내지는 법고창신法古創新의 뜻이 있을 것이다. 전원주택을 짓는다 하면 언덕 위의 하얀 집이나 숲 속의 통나무집을 먼저 생각하게 된다. 근래에 들어선 우리의 건축문화가 건강하고 수준 높다는 것을 인식하고 한옥에 대한 관심이 높아지면서, 한옥으로 집을 지으려는 시도들이 이어지고 있다. 기왕에 한옥을 짓는다면 땅 위에 지어진 형태만 가져와 기둥 세우고 서까래를 걸고 흙벽을 치는 것에만 만족해선 안 된다. 그 안에 담긴 뜻도 함께 세워 자손대대로 이어나갈 문화적 지평 위의 집으로 보존해 나가야 할 것이다.

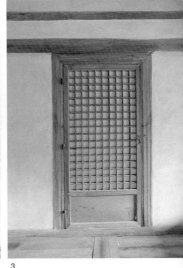

1,2,3 조선시대 세살문이 여성적인 아름다움에 비유된다면 맹씨고택의 문살은 단순하고 강인해 보이는 만살문의 형태를 취하고 있다.
마루의 청판도 길쭉한 것이 시원시원하여 한편 곰살스럽기도 한 조선주택에 비해 힘이 더욱 느껴진다.
4,5,6 보아지나 대공, 동자주의 맞춤 등이 고식이다.
대들보 위의 동자주는 기둥머리에 끼워 보의 짜임새를 보강하는 짧은 부재인 보아지에 초각을 하고 주두를 올려 구성하였다.

1 맹씨고택의 또 다른 볼거리다. 뒤편으로 돌아가면 단단하게 조형된 와편굴뚝이
집의 평면처럼 대칭을 이루고 있다.
2 일명 호창이라고 불리는 눈꼽재기창이다. 한여름 그 밑에서 자면 무척 시원하다.
3 정면 두 칸의 창과 문은 다른 집에서는 볼 수 없는 독특한 구성이다.
설주를 두 개 세워 삼등분하고 위아래에 궁판을 달고 들어 올리게 되었다.
다른 한 칸은 궁판을 단 문으로 출입할 수 있게 하였다.
가운데 설주를 세운 건 추사고택의 사랑채와 상주 양진당의 안채에만 보아왔다.

4 맞배집 측면에 창을 내기가 주저됨에도 북향집이라 정면보다 측면과 후면에 오히려 창을 달아
채광을 꾀했다.
5 주변 돌로 쌓은 돌담은 나무가 수십 년 수백 년 수령을 자랑하며 치솟을 때 묵묵히 행단을
품으며 자리를 지키고 섰다.
6 남북으로 좁고 긴 방이지만 충분히 양명하다.
7 밭으로 나가는 일각문. 이를 통해 구괴정九槐亭에 도달하게 된다.
8 맹사성, 황희. 권진 세 분의 정승이 세 그루씩 느티나무를 심고 국정을 논했다는 구괴정의 전경

한옥의 원류를
찾아서

2

나는 천 원짜리 집이 좋다

도산서당

글
이연건축 조전환 대표

도산서당은 퇴계 나이 57세에 착작하여 60세(1560년)에 낙성한 집이다.

도산서당은 부엌, 방, 마루로 구성된 삼간 집이다.

1. 역락서재亦樂書齋
2. 열정洌井
3. 정문正門
4. 농운정사
5. 도산서당陶山書堂
6. 정우당淨友塘
7. 하고직사下庫直舍
8. 유적전시관
   (옥진각玉振閣)
9. 진도문進道門
10. 동광명실東光明室
11. 서광명실西光明室
12. 박약재博約齋
13. 홍의재弘毅齋
14. 정료대庭燎臺
15. 전교당典敎堂
16. 상고직사上庫直舍
17. 장판각藏板閣
18. 내삼문內三門
19. 상덕사尙德祠
20. 제기고祭器庫
21. 주청酒廳
22. 래문來門
23. 변소便所

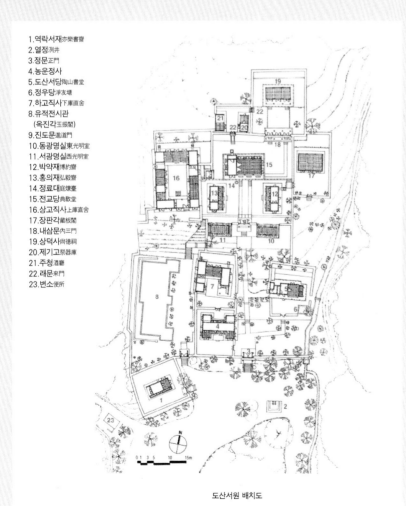

도산서원 배치도

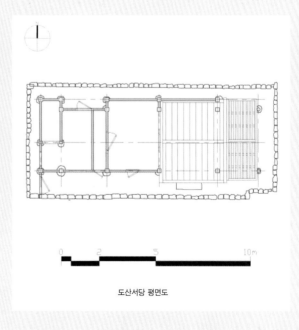

도산서당 평면도

6개월 동안 여유 없이 집 짓는 일에 매달리면서도 늘 마음속에 담아두었던 집을 보기 위해 새벽 4시에 도산으로 향했다. 도산서당은 퇴계 나이 57세에 시작하여 60(1560년)세에 낙성한 집이다. 퇴계 당시에는 도산서당과 농운정사 그리고 역락서재가 있었다고 한다. 타계한 지 4년 뒤에 도산서원이 창건되고 이듬해 낙성되어 지금의 모습을 갖추었다.

부엌, 방, 마루로 구성된 삼간 집

도산서당은 부엌, 방, 마루로 구성된 삼간 집이다. 농운정사나 역락서재는 사주문에 기와를 얹었지만, 선생이 기거하던 도산서당의 유정문은 그저 트인 담장 사이에 싸리문을 달았다.

집의 결구방식도 사개 따서 보, 도리 끼운 민도리집에 홑처마, 맞배집이다. 전면을 제외한 삼면에는 퇴를 달았고 동과 서로는 가적지붕으로 비바람을 피했다. 추녀를 달아 지붕을 들어 올리거나 소로를 끼운다든가 하는 일체의 장식이 없이 오로지 기본적인 부재만을 사용한 아주 단출한 집이다. 그러나 난 이렇게 화려한 집을 본 적이 없다. 문짝 하나하나가 그냥 달린 게 없고, 들보도 적당하게 휜 놈을 쓰고, 기둥은 여덟 치로 궁궐의 어지간한 전각의 굵기와 같다. 한 자 정도의 서재공간을 얻기 위해 굵은 기둥으로 퇴를 뽑았고 내부의 벽장과 부엌공간을 오밀조밀하게 구성해나갔다.

한 사람이 기거하기에 필요한 것들은 다 들어가 있는 셈이다. 한 치도 허투루 쓰인 것 없이 공간 하나하나를 수없이 생각하고 결정한 듯하다. 이理, 기氣 이원론을 설하시듯 완락재, 암서헌, 절우사, 정우당, 몽천 등 이름을 지어놓고 완락재에서 아침을 맞으며 완상을 즐겼으리라.

1 기둥은 여덟 치로 궁궐의 어지간한 굵기와 같다.
2 도산서당의 유정문은 그저 트인 담장 사이에 사립문을 달았을 뿐이다.
3 집의 결구방식도 사개 따서 보, 도리를 끼운 민도리집에 홑처마, 맞배지붕 집이다. 들보도 적당하게 휜 그대로 쓰였다.

왼쪽_ 도산서당의 현판도 조그맣게 주련 걸듯이 걸어 놓았다.
오른쪽_ 축대 밑으로 몽천에서 물이 끊임없이 솟는다.

선생은 스스로 세상을 살면서 익숙해지지 않는다 하여 모든 일을 처음 하듯이 조심하고 삼가면서 사셨다. 집을 지을 때도 그러하셨으리라. 도산서당의 현판도 조그맣게 주련 걸듯이 걸어놓으셨고 암서헌 완락재도 빈 벽에 조그맣게 걸어놓으셨다. 겉은 화려하지 않으나 암서헌에 앉으면 세상 만물이 들어온다. 동쪽 절우사에 매화 솔 국화 대나무가 있고, 뜰 아래 정우당에 연꽃이 있고, 담 사이로 강과 옥토가 눈에 들어온다. 서쪽으로는 농운정사의 제자들 글 읽는 소리가 들리고, 축대 밑으론 몽천에서 물이 끊임없이 솟아 흐른다.

벽과 지붕이 있으나 바람과 새소리가 지나가고, 담장과 문이 있으나 사람들이 지나가는 것을 막지 않는다. 인위를 하였으나 자연스럽고 무위한듯하나 모든 곳에 의미가 담겨 있다. 부족한 목수가 그 의미를 다 알 수는 없지만, 선생의 기운이 아직도 생동하는 것을 느끼기에 충분하다. 주자의 무위 구곡은 큰 규모를 자랑하지만, 이곳은 조심스럽게 이름 지음으로써 완락할 수 있으니 이 어찌 화려하지 않은가! 도산서당은 선생나이 57세에 지을 자리를 정하고 그 이듬해 건축을 시작한다. 건축은 용수사 승려 법연에게 맡기고 공조판서의 벼슬을 받아 서울에서 지내면서 설계도 격인 옥사도자屋舍圖子를 직접 그려 보냈다. 그런데 완공하기 전에 법연이 세상을 떠나자 용수사의 다른 승려 정일에게 맡겨 1561년에 완공한다. 터를 구한 지 4년 뒤의 일이다.

우리나라 유학사상의 정신적 고향으로 성역화된 도산서당과 이를 아우르는 도산서원 밑으로 낙동강이 유유히 흐르고 있다.

문얼굴 사이로 토석담과 싸리문이 우뚝 선 나무와 어우러져 풍경으로 다가온다.

목수의 기준이 되어준 천 원짜리 집

지금 같아선 4개월이면 지을 집을 4년에 걸쳐지었다는 것은 집을 그냥 땅 위에만 지은 것이 아닌듯하다. 물론 재정상의 어려움도 있다 하나 이 집은 선생의 사상과 역사의 고원 위에 지었으리라. 생각이 깊어지니 도산서당이 왜 그 자리에 있는지 궁금해진다. 도산의 골짜기의 주임을 취하지 않고 동쪽 아래쪽 귀퉁이에 자리 잡았다. 지금은 중심에 도산서원이 자리 잡고 전체적인 배치가 훌륭히 되어 있는데, 혹이라도 후에 도산서원이 지어질 것을 예견하신 것인지 알 도리는 없으나, 굵은 기둥을 사용함은 집을 길게 남기리라는 뜻이 담겨 있는 듯하다. 다시 500년이 지난 지금 모든 사람의 주머니 속에 선생의 집을 지니게 한 것은 우연이런지…. 도학을 하는 학자로서 말년에 조그맣지만 큰 집을 지어, 지금에 이르게 한다는 것은 곰곰이 생각해 볼 문제이다.

그러저러한 생각에 잠겨 바라보는데 박정희 전 대통령이 심어 놓은 나무가 눈에 들어온다. 천 원짜리 지폐에는 박 대통령의 기념식수가 조그마해서, '그렇구나.' 했는데 세월이 지나면서 너무 커버린 것이다. 좀 더 지나면 그 나무 기운에 선생의 집은 기운이 쇠하지나 않을까 걱정스럽다. 퇴계 제자 금응훈의 「도산서당영건기사」에 보면 서당은 '삼간당'으로 짓고 3면에 퇴를 두었는데, 건물 동쪽에는 처마를 겹으로 달아내어 비가 들이치는 것을 막았고, 실의 서북벽에는 서가를 꾸몄으며 서쪽에는 반 칸쯤 비워 두었다고 한다. 이 비워둔 공간은 누워 잘 수 있도록 한 것이라고 한다. 고서 천여 권을 좌우 서가에 나누어 두고 또 화분 하나,

책상 하나, 연적 하나, 침구와 자리, 양로, 혼천의를 넣어 두는 궤 하나, 그리고 남쪽 벽 위에 선반을 달아 옷가지 등을 둔다. 이것 말고는 다른 것은 아무것도 없다고 했다.

살림집으로서의 한옥은 좀 더 많은 것들을 고려하고 지금 생활에 맞게 현대화하여 생활에 편리하도록 지어져야겠지만 형태만을 한옥으로 할 것이 아니라 집에 녹아있는 선인들의 정신과 예법을 이어 나가야 하지 않을까 싶다. 단지 나무로 기둥 세우고 흙벽을 하고 기와를 얹는 것만이 한옥은 아니다. 생을 통해 깨달은 바를 녹여내어 지어야 이른바 '일가를 이룸'에 합당할 것이다. 여러 다茶인들이 가지고 싶어 하는 차실 같은 경우에도 남에게 보이기 위해 화려하게 치장하기보다는 중심을 올바르게 세워 스스로 즐거워하며 찾아오는 이로 하여금 깊은 이야기를 베풀게 하여 깊은 문화의 향기가 머무르는 곳이었으면 한다.

천 원짜리 신권이 나오면서 도산서당의 사진이 계상정거도에〈69-10 계상정거도溪上靜居圖는 겸재 정선이 퇴계 생존 시의 건물인 서당을 중심으로 주변 산수를 담은 풍경화이다. 글자를 풀면 '냇가에서 조용히 지낸다.'라는 뜻이다.〉자리를 내주고 역사 속으로 사라지고 있다. 혹자는 계상정거도 또한 도산서당이라고 이야기하고 있으나, 목수로서 언제나 지니고 다니며 생각의 기준이 되어준 천 원짜리 집이 나는 좋다.

위_ 천 원짜리 구권 견본
아래_ 천 원짜리 신권에 나오는 계상정거도溪上靜居圖. 겸재 정선이 퇴계 생존 시의 건물인 서당을 중심으로 주변 산수를 담은 풍경화이다. 글자를 풀면 '냇가에서 조용히 지낸다.'라는 뜻이다.

한옥의 원류를 찾아서 3

고고한 선비정신이 담긴 오마주

정여창
고택

글
이연건축 조전환 대표

경남 함양군 개평마을의 정여창 고택을 찾아가면 언제나 궁금한 것이 하나 있다.
솟을대문의 도리 세 개가 모두 가운데에서 끊어져 엇걸이이음으로 이어져 있다는 것이다.
다섯 명의 효자와 충신을 배출했음을 알리는 정려旌閭를 게시한 문패가 붉게 걸려 있어
이곳이 보통 집이 아님을 알려주고 있는데, 그 위의 삼량도리가 위태롭게 모두 끊어져 있어
대문을 지나면서 여간 조심스럽지가 않다.

왼쪽으로 안채로 통하는 일각문이 보이고 오른쪽으로 사랑채와 너른 사랑채 마당이 눈에 들어온다.

엇걸이이음이란 나무가 짧아 이을 때 쓰는 이음방식 중에 가장 고급방식이라 할 수 있다. 나무의 뒤틀림까지 예측하여 요철로 턱을 만들고 가운데 산지를 끼워 박아 꼼짝 못하게 하여서 한 몸처럼 만드는 것이다. 집에 들어오는 맨 처음, 그것도 그리 길지 않아 충분히 나무를 구할 수 있는 한 칸짜리 대문에 굳이 썼다는 것이 무언가 다른 의미를 주는 듯하여 한참을 쳐다보게 한다.

어질고 학덕 높은 성리학의 대가

함양 땅은 예로부터 '좌강 안동 우강 함양'이라 하여 조선 사림의 큰 줄기였다. 그 대표적인 인물 중의 하나가 조선 오현중의 한 분인 일두一蠹 정여창(鄭汝昌, 1450~1504) 선생이다. 주변에 지리산과 덕유산 그리고 동쪽으로 가야산이 펼쳐져 있고, 멀지 않은 곳(선생의 집에서 1km 정도 떨어진 개울가)에서 두문동 72현으로 꼽히는 덕곡 조승숙(德谷 趙承肅, 1357~1417)이 은거하였다. 그가 후학을 양성하던 교수정敎授亭은 불사이군不事二君의 충신 정신이 배어 있는 곳으로 유명하다.

정여창 선생은 조선 전기 문신이며 영남 사림의 태두인 점필재佔畢齋, 김종직金宗直이 함양군수로 있을 때 인연을 맺는다. 한훤당寒暄堂 김굉필金宏弼 등과 더불어 그의 문인으로 들어가는데, 지리산에 들어가 3년간 오경과 성리학을 연구해 1483년(성종 14년)에 진사시에 합격하고 성균관 유생이 되었다. 1490년에는 학행學行으로 천거 받아 소격서 참봉으로 같은 해 별시 문과에 병과로 급제해 검열을 거쳐 세자시강원설거, 안음현감 등을 지냈다. 1498년(연산군 4년) 무오사화로 함경도 종성에 유배되었는데, 1504년 세상을 떠나고 나서도 갑자사화에 연루되어 부관 참시되는 고초를 겪기도 하였다.

들어갈 때 고개를 들어 정려기와 끊긴 도리를 살펴볼 일이다.

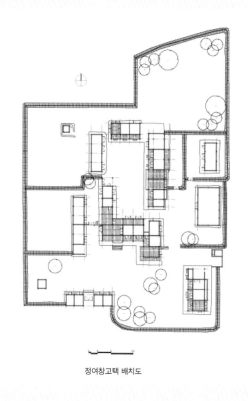

정여창고택 배치도

위_ 누마루에 앉아 수미산 배롱나무를 완상하는 멋을 누리자면 짧은 문장이 아쉽다.
아래_ 박석을 깐 길의 모퉁이에 솟을대문이 섰다. 원래 개천을 따라 난 마을길로 올라와 왼편으로 진입했으련만,
관광객을 위한 정여창고택 표지판은 목적지 코앞까지 차를 대야 하는 사람들의 입맛에 맞추어 지곡초등학교를 낀 외곽 길로 유도하고 있어 아쉬움이 남는다.

후손과 제자에 의한 대표적인 오마주

지금의 건물은 대부분 정여창 선생의 사후인 1570년대에 후손들과 후학들에 의해서 중건된 것이다. 1만여 ㎡의 대지에 12동의 건물이 배치되어 남도지방의 대표적인 양반 고택의 면모를 갖추고 있다. 우리나라의 여러 고택을 보면 생존 당시 지어지기보다는 사후에 제자들과 후손에 의해 지어져 스승에게 헌정(Hommage)되는 경우가 많다. 정여창고택 역시 안동의 서애 류성룡(西厓 柳成龍, 1542~1607년)을 기리며 지어진 충효당과 더불어 대표적인 건물로 꼽힌다. 후손들은 선생이 남긴 사상과 생애에 누가 되지 않으려고 조심하며 정성을 다했으리라.

굽은 나무를 쓴 퇴보가 인상적인 사랑채는 정면 3칸, 측면 1칸의 ㄱ자형으로 신 석주石柱를 초석으로 삼아 누마루를 짜고 그 아래 석가산石假山의 원치園治를 조성하여 누樓에 앉아 바라보면 담장 안으로 하나의 우주를 담아 놓은 듯하다. 안채는 一자형으로 정면 7칸, 측면 1.5칸으로 남향하여 큼직하게 배치되어 있다. 뒤편에는 정면 3칸, 측면 1.5칸의 가묘家廟가 남향으로 놓였는데 가묘 동쪽에 정면 2칸, 측면 1칸의 광채가 있다.

서슬 퍼런 스승 같은 위엄

목은牧隱 이색, 포은圃隱 정몽주鄭夢周와 함께 고려 말의 삼은三隱이었던 야은冶隱 길재吉再의 성리학 학통이 김숙자金叔滋·김종직金宗直으로 이어지면서 중앙정치에 나서게 되고, 그의 제자인 정여창, 김굉필金宏弼 등의 사림이 훈구파와 맞서는 정치세력으로 등장한다. 이후 조광조와 남명 조식으로 계보가 이어지는데, 그 역사의 흐름 속에도 정여창의 집은 자리 잡고 있다. 사랑채에서 성리학 강론이 진행됐을 터이고, 나라의 대소사도 논의되었을 것이다. 수많은 문인이 이 집을 정신적인 고향으로 여겨 돌 하나 풀 한 포기조차도 마음을 썼을 듯싶다.

필자는 1995년 이후 일 년에 한두 번은 꼭 이 집에 들른다. 보통은 아산 외암리를 시작으로 예산의 추사고택, 논산의 윤증고택, 정읍의 김동수가옥을 거쳐 지리산을 넘어 이곳에 이르게 된다. 편안한 집들을 보다가 정여창 고택의 솟을대문을 지나게 되면, 서슬 퍼렇게 서 있는 사랑채의 모습에 압도되어 옷매무새를 다시 살피게 된다. 궁궐의 장대한 권위도, 양반의 도도함도 아닌 마음을 살피며 사리를 분별해주는 스승 같은 위엄 때문이다.

1 기단이 높으나 위압적이지 않고 요철을 두어 진입 유도를 조절했다.
2 툇마루의 퇴보는 홍예보이다. 좁은 복도인 툇마루의 공간감이 더욱 깊다.
3 ㄱ자형의 사랑채는 단 차이를 이용하여 중문간채, 안채 등과 밀접하게 연결되어 있다.
4 일두 선생이 거닐었다는 언덕과 마을의 기와지붕으로 개방되어 있고 수미산을 향해서는 판문이 달렸다. '완상玩賞'도 선비가 절제해야 할 요소로 여겨진다.
5 사랑채의 마루로 여닫이 세살 쌍창과 머름 위 판벽 사이에 우리판문을 여닫이로 했다.
6 누마루의 반대편 마루. 문인방 위로는 교창으로 가리지 않아 구획의 성격이 강하다.

성리학의 대가인 정여창은 「용학주소庸學註疏」, 「주객문답설主客問答說」, 「진수잡저進修雜著」등의 저서를 집필하였으나, 무오사화 때 부인이 태워 없애 선생의 구체적인 생각들이 담긴 글을 현재로서는 살펴볼 수 없다. 하지만, 소학을 중시하며 실천을 위한 독서를 즐기고 왕도정치를 구현하여 백성의 복지에 힘쓴 것만은 틀림없다. 과거 추사 김정희가 들렀었는지 백세청풍百世淸風이라는 큰 글씨가 사랑마루에 쓰여 있다. 정여창 선생의 높은 뜻은 후손과 제자들에 의해 고택과 함양 땅에 고스란히 남아, 그 푸른 바람이 찾아오는 객의 고단한 땀을 식혀주고 있다.

사용된 재목이나 기와, 돌은 특별하다 할 것 없이 꼭 있어야 할 자리에 놓였다. 집의 규모는 서양의 주택처럼 크지 않으나, 사람이 살기에 적당하고 그 안에 머무는 동안 삶의 자세를 바로 세운다면 무엇이 부족할 것인가. 최근 한옥의 현대화와 산업화에 대한 여러 가지의 고민과 실천이 모색되고 있다. 그러나 우리 옛집에 흐르는 정신을 빼놓고 처마의 아름다움과 자연소재의 건강만을 이야기하는 것은 왠지 부족함이 느껴진다.

충신과 효자가 나온 집을 자랑하면서도 그 위에 놓인 끊어진 도리… 여창汝昌이라는 이름을 일두一蠹라는 호로 다스리는 선생의 뜻을 집을 중수하는 목수가 읽어낸 것은 아닐까.

1 방의 공간이용에 따라 분합문으로 혹은 여닫이문으로 열린다.
2 노란 콩댐장판과 흰 벽지 위 붓글씨가 주인행세다.
3 안채의 가구架構는 보의 생김새 덕분에 재밌다. 중도리의 장여가 보에 바로 얹혔고
휘어짐에 따라 동자주 길이를 조절했다.
4 아궁이 셋 중 둘만 난방 겸 취사용이다. 따뜻한 제주도에는 난방을 위한 아궁이가
아예 없기도 하다. 찬장에 반찬을 두면 툇마루로 난 문을 열고 반찬을 꺼내 밥상을
차려주던 친구네 집도 이러했다.
5 별채 뒤 암문을 아치형으로 구성한 것이 이채롭다. 죄인 아닌 죄인처럼 숨어 다녀야
했던 아녀자들에 대한 배려가 아닐까.
6 사랑채의 측면으로 별채와 광채, 사당이 담으로 둘린 채 나란히 서 있다.
7.8 정여창가옥은 현재 비어 있다. 그래서인지 살림하는 공간의 생동감은 떨어지지만
차분하게 구석구석을 돌아볼 수 있어 좋은 점도 있다.
안채, 사랑채, 중문간채와 안사랑채로 형성된 마당은 안온하다.
시렁의 소반들은 다른 주인을 만났으리라.
9 건넌방 툇마루의 머름 난간은 봐도 봐도 마음 씀이 훈훈한 장치다.

한옥의 원류를
찾아서

4

자연과 학문은
오롯이 나의 것일세_ 담장의 미학

독락당

글
이연건축 조전환 대표

학문적인 자기세계구축을 담장이라는 공간구법으로 구현한 동방의 5현다운 발상이다.

경주 안강을 지나서 영천 쪽으로 10여 리 지나 자옥산과 화계산 사이의 골짜기로 잠시 오르니 옥산서원 표지판이 보인다. 옥산서원 표지판을 옆으로 하고 조금 더 올라가면 종갓집이라는 표지가 붙은 솟을대문이 나오는데 이곳이 회재 이언적이 사십 대에 머물던 독락당이 있는 곳이다.

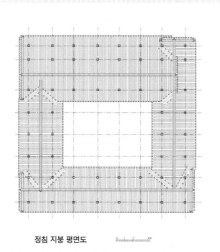

위_ 높다란 담과 나무들 때문에 내부공간을 짐작하기가 쉽지 않다.
아래_ 삼문을 들어서도 담장이 앞을 가린다.

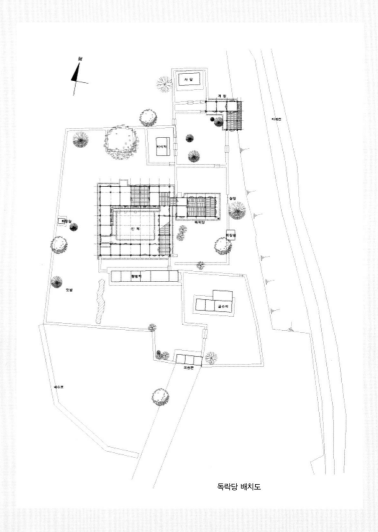

독락당 배치도

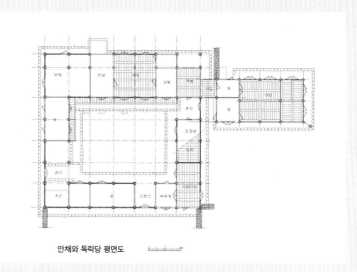

정침 지붕 평면도   안채와 독락당 평면도

경북지역에서 보이는 튼 ㅁ자가 아니라 완벽하게 폐쇄적인 안채 영역이다. 독락獨樂의 건축적 표현이 안채에도 구현되었다 아니할 수 없다.

솟을대문을 들어서면서부터 기와를 켜켜이 쌓은 담장이 눈에 들어온다. 보기에 답답할 정도로 담장이 많다. 이는 파직되어 낙향하면서 세상과 사이에 쌓은 담장일 것이고 독락을 위하여 안으로부터 쌓은 담장일 것이다.

담장을 두른다는 것은 경계를 지음이고 분리를 하는 것이다. 자연과의 경계이고 인간과의 경계이다. 산짐승들이 내 터에 들어오지 못하게 하는 것이고 뭇사람들이 내 영역에 들어오지 못하게 함이다. 독락당의 담장은 이 두 가지가 겹쳐서 나타나는데, 담장을 사이에 두고 자연과의 끊임없는 교감을 하며 파직의 아픔을 치유하며 깊은 사색과 독서로써 홀로 즐기기 위함일 것이다.

회재晦齋 이언적(李彦迪, 1491~1553)은 경주 양동마을 서백당에서 태어나 강계에서 63세로 일생을 마쳤다. 험난했던 연산조 때 소년시절 글공부로 보냈다. 중종대로 접어들어 28세 때 급제했고 곧 종 9품으로 관직에 발을 들여 놓게 되었으며, 당시 고시관이었던 모재 김안국이 왕을 도울 수 있는 훌륭한 인재라며 매우 칭탄하였다. 그 후 회재의 관직 생활은 계속되어 점차로 승진하였으나 41세 때(1542) 당시 세도가인 김안로의 등용을 반대하였다는 이유로 파직되어 소년시절부터 자주 찾던 자옥산에 독락당獨樂堂을 짓고 자계주변에 5대를 명명하고 관어대에 있던 계정을 보수하여 김안로가 폐사하여 복직될 때까지 6년간 성리학 연구에 전념하게 된다. 복직되어 56세까지 관직에 머물다가 명종 때 양재역벽서사건良才驛壁書事件으로 강계로 귀양이 보내지고 그곳에서 63세로 생을 마감하였다. 선조 때 영의정이 추증되고 광해군 2년(1610)에 옥산서원玉山書院에 배향되었다. 강계 유배 중에 구인론, 봉선잡의 등 많은 저술을 하게 되는데, 이는 독락당에서의 깊은 연구가 밑바탕이 되었으리라.

1 안마당. 외부로부터 뿐만이 아니라 전체적인 배치에서 각 영역에 독립성이 철저하게 확보되어 있다.
2 퇴계 이황의 글씨로 현판을 만든 '독락당'이라 불리는 옥산정사.
3 외부인이 들여다볼 리 없는 방향에도 문을 달고 담을 둘렀다. 그러나 자연에 대한 유혹은 피할 수 없었는지 담의 형식은 유지하되 살창을 설치해 마루에서 문만 열면 자계천이 바로 눈앞이다.

1

2

3

미로처럼 이어지는 동선

독락당 일곽은 쓰임새에 따라 여러 구역으로 나뉜다. 대문을 들어서면 보이는 숨방채와 안채는 25세 때 얻은 소실 양주석씨가 시집오면서 지은 것인데(1515), 태어난 양동마을의 서백당과 본댁인 무첨당의 안채와 비슷한 형태를 보이고 있다. 역락재라는 현판이 걸려 있는 빈소방은 독락당이 만들어지기 전까지 사랑방과 사랑대청으로 사용된 것으로 추측된다. 회재가 귀향하면서 지어진(1532) 독락당은 정면 4칸, 측면 2칸의 짝수 칸으로 구성된 별당이다. 서쪽 두 칸은 온돌방으로 사용하고 나머지는 우물마루를 놓아서 사랑대청으로 사용하고 있다.

구조형식을 보면 두리기둥(원기둥)을 세우고 익공 보아지를 끼우고 주두를 얹어 조선 초기 초익공 형태를 보인다. 지붕형태는 자계천紫溪川방향으로는 팔작지붕이고 안채와 책방이 연결된 부분은 맞배지붕으로 비대칭적인 지붕 모양을 한다. 사랑대청 전면에 옥산정사玉山亭舍라고 쓰인 현판이 있고 후면에 독락당獨樂堂이라고 쓰인 현판이 있으며, 시문, 기문이 쓰여 있는 편액 15개가 걸려 있다. 약쑥이 자라는 뒷마당을 지나면 일각문을 통해 계정으로 이어진다.

계정 평면도

계정은 원래 정면 3칸, 측면 1칸이었으나 독락당을 신축하면서 북쪽으로 2칸을 덧달아서 정혜사 승려들이 기거하게 하였다. 계정溪亭, 양진암養眞庵, 인지헌仁知軒이라고 쓰인 현판과 편액 11개가 걸려 있다. 자계에 발 담그듯이 관어대觀漁臺 위에 기둥을 세우고 마루를 깔아 계자난간을 둘렀다. 마당에서 바라보면 마치 집에서 자연으로 들어가는 입구인 듯한 느낌을 받는다. 계정마당에는 이언적의 서자인 잠계 이전인이 봉안된 사당과 인종仁宗이 이언적에게 보낸 수필답서를 보관한 어서각御書閣으로 들어가는 문이 있다.

1,2 계정은 안에서 내다볼 때도 좋지만, 밖에서 바라볼 때 더욱 그 진가를 알 수 있다. 자연석 위에 걸쳐지고 작은 기둥으로 보강했다. 마치 개울가에 발을 담근 모습이다.
3 계정으로 통하는 마당이다. 정침에서 옥산정사를 거쳐 계정에 이르면 점차 트인 공간을 마주할 수 있다.

왼쪽_ 계정溪亭은 너럭바위 위에 세워져 계자난간에 기대어 흐르는 내와 숲을 바라보노라면 독락하기에 부족함이 없다.
오른쪽_ 계정으로 통하는 문이다. 담으로 건물들이 완벽하게 구획돼 작은 협문이 출입뿐만 아니라 숨통을 이어주는 역할을 한다.

닫힌 공간, 자연으로 열린 공간

각각의 공간들은 담장과 건물로 구분하는데 그 구성 하나하나가 회재의 사상을 드러낸다. 독락당, 계정, 안채 등은 높은 담을 둘러 엄격하게 동선을 구분하였으나 필요에 따라 자연과의 소통은 적극적으로 하였다. 특히 독락당 마루에서 자계천을 바라볼 수 있게 만든 담장의 살창은 형식에 구애받지 않는 자유로움을 느끼게 한다.

벽이 있되 물이 들어와 나가고, 지붕이 있되 별과 바람이 자유롭게 넘나들고, 성리학 중심에 서 있으면서도 불교, 도교를 호흡하는 그런 자유로운 사람이었음을 느끼게 한다. 태극이 담 밖에만 있는 것도 아니고 담 안에만 있는 것도 아니고 넘나듦으로써 태극일 것이다. 계정으로 들어온 자연은 담 안에 고요하게 머물면서 자신을 비추고 시대를 비추어 맑은 깨달음을 주었을 것이다.

불혹의 나이에 도성과 본댁을 뒤로하고 자옥산紫玉山 밑에 터를 잡아 겹겹이 담을 둘러치고 계정에 앉아 대자연을 정면으로 바라보았을 회재는, 깊은 사색과 독서로써 독자

적인 학문연구에 의해 주자의 주리론의 입장을 정통으로 계승하여 영남사림의 출발점이 된다.

회재晦齋라는 호 역시 지표로 삼았던 주희의 호가 회암(晦菴: 어두운 집)인 것에 따른 것이다 '땅속은 어둡지만, 그곳에 뿌리를 깊이 박은 나무가 밝은 세상에 아름다운 꽃을 피운다.'라는 뜻이다. 후에 그의 학문은 퇴계 이황을 통해 완성되고 이학理學과 심학心學의 조정으로서 자리매김되어 광해군 때 동방오현(한훤당 김굉필, 일두 정여창, 정암 조광조, 회재 이언적, 퇴계 이황)의 한 사람으로 문묘에 종사된다.

담장을 두르는 것은 건축과정에서 뼈대가 올라가고 지붕을 얹기 전에 이루어지는 일인데 옛집을 살펴보면 담장은 물리적인 벽인 동시에 정신적인 예법이 들어 있다. 막고 트임으로 사람의 움직임과 사상의 움직임을 동시에 구현했던 선인들의 건축관建築觀에 다시 한 번 고개를 숙이며, 먼 타향 강계에서 유배 중 숨을 거둔 회재선생이 그토록 그리워했을 계정의 푸른 바람을 일없이 바라본다.

1 옥산정사의 마당에서 계정 쪽으로 튀어나온 부분은 뒷간이다. 그러나 세월 속에 담쟁이가
판벽을 뒤덮고 맥문동이 흐드러져 있어 뒷간마저도 운치가 있어 보이는 것은 한옥이 어떻게
지어졌느냐가 아니라 자연과 얼마나 어우러지게 지었느냐를 보여주는 좋은 예일 것이다.
2,4 담장 문과 상세. 독락당을 오롯이 둘러싼 담장은 기와를 켜켜이 쌓아 회재의 고집스러운
학문의 자세와 삶의 태도가 드러나 보인다.
3 한옥은 자연과의 상호작용 속에서 완전해진다.
5 옥산정사 측면의 문을 열면 그 답답하던 담장을 허물고 자계천紫溪川을 바라볼 수 있는
살창이 있다. 자연과 건물이 하나가 되는 장면으로 독락당을 문화재로 만든 장치가 아닌가
여겨질 정도다.

안채의 측면은 사랑채보다 돌출되어 있다. 원래는 담장이 있었으리란 추측은 억지스럽지 않다. 그러나 각 채의 배치가 담장 없어도 각기 영역의 독립성을 확보하고 있다.

한옥의 원류를
찾아서

5

국보로 살아 있다

추사고택

글
이연건축 조전환 대표

사대부에 옮겨놓은 궁중식 주택구조

조선의 대표적인 서예가이자 실학자인 추사 김정희 선생의 추사고택은 충청도에 있으나 집의 구조나 격식이 서울의 주택 구조와 궁중 방식을 따르고 있다는 사실을 아는 사람은 드물다. 증조부인 부마 김한신이 건립한 추사고택은 건물 전체가 서에서 동으로 길게 배치되어 있다. 집을 지을 당시도 목수를 서울에서 뽑아내 올 정도였다니 그 정교함과 고급스러움을 짐작할 만하다. 바깥 풍경을 볼 수 있도록 안채 기단을 높게 처리한 것이나 사랑채보다 더 깊고 규모가 큰 안채를 만든 것, 안채 안방을 두 개로 만들었던 것과 낯선 사람을 물리기 위한 비서실 같은 용도의 방이 있었다는 점 등은 왕실의 궁중 방식과 맥을 같이하는 부분이다.

추사 김정희. 추사체로 통하는 해동제일의 글씨는 물론이고 세한도로 대표되는 그림, 그리고 시와 산문에 이르기까지 그는 시서화에 당대 제일 손꼽힌다. 복원공사 때 추가된 기둥의 주련에 쓰인 여러 글씨와 함께 사랑채 안에는 국보 180호인 세한도의 복사본이 걸려 있다. 세한도는 그가 유배지인 제주도에서 남긴 최고의 걸작이자 우리나라 문인화 예술의 최고봉이라 평가받는 작품이다. 금석학 연구와 전각에서도 타의 추종을 불허하는 업적을 남긴 추사는 충남 예산군 신암면 용궁리에서 태어났다.

세한도
제주도 유배 중에 한결같은 제자 이상적에게 그려준 추사의 역작 세한도. '한겨울 추운 날씨가 된 다음에야 소나무와 잣나무가 시들지 않음을 알 수 있다.'라는 화발畵跋은 어려운 때 힘이 된다.

추사고택의 역사

이중환(1690~1756)의 「택리지」에 따르면 충청도가 산천이 평평하고 아름다우며 서울과는 하루 뱃길에 불과하고 바다가 내륙 깊숙이 들어와 물자의 수송이 자유로웠다 한다. 서울 세도가들이 모두 집과 땅을 도내에 두어 근본기지를 삼으므로 풍속도 서울

사랑채는 남향하여 앞에 퇴를 전부 두르고 있는 ㄱ자형 평면구성이다.

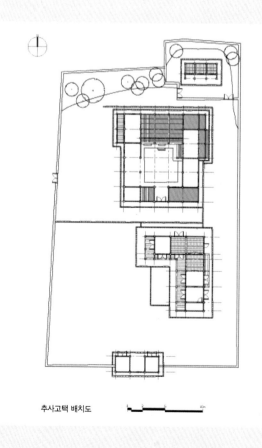

추사고택 배치도

과 크게 다르지 않으니 가장 살 만한 곳이라 하고 그중에서 도 내포가 최상이라고 하였다. 가야산의 앞뒤로 10현이 있으니 아산, 예산, 당진, 서산, 태안, 홍성 등이 해당한다. 지세가 한 귀퉁이로 불쑥 솟아있고, 또 큰길에 해당하지 않으므로 임진왜란, 병자호란이 모두 이르지 않았었다고 한다. 땅은 기름지고 구릉이 끝없이 이어져 있으며 평야는 넓은데 물고기와 소금이 지천으로 나서 부자가 많고, 또 세거하는 사대부들이 많다고 내포의 정치, 군사, 경제, 역사와 연관된 인문지리학적 이점을 내세우고 있다.

경주김씨 문중은 고려 말의 성리학자인 정몽주(1337~1392), 이색(1328~1396)과 뜻을 같이하여 충청도 관찰사의 직위를 버리고 고향 안동에 내려가 은거하던 중, 잠저시에 친분이 깊었던 태종이 등극하여 형조판서로 부르자 서울로 오는 도중 정몽주의 묘소가 있는 광주 추령에 이르러 자결함으로써 절의를 빛냈다는 상촌 김자수를 중시조로 하는 경주김씨 문중이다. 경주김씨인 추사 집안이 내포 땅과 연을 맺은 것은 김자수의 5대손인 연堧이 무과 출신으로 대도 임꺽정을 토벌하고 안주목사를 지냈는데, 그가 바로 가야산 서쪽 해미 한다리(현재 서산시 음암면 대교리)에 자손세거지지子孫世居之地를 삼는 데서부터 한다리 김씨 문중은 시작된다. 서해안 천수만과 한다리 벌판의 넉넉한 경

제력을 바탕으로 집안이 번창해 한다리김씨로 자리를 굳힌다. 연의 후손들이 왜란 때면 의병을 일으키고 기개를 지켜 출사를 거부하는 등 이름을 높이다가 연의 증손 대에 와서, 효종 대에 주자 성리학자로서 서슴지 않고 금언이었던 적자상속에 대해 직언하면서 사림의 추앙을 한몸에 받고 나라의 명문으로 비약하게 된다.

이후 추사의 고조부인 김흥경이 영의정에 오르고 영조의 맏딸인 화순옹주를 며느리로 맞이하면서 최고의 가문을 형성케 되었다. 영조의 금쪽같은 화순옹주의 부군으로 막대한 부를 축적하게 되고 월성위 김한신(1720~1758)은 동대문 밖 금호에 독서지소를 마련하고 서산 선영으로 가는 길목에 있는 예산, 용산, 조석산 일대를 고가로 사들이기도 한다. 이것이 추사고택이 자리한 연유이다. 1750년경에 이 집들을 지을 때 충청도 53군현이 한 칸씩 부조하여 53칸집들을 만들었다는 전설이 있을 정도로 그 권력은 막대하였고, 그 위치 또한 훌륭해 뒷동산을 의지하여 대지의 위쪽인 서편에 안채가 동향하였고, 대지의 아래쪽인 동편에 사랑채를 배치하여 남향하는 전형적인 사대부가의 면모를 갖추고 뒷동산은 예당평야가 한눈에 내려다보이는 용산으로, 평야 저쪽으로는 삽교천과 무한천이 만나 아산만으로 빠져나가는 물길도 볼 수 있다.

월성위는 일찍 죽고 화순옹주마저 월성위를 따라 세상을 떠나면서 후사가 없어 월성위의 큰형 삼남 이주를 양자로 삼아 혈통을 이었으나, 그의 장남 노영 또한 후사가 없어 노경의 장남 추사가 그 대를 잇게 되었다. 조선후기의 대표적인 실학자이며 서예가였던 추사(1786~1856)가 양자로 서울로 올라가기 전까지 예산 이곳에서 태어나 어린 시절을 보내고 귀양살이 중간 중간에 머물기도 해서 추사고택이라 불리는 데는 의심의 여지가 없다.

1976년 재현하면서 왜곡된 부분은 사랑채와 안채가 붙어버려 충남의 호방한 공간구성이 보이지 않는 것이다. 추사고택의 사랑채와 안채의 연계가 자연스럽지 못하여 이를 안채 영역과 사랑채 영역의 명확한 구분을 위한다는 의견이 있지만, 후손이 끊기고 외부인이 살림을 살면서 여러 번의 개조를 통해 원래의 형태를 잃은 것이 아닌가 하는 얘기도 있다. 또한, 현재 솟을대문과 그 좌우 한 칸씩 광이 있는 데, 이는 예전 중문과 곳간채가 있었던 자리에서 조금 안쪽에 자리하여 복원한 것이고 대문간을 포함한 바깥 행랑이 함께 있었다고 한다. 현재 1976년 정비사업을 거쳐 총 265㎡로 사당, 안채, 사랑채, 대문간채, 우물이 복원되어 이를 토대로 살펴보고자 한다.

건축물에는 공간의 위계가 있다. 집안 식구들 간에도 위계가 있듯이 방의 크기나 위치, 높이 등으로 그 공간의 위계를 추측할 수 있다. 추사고택은 산을 등지고 앉았기에 지형을 고려하여 배치하다 보니 제일 뒤에 앉은 사당이 실제의 의미에서 가장 중요하여 높은 곳에 있고, 그다음이 안채, 사랑채의 순이다. 안채 내에서도 대청이나 안방, 안사랑방이 두벌대의 기단 위에 높게 위치한 것에 비하여 부엌이나 건넌방(행랑방), 중문간 등은 외벌대로 구성되어 있다. 지붕 또한 단 차를 두어 안채에서의 지붕구성은 풍부한 표정을 보여주고 있다.

채와 방의 성격에 따라 구성이 달라지며 지붕 또한 그 양식과 높이가 그러하다. 장대석으로 두 단을 놓고 본채를 높였다.

1,2 퇴를 두르고 분합문을 달아 대청과 분리했다. 각재와 서까래·석재 등의 쓰임이 군더더기가 없이 격이 있다.
3 건넌방의 개방된 아궁이. 반대편의 또 다른 부엌 때문에 '부엌'이라고 하기엔 망설여진다. 하부의 벽감과 상부의 다락 등 수장 공간이 살뜰하게 이루어졌다.

닫혀 있지만 열린 안채의 구조

안채의 평면은 완벽한 ㅁ자형으로 안방, 안사랑방, 대청, 건넌방, 부엌, 행랑방 등으로 구성되어 건물규모는 50여 평이고 안마당 넓이는 7평이 조금 못된다. 건물규모 보다 마당이 좁은 듯하나 보기 드물게 6칸의 대청과 부엌 등이 열린 공간으로 마당이 좁게 보이지 않는 것은 한옥이 가지는 공간의 확장성 때문일 것이다.

안방은 안채의 최상위 공간으로 안주인의 거처이다. 안채의 며느리와 여노비들을 감독하고 손님들을 맞이하는 공간이기에 공간 할애도 높은 편이다. 안채의 북쪽에 있어 방 뒤를 반 칸의 찬방으로 꾸미고 서쪽 또한 판방에다 찬방을 덧대어 고방으로 활용하였다. 안방 옆의 두 칸 부엌 상부는 다락으로 꾸며 안방에서 출입하게 하였다. 그 지역의 부호로서 안주인이 따로 관장하고 보관하여야 할 귀중품이 많았을 것으로 짐작한다.

대청은 각 방으로 진입하는 전실이자 여름에는 시원한 거처가 된다. 또한, 집안의 큰일이 있을 때는 의식이 행해지는 공간으로 신성한 공간이기도 하다. 추사고택의 대청은 반 칸의 퇴를 두고 분합문을 달아 마당을 향하여 닫힌 공간과 열린 공간이 동시에 가능하게 하였다. 남도지방과는 달리 겨울 날씨를 고려한 것이다. 또 하나 사당 쪽으로 머름 없이 문을 설치하여 문지방을 넘어서면 댓돌을 딛고 밖으로 출입할 수 있게 하였는데 이는 뒤편에 있는 사당과의 출입을 용이하게 함으로 보인다.

대청의 건너편에는 사랑방의 역할이 강했는지 안사랑방이라는 이름으로 존재하는 건넌방은 며느리가 생활하는 공간이다. 시어머니와 서로 독립적인 영역을 확보하기 위하여 대청을 사이에 두고 배치되는 것이 일반적이다. 안사랑방에도 안방처럼 반 칸의 퇴를 달아 수납공간으로 사용하였으나, 남쪽에 배설한 관계로 남향한 방으로선 채광을 일부러 피한 듯한 느낌이다. 오히려 부엌에는 중방의 상하에다 큰 광창을 두어 가사공간으로서 충분한 조도를 얻는 데 적극적이다. 한편, 안사랑방의 고방엔 출입문을 달아 시어머니의 인식 없이 드나들 수 있도록 하였고, 안방도 마찬가지로 대청의 문을 통하지 않고 툇마루를 통해 바깥출입이 가능해 대청의 독립적인 공간 확보가 충실하다.

왼쪽 곧고 튼실한 재목으로 지은 안채. 6칸에 이르는 대청은 월성김씨의 권세를 보여 준다.
오른쪽 안채의 평면은 완벽한 ㅁ자형으로 건물규모는 50여 평이고 안마당 넓이는 7평이 조금 안된다. 마당이 좁은 듯하나 6칸의 대청과 부엌 등이 열린 공간으로 좁게 보이지 않는 것은 한옥이 가지는 공간의 확장성 때문이다.

왼쪽_ 추사고택은 국가지정문화재다. 관리의 손길이 여느 고택과는 다르니 정돈된 공간에서의 마음가짐 또한 다를 수밖에 없다.
오른쪽_ 마당을 ㄱ자형으로 감싸 안은 사랑채. 작약을 배경으로 '석년石年'이라고 새겨진 해시계가 오늘도 추사고택의 시간을 나고 있다.

추사의 친필로 세워진 사랑채

사랑채는 남향하여 앞에 퇴를 전부 두르고 ㄱ자의 꺾인 부분에 세 칸의 마루를 두어 좁은 감이 있다. 칸마다 문을 달아 개개의 방으로 존재하여 한 칸의 꺾임 부분의 마루가 가장 내밀한 공간이 되었다. 그러나 한옥 문의 특징인 열림과 닫힘으로 두 칸의 온돌방을 포함한 네 칸의 공간 또한 구분과 통합이 이루어지게 하였다. 동쪽의 온돌방을 위한 아궁이가 있는 함실은 지붕이 맞배로 끝나는데, 눈썹지붕을 달아 비를 피할 수 있도록 하였다. 나중에 덧댄 것으로 보이는데 임시방편이 아니라 합리적인 처사였다고 박수를 받는 건, 집안 전체에 흐르는 고졸한 분위기 때문일 것이다. 근대주택에서 실용적인 이유를 들어 여기저기 덧댄 것을 놓고 멋이라 치면 할 말이 그다지 많지 않지만, 완벽

한 차림새에 헝클어진 머리처럼 보는 이로 하여금 긴장감을 풀게 하는 듯한 장치로 보이니 말이다. 남쪽의 방은 한 칸으로 대문에 들어서는 사람을 인식하고 손님을 맞아 차를 대접하기에 알맞은 공간이다. 주인의 권세와 재물을 자랑하는 대규모 공간이 아니라, 차 한 잔을 사이에 두고 담소를 나누며 서안에 올려진 책 한 권이 가구 전부로 선비의 몸가짐을 엿볼 수 있는 방이다. 사랑채는 안채와 마찬가지로 부연이 달리지 않고 홑처마이며 추녀 끝이 알추녀이다. 알추녀는 부연을 달지 않아 처마가 짧아 추녀를 보강하면서 들어 올리는 효과로 쓰였다. 기둥마다 걸려 있는 주련은 추사 전 생애에 걸쳐 이룩한 추사 글씨체의 다양함을 보듯 좋은 시구들이 전각 되어 있어, 한자는 모를지언정 집안을 천천히 돌며 글씨 자체의 아름다움과 시구의 풀이를 통해 시의 즐거움을 느껴보면 좋을 듯하다.

왼쪽_ 눈썹지붕, 함실아궁이. 사랑방의 측면에 아궁이 상부로 다락을 두고 맞배지붕임에도 눈썹지붕을 처음부터 계획했는지 광창을 달았다.
오른쪽_ 알추녀. 홑처마에 알추녀를 달아 추녀를 조금 더 뺄 수 있었고 처마가 깊어졌다.

추사 김정희는 조선말 우리나라를 대표하는 인물이라 해도 과언이 아니다. 박제가에게 수업하여 청조에서 들어온 고증학에 대한 지식이 있었고, 소년시절 화암사에 머물면서 불전을 공부하여 문학에 대한 조예는 물론, 경학 및 불법, 천문학, 사학, 지리학에 대해서도 이미 높은 수준에 이르렀다. 7세 때의 입춘첩을 체재공이 알아보고 큰 인물이 될 것임을 미리 예견했음은 잘 알려진 일화다. 증조부가 영조의 사위이며, 친아버지인 김노경을 따라갔던 중국에선 중국의 당대 석학으로서 여간해서 사람을 접견하지 않는 옹방강도 인정할 만큼 패기와 학문이 상당한 수준에 이르렀다. 북한산순수비를 신라 진흥왕순수비인 것을 밝혀내고 선비의 고매한 정신을 표현할 때면 얘기되는 세한도를 그려내어 중국의 글씨를 우리 것으로 포장하는 등 당시의 서예가와 일전을 펼쳤다. 또한, 최고의 과학자 정약용과 차문화의 아버지인 초의선사와의 교유를 통해 김정희는 당대뿐 아니라 현재와 미래에도 위대한 인물임이 틀림없다. 청나라 학자들이 추사를 두고 '해동제일의 통유通儒'라고 했으나, 학문체계를 애석하게도 세우지 못함은 인생정리의 시기에 일상적인 삶을 살지 못했기 때문이리라. 월성 위가의 종손이요, 병조참판에 이르는 출세가도의 삶이 있는 한편, 외척 안동김씨의 득세로 유배 길에 수시로 떠날 수밖에 없었던 김정희 선생은 할머니 손을 잡고 집안 절인 예산집 뒤 화암사를 오르내리던 유년을 잊지 못했을 것이다. 이제는 선대 옆에 자신의 몸까지 누이고 오늘도 예당평야를 바라보고 있으리라.

1,2 안채에서 올라오는 사당의 일각문. 반대편의 일각문은 사랑채로 통하는 동선이다. 추사의 영정을 모시고 집과 너른 예당평야를 굽어볼 수 있는 위치다.
3 사랑채에서 사당으로 오르는 뒷마당이다. 사당 뒤로 용산이 배산하고 있다.
4 메말랐던 우물이 추사가 태어나자 다시 샘솟았다고 전해지는 설화의 현장이다. 본채와는 담장을 사이에 두고 우물과 채마밭이 또 다른 외부 담장을 짐작게 한다.
5 솟을대문은 삼 칸으로 마당의 높이에 맞추어 기단을 높게 해 더욱 위용 있어 보인다.

한옥의

다양성

1/

2/

북촌댁

양진당

3/

운강고택

4/

이득선
가옥

5/

명성황후
생가

6/

감고당

7/

남천고택

8/

만산고택

9/

백수현
가옥

10/

허삼둘
가옥

조선왕조실록에 안동사람이 들으면 어깨가 으쓱해질 재미난 기록이 있다.

한옥의 다양성

1

사람에 대한 배려로
더욱 크게 보이는 집

북촌댁

글

이연건축 조전환 대표

대문간을 지나면 사랑채와 별도로 '북촌유거北村幽居'라는 현판이 걸린 별채가 따로 있다. 집안 어른이 머물고 손님도 접대하는 장소이다. 주인 어르신의 정갈한 성품 덕에 집안 곳곳은 잘 정돈되어 있다.

1728년(영조 4년) 3월 15일 영조의 정통성과 경종의 죽음을 문제 삼으며 이인좌가 난을 일으킨다. 영조는 난을 제압하고 그 후 영남 민심을 수습한 박문수에게 경상감사라는 직책을 맡기고, 무신사태 때 내통한 류몽서(류성룡의 형인 류운룡의 6세손), 권덕수(안동 가일마을), 김민행(학봉 김성일의 형인 약봉 김극일의 후손)등을 탕척 한다는 교지를 내린다. 이에 박문수는 향교에 사인들을 모이게 하고 명륜당에 이 세 사람을 불러 교지를 낭독하게 하고 죄를 사해준다. 그 교지에는 영조 4년 3월에 일어난 이인좌의 난리 중에 이인좌의 동생 이능좌(이웅좌)가 안동 풍천에서 기병을 모색하였으나, 안동 사림들의 비협조 때문에 어쩔 수 없이 안음(현재 안의)의 정희량에게 가서 거병하였다는 내용이 나온다. 이에 영조의 탕척사유는 "안동 사람들은 순역順逆에 대해 잘 알고 있다. 역적을 꾸짖어 물리침으로써 역적에서 분노하여 가게 한 것은 진실로 칭찬하고 감탄할 만한 일이다. (중략) 설령 처음에 저들의 현혹함에 빠져 잘못되었을지라도 곧 깨달아 징계하여 끝내 따르지 않았으니, 곧 깨끗이 씻고 벗어나 개과천선改過遷善 함으로써 명향名鄕의 충효忠孝스런 습속을 저버리지 않았다. 이에 일체 모두 탕척시켜 주고 다시 철저히 추궁하지 않으면 그들이 반드시 나의 이런 뜻을 모를 것이니, 경卿이 그들을 불러서 모함을 받았어도 방면되게 된 수말首末을 상세히 말하여 주어 그들로 하여금 환히 알게 한 다음, 안심하고 거주居住하면서 더욱 충의忠義에 힘쓰게 하라. 인하여 안동의 사민士民들로 하여금 내가 훌륭한 풍속을 가상히 여기는 뜻을 알게 하라."라는 것이었다.

안동은 왕건이 견훤과 싸울 때 안동김씨, 안동권씨, 안동장씨 삼태사가 물심양면으로 도와줘 승리를 거둔 후 '안동: 동쪽이 편안해졌다.'라는 지명을 붙여주었다. 퇴계 선생과 그의 후손과 제자들, 안동김씨, 안동권씨, 안동장씨, 풍천류씨 등이 일가를 이루며 독특한 양반문화를 잘 계승한 곳이다. 그들을 기리는 서원들과 집성촌들이 정치적, 경제적 기반을 이루며 그 후손들이 중앙무대에 진출하였다. 이러한 관계로 안동에 대한 영조의 평가는 당연하였으리라.

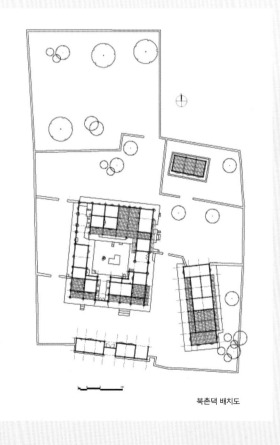

북촌댁 배치도

류도성이 사람을 살리려 춘양목을 던졌던 낙동강은 지금도 유유히 흐르고 있다.

1 영남지방의 ㅁ자형 주택의 전형으로 지붕의 높이와 측면 길이를 통하여 공간의 위계 또한 잘 드러내고 있다.
2 안마당은 뒷모습, 혹은 속을 보여주는 곳이다. 가족의 공간뿐만 아니라 사랑채를 보좌하는 부 공간으로서
역할을 다한다. 사랑채 주인이 안채로 드나들 때 사용하는 복도와 벽장으로 사랑채와의 시선을 분리하였다.
3 안채의 툇마루이다. 높은 기단 위에 여느 집보다 높은 원기둥으로 퇴까지 포함하여 6칸에 이르는 대청의
규모가 하회마을의 양진당과 더불어 북촌을 대표하는 집임을 자랑한다.
4 본채와 대지의 축은 일치하지만, 그 사이에 놓인 별채는 본채에 비스듬하게 기대어 있다.

이는 별채의 앞마당 확보와 더불어 사당으로 향할 때 긴장감을 높이기 위함이라 여겨진다.
5 흙이 많아 흙담이 마을의 길을 만드는 하회마을이지만 그 모양도 제각각이다.
기존의 토담에 조화되도록 화방벽과 새로운 담을 쌓았다.
6 안채와 별채가 만든 마당에 삼문으로 구성된 사당이 자리하고 있다.
좁은 협문을 지나면 다시 만나는 개방된 공간감과 함께 사당은 다시 토담으로 구획하여 신성시하였다.

하회河回라는 마을 명은 낙동강 줄기인 화천이 마을을 휘감아 돌아나가는 지형 생김새에 따른 것으로 화산 아래 튀어나온 땅 부분에 마을이 자리 잡았다. 하회마을이 풍산류씨의 집성촌이 된 것은 허씨, 안씨 등이 많이 살고 있었던 이 마을에 고려 말 류종혜가 들어오면서 6대손 겸암 류운룡과 서애 류성룡 형제 대에 굳어졌다. 하회마을의 중심에서 방사형으로 길이 나 있고 두 형제의 집인 양진당과 충효당이 길을 사이에 두고 자리 잡고 있다. 이 길을 사이에 두고 북촌엔 양진당과 더불어 북촌댁이, 남촌은 남촌댁과 충효당이 대표한다. 이 집들이 모여 있는 마을 중심가로는 양반가옥들이, 그 주변으로는 초가 등 각성各姓들이 산재해 살고 있어 하회탈 굿에서 보여주는 양반과 서민의 문화가 공존해 있다. 민박으로 관광객의 출입이 비교적 자유로운 북촌댁은 보존과 관리가 잘 되고 있다. 북촌댁은 경상도 도사를 지낸 류도성이 철종 13년(1862)에 건립한 것이다. 1797년(정조 21년)에 지중추부사 류사춘이 작은사랑과 좌우 익랑을 세우고, 아들 류이좌를 거쳐 증손 류도성이 안

채, 큰사랑, 사당채, 대문간채를 지어 오늘날의 규모가 되었다. 현재는 72칸이나 원래는 27칸 별채가 뒤로 있었다고 한다. 민간에서 지을 수 있는 최대의 집이었기에 가히 북촌을 대표할만한 '북촌댁'이라는 당호가 붙은 것이다.

적선공덕積善功德이 대물림 되다

그러나 북촌댁의 역사를 알고 보면 그것이 규모로서만 얘기하는 것은 아닌 것 같다. 1797년에서 1862년에 이르기까지 65년여에 걸쳐 집을 완성하면서 마을에 물난리가 났을 때, 심심산골 봉화에서 어렵사리 가져와 쌓아놓았던 춘양목을 던져 물에 떠내려가던 사람들을 의지케 하고 나머지는 장작감으로 내어놓았다는 일화와 함께 이 집의 건축 공간에서도 북촌댁의 이념이 잘 드러난다.

그 하나는 대문 밖 10여 채의 외거노비집들이다. 일반적으로 가노들이 집안의 행랑채에 기거하면서 주인이 부르라치면 쏜살같이 달려오는 24시간 대기체제였다면 북촌댁의

대문채와 사랑채는 일렬로 배치되어 사랑채의 전면만 드러날 뿐으로 안채는 철저하게 시선이 차단되어 있다.

그것은 좀 더 아랫사람을 생각하는 배려가 있었다. 대문밖에 집을 마련하여 일가를 이루고 출퇴근하면서 일을 할 수 있도록 하였다. 돌아가 두 다리 맘 편하게 뻗을 수 있는 내 집이 있고 없고의 차이란 굳이 언급이 없어도 누구든 알 수 있다. 노비제도가 사라질 때 살던 집에 계속 머물도록 했다고 하니 그 용단이 부럽다. 다른 하나는 대문간채 옆길에 면한 뒷간이다. 몸채는 담장 안에 있지만, 문이 길 쪽에도 나 있어 누구나 이용할 수 있도록 하였다. 농경사회에 주요한 에너지원이었던 퇴비라고는 하지만, 그것에 욕심을 내어 그 위치에 그 문을 달았다고는 여겨지지 않는다. 하회별신굿은 양반을 풍자하지만, 그 놀이의 주체는 서민이다. 그 맥이 지금까지 이어진다는 것은 양반들이 서민들의 삶의 애환을 이해하고 포용하려는 마음과 물질적 후원이 없었다면 불가능했던 것처럼, 동학혁명 때도 습격을 당하지 않은 집으로서의 적선공덕積善功德이 대물림되고 있는 것이다.

그 적선공덕은 종손인 류세호 씨를 통해서 이어지고 있다. 조상이 물려준 자산을 쓸고 닦고 무례한 관광객을 상대하면서 지켜나가는 것이 얼마나 고단한 일인지 수많은 고택을 다니며 몸소 체험했다. 가히 오늘날의 새로운 적선積善이다. 2006년도 정년퇴임을 하면서 종손으로서의 책무에 대한 고민 끝에 가족들이 있는 경기 용인을 떠나 고향의 넓은 집을 4년여에 걸쳐 기와, 벽체, 구들을 수리하고 집 안팎을 가꾸면서 선조가 물려준 집을 후손에게 그대로 물려주되 건강한 상태에서 물려줘야 한다는 고집이 생기셨다고 한다. 한옥을 구성한 나무와 돌과 흙은 사람의 온기와 사람이 만들어 내는 진동으로 더욱 견고해진다는 것이다. 깔끔하게 정돈된 북촌댁은 주인어른의 몸가짐에서도 드러난다. 손수 고택을 관리해나가기 위해 한옥학교에 다니기까지 하셨다 한다. 기거하는 안채에 개인 책의 가지런함에서부터 대문 밖 나란한 비질에 이르기까지 군더더기 없는 절제된 검박함이 몸에 밴듯하다. 사각거리도록 깨끗하고 아늑하도록 푹신한 이불 속에서 하룻밤 자고 나면 조용하고 위엄 있는 아침 공기와 주인의 준비된 고택 설명은 자부심을 느끼지 않으면 불가능한 매일매일의 수행이다.

1 골목과 텃밭 사이에 있는 화장실은 양쪽에서 모두 사용할 수 있다. 마실 나갔다가도 꼭 집에 돌아와 볼일을 볼 만큼 화장실의 분뇨는 중요한 자원이었다.
2 안채와 사랑채를 분리하는 담장으로 건물의 기단과 마당의 높이를 고려하여 담장의 높이에 차이가 있다.
3 안채 뒤편은 사당과 너른 후원이 자리하고 있다.
4 북촌댁의 별채는 뜰집에서 간혹 보이는 구성이다. 형태적으로나 기능적으로 완결된 형태의 ㅁ자형 집에서 식구가 늘어나거나 기능적인 측면에서 분리가 필요할 때 지어졌다. 멀리는 하회의 주산인 화산花山이, 그리고 가까이는 소유한 텃밭이 보이니 주인의 여유가 읽힌다.

안동문화권의 주요 구조 형태인 ㅁ자 뜰집

북촌댁은 현재 대문간채와 사랑채, 안채가 붙은 ㅁ자형의 본채와 별당채, 사당채, 부속채로 이루어져 있다. 정면 7칸의 중앙 솟을대문을 들어서면 어른이 머무는 중 사랑방과 마주한다. 두 칸의 사랑방과 한 칸의 방이 마루를 가운데 두고 꺾이어 배치되어 있다. 중문 건너편의 작은 사랑방은 어린 손자가 머물며 공부할 수 있도록 하고 마찬가지로 가운데 마루를 사이에 두고 꺾여 있다. 안동문화권의 주요 구조 형태인 ㅁ자 뜰집은 사랑채와 안채가 한 몸을 이루어 적절한 장치로 서로 분리, 연결되는 완결형 구조이다. 그러나 경우에 따라 본채의 사랑공간과 동선이 밀접히 연결되며 기능적으로 사랑공간을 보완해주는 별채의 구성이 나타나기도 하는데, 양진당은 본채에 연결되어 있고 북촌댁은 별채건축을 선택했다. 사회적 활동을 위한 접객, 집회, 교육의 공간이 필요했던 안동문화권의 선비들에겐 중요한 공간이었음이 분명하다.

큰 사랑채는 북촌유거北村幽居 현판이 붙어 있으며 가장 웃어른이 머무는 공간이었다. 정면 5칸, 측면 2칸의 一자형 몸채에 정면 한 칸의 누마루가 덧대어진 구조이다. 전체적으로 방과 대청이 반반인 구성인데 방은 두 줄로 겹집을 이루고 모두 장지문으로 연결되어 있다. 계절에 따라 전후

좌우 방을 번갈아 가며 사용했다고 전해진다. 제일 큰 방의 후면에는 하회마을을 따라 흐르는 굽은 낙동강을 닮은 수령 400년의 하회 소나무가 자라고 있다. 누마루의 동쪽으로는 화산이 보이고 북쪽으로는 부용대가, 남쪽으로는 남산과 병산이 보이도록 하여 누마루에 앉으면 하회의 아름다운 풍광이 한눈에 들어오도록 하였다.

큰 사랑채와 안채가 긴밀히 통하도록 중문이 따로 마련되었는데, 내·외벽을 세웠고 담장을 둘러 안채 영역을 보호하였다. 중문을 통해 큰 사랑채의 반빗간으로 이동도 쉬웠을 것으로 보인다. 안마당으로 들어서면 안채의 위용에 놀라게 된다. 사랑채와 좌우날개채도 1m 정도의 기단 위에 세워져 있지만, 안채는 또 한 단을 높인데다 이중층의 공간구조를 이루었다. 주택의 부엌 위 다락은 일반적이다. 봉화 만산 고택의 대청 위 다락도 좀 더 특이한 구성이지만, 북촌댁처럼 안방 위 다락구성은 유례없는 경우이다. 이 때문에 대청의 원기둥은 높이 솟았고 4칸과 전면의 퇴를 포함한 넓은 대청은 더욱 깊다.

동향한 솟을대문 칸을 들어서면 곧바로 사랑마당이 되고 그 우측에 별당이 있다. 안채에는 대청마루를 중심으로 좌우에 방이 있으며 안방은 4칸으로 구성되어 있다. 안방은 큰 사랑채의 방처럼 장지문으로 연결된 겹방이고 수장과 거주공간의 다양한 쓰임이 가능해 보인다. 안방 두 칸 모두

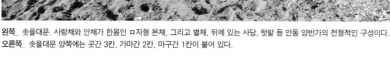
왼쪽_ 솟을대문. 사랑채와 안채가 한몸인 ㅁ자형 본채, 그리고 별채, 뒤에 있는 사당, 텃밭 등 안동 양반가의 전형적인 구성이다.
오른쪽_ 솟을대문 양쪽에는 곳간 3칸, 가마간 2칸, 마구간 1칸이 붙어 있다.

가 전면에 노출되어 있어 전면의 중문간은 대문간과 축을 달리하고 사랑영역의 후면은 모두 벽감을 달았다. 건넌방은 며느리가 머물고 작은 복도 옆의 안방 물림한 할머니가 기거하시는 곳이었다고 한다. 위계 순으로 방의 크기가 달라지는 것은 안 그래도 나이가 들어 쓸쓸한 심사를 더욱 황망하게 하리라.

안채의 조상 대대로 전해져 내려오는 집기는 매일 닦아 윤기가 날 정도이고 적절하게 배치하여 생활상을 잘 드러내 주고 있다. 부엌은 비록 온기는 사라졌지만, 원형을 잘 보존하고 있고 바깥행랑채에 주방을 만들어 북촌댁에 숙박

하는 이들에게 방짜유기에 담은 아침을 제공하고 있다. 그리된 지는 얼마 되지 않았는데, 역시 음식을 통해 그 집의 문화를 더욱 선명하게 체험할 수 있으니 반가운 일이 아닐 수 없다. 아침을 준비하지 못하던 시절은 마을 민박집을 소개해주기도 했는데 아침밥을 먹기 위해 걸었던 담장 길도 좋았었다. 북쪽의 부용대는 하회마을을 조망할 수 있는 높이라지만, 북쪽의 매서운 바람은 이겨내지 못해 하회마을의 북쪽엔 소나무를 심어 방풍림을 조성했다. 이 또한 이제는 하회마을의 절경 중 하나가 되었다.

1,2 사랑채의 사랑대청은 외부인을 가장 많이 맞아들이는 곳이다.
안채와 연결된 뜰집의 특성상 모서리에 배치하여 시선을 완벽하게 차단하면서도
별채와의 연계를 고려하여 창호를 설치하였다. 난간과 화방벽의 치장은 정성스럽다.
3 안채의 후면은 이중기단으로 습기를 차단했다.
와편굴뚝의 치장은 흙담과 화방벽의 구성과 일치한다.
4 텃밭으로 통하는 문이지만 격식을 제대로 갖추었으며, 그 너비가 상당한 것은
농작물을 신성시하는 마음과 텃밭으로 드나드는 수레를 고려한 것으로 보인다.
5.6 입춘첩立春帖. 해마다 새로운 것을 붙이지만, 이 집의 대문에는 지워지지 않는
입춘첩이 있다.

한옥의 다양성

2

ㅁ자형의 뜰집

양진당

글
이연건축 조전환 대표

사랑채 우람한 현판은 서애 류성룡, 겸암 류운룡의 아버지 류중영의 호를 따 '입암고택'이며 높은 기단과 기단 끝으로 바짝 내민 배치로 위용이 대단하다.
정면 3칸, 측면 2칸이 사랑대청이며 4칸의 방으로 구성되었다. 사랑대청 내부에 한석봉의 '양진당養眞堂' 현판이 걸려 있다.

양진당은 앞에서 기술한 북촌댁과 더불어 북촌의 대표적 가옥이다. 서애 류성룡(柳成龍: 1542~1607)의 형인 겸암 류운룡(柳雲龍: 1539~1601)의 종택이자 명실공히 풍산류씨의 종가이고, 충효당과는 길을 사이에 두고 나란히 자리 잡고 있다. 더욱 잘 알려진 '양진당'이라는 당호는 류운룡의 6대손인 유영(柳泳: 1687~1761)의 아호雅號에서 유래하였으며, 실제 양진당의 사랑채에는 류운룡의 아버지인 입암 류중영(立巖 柳仲郢:1515~1573)의 고택이라는 뜻으로 '입암고택立巖古宅'이라는 현판이 걸려 있다. 사랑대청 문을 열어야 석봉石峯 한호(1543~1605)가 쓴 양진당養眞堂 현판을 볼 수 있다. 파련대공뿐만 아니라 장식적인 보아지의 초각, 오랜 세월 동안 선명해진 나무 무닛결로 더욱 화려하다.

종가의 권위가 앞서다

1592년(선조 25년) 임진왜란이 일어났을 때, 도체찰사로서 군무를 총괄하며 이순신, 권율 등을 등용하는 등 영의정에 오르며 활발한 활동을 하고, 징비록을 저술한 서애 류성룡이 더욱 잘 알려진 것이 사실이나 풍산류씨의 집성촌인 하회마을에선 종가의 권위가 앞서며 퇴계 선생의 학통을 잘 이어간 제자이기도 했다. 겸암謙菴이라는 호도 퇴계 선생이 문하에 있는 류운룡의 학문적 자질과 성실함에 지어준 것으로 부용대의 겸암정사의 당호가 되었다.

겸암은 입향조인 류종혜의 종손답게 양진당을 비롯하여 서재 격인 빈연정사나 부용대의 겸암정사 등이 일직선을 이루며 마을의 가장 좋은 터전을 차지하고 있다. 또한, 하회마을의 특성상 주산인 화산이 멀리 자리 잡고 있으며, 마을의 중앙 부분이 솟고 주변이 낮아지는 원추형의 지형에다 마을주민의 생활공간인 강이 주변을 감싸고 있어서 집을 앉히는 향이 자유로웠다. 북촌댁이 동향을, 충효당이 남동쪽을 바라보는 것과는 달리 유일하게 정남향하고 있는 집이 양진당이다.

텃밭에서 본 양진당.
토담 위에 한식기와를 얹은 모습이 가지런하다.

양진당 평면도

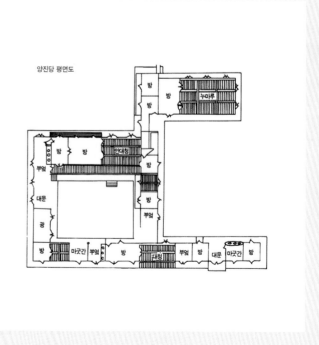

양진당 평면도

별당격인 사랑채인 양진당은 6칸에 이르는 대청과 정면 1칸에 10자, 측면 8자 이상의 2칸 안방이 연이어져 많은 회합과 수많은 문중 사람이 모이는 장소로 대종가다운 규모이다. 안대청의 삼면으로 작은 쪽마루를 두고 계자난간을 둘렀는데, 축대가 높은 가운데 기단이 협소하여 대문을 들어설 때의 그 우람함이 더욱 고조되어 보인다. 사랑방 옆으로는 두 칸의 서재가 분리되어 있고 안채와는 작은 대청으로 연결되었다. 원래 분리되었던 것을 서재를 증축하며 안채와의 출입을 쉽게 하려고 후에 연결하였다는 의견도 있다. 그것이 설득력 있게 보이는 것은 안방과 상방이 대청을 두고 마주하게 되는데, 상방은 두 칸 중 한 칸이 중간에 잘리어나가고 복도 겸 작은 대청으로 처리된 것을 볼 수 있다.

1 행랑채. 양진당이 하회마을에서 가장 좋은 위치에 있다는 말이 실감날 정도로 이곳에서 바라보는 경치가 그지없이 아름답다.
2 사당채에서 본 양진당. 멀리서도 솟을대문의 위엄이 느껴진다.
3 솟을대문으로 문 안에 문이 있는 중첩이라는 한옥구조의 멋이 보인다. '성인을 경외하고 웃어른의 말씀을 경청한다.'라는 뜻이다.
4 안채로 통하는 중문. 두 칸에 이르는 공간에 내·외벽을 세웠다. 공하신희恭賀新禧는 '삼가 새해를 축복한다.'라는 뜻으로 꽃망울이 터질 때 입춘방은 더욱 빛을 발한다.

안방은 장지문으로 분리한 세 칸의 방이 있으며 전면에 퇴를 후면에 쪽마루를 둘렀다. 부엌은 총 4칸으로 개방된 것이 특징이다. 두 칸은 아궁이를 비롯한 취사를 하고 나머지 두 칸은 종가의 여러 행사를 위해 작업공간을 확보해 놓은 것으로 보인다. 두 칸의 마루광이 연결되고 온돌방과 마루방이 일체가 되어 모서리를 차지하고 있다. 상방의 아래에도 마찬가지로 마루방과 온돌방이 난간을 두른 마루로 연결되어 한 몸을 이루었다. 그 옆으로 중문간이 있는데 안채의 공식적인 동선은 사랑채의 정면에 있는 솟을대문을 통하여 사랑마당에 진입하자마자 왼쪽의 중문간으로 들어선다. 역시 내·외벽이 있다. 그러나 안방에 마주한 또 다른 중문간은 내·외벽이 없이 바로 안마당으로 진입하게 되어 있다. 이는 대문과 중문을 거치지 않고 아녀자들이 드나들 수 있는 협문이 대문 옆에 따로 마련되어 있기 때문이다. 협문을 들어서면 두 칸의 마루와 두 칸의 온돌방이 사랑채 역할을 하며, 안동문화권의 뜰집에서 보여주는 사랑 영역과 안채 영역의 혼합된 부분을 보여주고 있다. 그리하여 대문간과 중문간 등이 일렬로 13칸에 이르는 긴축을 형성했다.

뜰집에서는 사랑채와 안채가 연결되어 있다

양진당 뿐만 아니라 북촌댁, 충효당, 내 앞 종가 등 조선시대 안동문화권의 중상류주택에서 두드러지는 ㅁ자형의 뜰집은 본채가 뜰을 감싸는 ㅁ자형의 구성을 이룬 주거 유형을 의미한다. 몸체가 一자형, ㄱ자형, ㄷ자형인 것에 一자형, ㄱ자형, ㄷ자형의 건물들이 또한 조합되어 튼 ㅁ자에 비해 완벽하게 ㅁ자로 닫힌 구성이다.

후면으로는 안방, 대청, 건넌방, 고방, 부엌 등 안채의 생활영역이, 전면으로는 사랑방, 사랑대청, 서재, 뒷방 등 대사랑채 영역의 공간이 자리하고 좌우 날개채 공간에는 광, 아랫방 등 각종 수납시설을 포함한 부속공간이 매개영역으로 자리하는 것이 일반적이다. 지붕구성을 볼 때 튼 ㅁ자형 집에서는 별채로 구성되어 있을 것이 뜰집에서는 사랑채와 안채가 연결되어 있다. 가운데 행랑 영역이 매개공간으로 분리한다. 대외적으로는 전면에 사랑채가 구성되고 후면에 안채가 형성되어 외부에서 안채 영역으로의 진입이나 시선의 관입이 철저하게 통제된 폐쇄적인 구조이면서 내부적으로는 안채와 사랑채의 각 영역이 유기적으로 연결되어 가족 중심의 영역 확보가 뛰어난 주거라고 할 수 있다.

안동문화권은 조선시대 유교문화의 실천장이었다고 해도 과언이 아니다. 유교 이념을 따라 여성공간과 남성공간의 분리, 외부로부터의 여성 보호를 시도하면서도 생활공간의 연결을 충족시키는 공간구성에 대한 모색으로 안동문화권의 완결형 뜰집이 생겨난 것이다. 안채와 사랑채가 전후로 배치되면서 발생하는 안채의 노출은 사랑채를 겹집으로 구성하거나 벽장, 가벽 등의 장치로 시선을 차단하는 방법을 썼다. 안채 영역과 사랑채 영역이 연이어질 경우는 담장으로 경계를 짓기도 했다.

뜰집의 안채는 대체로 높다

뜰집은 평면 특성 외에 수직적인 특성이 있다. 산지형이면 적절하게 단을 정리하여 전후 건물을 배치하여 일조량을 확보하지만, 평지형이면 전후 건물의 이격거리에 제한이 있을 때 안채의 기단과 기둥을 높여 뜰집의 안채는 대체로 높다. 기단이 높아 일조 문제가 해결될 뿐 아니라 안채 대청에 서면 시선이 마당에 머무르지 않고 자연스럽게 사랑채의 지붕과 그 위로 드러난 안산으로 향하게 되는 것이다. 기단 높이의 조절로 심리적인 답답함이나 일조, 통풍 등을 해결해준다. 태백산맥의 내륙에서 지형, 기후, 외적, 산짐승 등에 대응하기 위한 자구책으로 시작되었을지도 모르는 주택의 형태이지만, 지금은 그 지역의 특성을 뚜렷이 드러내 주는 중요한 자료이다.

1 안채와 사랑채 사이에 판벽을 세우고 통하는 우리판문을 두고 좁은 마루 때문에 난간을 둘렀다.
2 계자난간. 건물 일부분이 된 후에 세월이 흘러 뚜렷한 건, 자라면서도 인고의 시간을 견디어내었던 추재秋材인 것이다.
비바람에 춘재春材는 없어지고 노년의 아름다운 주름처럼 연륜이 느껴진다.
3 사당으로 통하는 협문. '통지유종 회지유원 統之有宗 會之有元' 거느리면 따름이 있고 모이면 으뜸이 있다.라는 뜻이다.
4 양진당의 사당은 두 채이다. 입암 류중영과 다른 조상의 신위들은 큰 사당에, 겸암 류운룡과 2명의 불천위不遷位를 따로 모시기 위한 것이다.
5 사당채로 통하는 사주문이다.
6 정면 3칸, 측면 1칸의 사당채. 간결한 맞배지붕으로 비바람을 막을 수 있도록 풍판을 대었다.
7 텃밭에 설치한 맞배지붕의 측간으로 사대부 집답게 기와를 얹었다.

천석꾼의 꿈은
곳간에만 쌓인 것이 아니다

운강고택

노블레스 오블리주

글
이연건축 조진환 대표

경상북도 청도군 금천면 신지리에 소재한 중요민속자료 106호 운강고택은 소요당 박하담(1479~1560)이
벼슬을 사양하고 은거하면서 서당을 지어 후학을 양성했던 옛터에, 조선 순조 9년(1809)에 현재 소유자의 6대조인
박정주(1789~1850)가 분가하면서 살림집으로 건립한 가옥이다. 이후 1824년 박정주의 아들 운강 박시묵
(1814~1875, 순조 14년~고종 12년)에 의해 중건되었고, 1905년에 박순병이 크게 다시 지어 지금에 이르고 있다.

대문은 골목 끝에 위치한다. 그러나 현재는 곳간채 옆 대문을 통하여 큰사랑채가 보이도록 출입하고 있다.

이 집에 관한 고서적으로는「운강집雲岡集」이 전해 내려온다. 조선후기 남인계 학자 박시묵의 시문집으로 운강의 아들 박재형이 1908년에 편집하여 목판본으로 간행한 것이다. 1866년 병인양요 때 청도군 소모관으로 활약하면서「통제종통문通諸宗通文」이라는 격문으로 의병을 일으키고자 종친 간에 보내는 글과 만화정萬和亭을 지어 후진을 양성하는데 전념하면서 이황 등의 자료를 참조하는 글을 남긴다. 4권과 5권 등에 만화정의 상량문과 세심대, 추원재 등 중수 등에 관한 기록이 있어 주택의 조영 과정을 단편적으로나마 볼 수 있다.

집의 역사를 볼 때, 움집이라는 단일공간에서 시작하여 생활양식이 변화함에 따라 보이지 않는 임의의 영역 구분이나 벽체 혹은 더 진화된 채의 구분으로 공간이 분화되기에 이른다. 조선시대에 이르러 유교사상의 영향으로 산 사람과 죽은 사람 간의 분리를 위한 사당, 제실의 요구, 혹은 남녀의 성별 간, 아버지와 아들의 세대 간, 혹은 주인과 노비 등, 계층 간의 영역 분리는 집을 통하여 그 당시의 시대성이나 계층성, 지역성 등을 반영하게 된다. 이런 맥락으로 볼 때 운강고택은 1905년 박순병이 중수하면서 20세기 초반 당시의 시대변화를 담았다고 해도, 건물배치가 운강 대에서 크게 변화하지 않아 조선후기 경북지방 양반가의 전형이라고 볼 수 있다. 그러나 전국에 흩어진 고택들을 돌아보면 유형은 비슷해도 같은 집은 전혀 없다. 그것은 그 가족의 생활이 각기 개별성을 가지기 때문에 그 특성을 간과할 수 없다.

원래 이 주택은 12채의 건물이 '삼개구자형三個口字形'으로 배치되었다고 전해지나, 현재의 운강고택은 약5,850㎡(1,770평)에 안채, 사랑채, 사당 등 3개의 영역, 9동으로 구분되고 안채와 사랑채는 각각 4동의 건물이 튼 ㅁ자형으로 배치되었다. 운강고택이 영역별로 완벽한 ㅁ자를 이룰 수 있는 것은 중심공간인 안채와 사랑채를 둘러싸는 부속채들의 존재다.

왼쪽_ 긴 진입 골목의 끝에서 몸을 돌려 대문을 마주하면 '병규秉圭근서' 운강고택의 현판이다.
대문을 열고 보이는 것은 강학공간이던 중사랑채로 집안사람들뿐만 아니라 외부인들도 배움의 기회를 얻었다고 한다.
오른쪽_ 사랑마당이 남자의 공간이라면 역시 튼 ㅁ자로 영역이 확실히 형성된 안마당은 노동의 장일 뿐만 아니라
집안의 관혼상제를 치르는 성스러운 곳이기도 하다.

왼쪽_ 사랑마당은 외부인이 드나드는 곳일 뿐만 아니라 노비들이 곡식을 추수하고 갈무리하는 공간이기도 하다. 천석꾼의 마당다운 호방한 넓이다.
오른쪽_ 중사랑채가 독립적으로 위치하는데 이는 중사랑채가 서당의 역할을 해와 외부인들이 수시로 드나드는 공간이었기 때문이다.

운강의 아버지 박정주 대에까지 이렇다 할 관직에 이른 사람이 없었지만, 그 재물은 조선후기 농경기술의 발달 등으로 천석꾼에 이르러 많은 곡물을 저장할 공간이 필요했으리라 짐작된다. 그리하여 사랑영역의 대문채, 곳간채뿐만 아니라 안채의 곳간채, 광채(중문간채), 방앗간채 등에 나락과 알곡을 구분하여 보관하였다고 한다. 사랑마당에서는 곡식을 거두어들여 타작하고 정리하여 주변의 대문간채와 곳간채에다 쌓아두고 안마당에서는 농작물을 정리뿐만 아니라 방아를 찧고 김장을 하는 등, 부녀자들의 일터로 또한 주변의 고방채나 행랑채, 중문채 등에 차곡차곡 보관하였으리라. 그러나 운강고택이 그저 천석꾼의 집이었다고만 평가하기엔 부족한

것이 있다. 이 고택이 노블레스 오블리주(noblesse oblige)를 실천한 가문의 저택이었기 때문이다. 부농으로서 치부致富에만 몰두하고 지역민들에게 군림한 것이 아니라 병인양요 때 의병을 일으키려 종친과 인근선비들에게 궐기를 요구하고 인근 사람들까지 참석했던 강학공간 지원 등 선비로서의 의무 또한 소중히 여기는 가문이었다.

열린 공간 사랑채

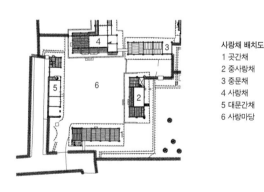

사랑채 배치도
1 곳간채
2 중사랑채
3 중문채
4 사랑채
5 대문간채
6 사랑마당

일반적으로 사대부가의 사랑채는 대문을 들어서면 정면으로 놓이는 경우가 대부분이다. 그러나 운강고택의 사랑채는 진입 축과 직교하는 것이 특징지을만하다. 대신 중사랑채가 독립적으로 위치하는데 이는 박정주 대부터 중사랑채가 서당의 역할을 해와 외부인들이 수시로 드나드는 공

곳간채. 사랑채는 4동의 건물이 튼 ㅁ자형으로 배치되었다.

왼쪽_중사랑채 측면. 중사랑채는 안채 방향의 마루가 서고로 안채와의 연계를 차단하는 의도이다.
오른쪽_꽃담. 사랑채와 중문채 사이 안채 영역 보호를 위하여 배설한 담이다. 기와를 모양과 크기대로 자르고 조합하여 쌓을 때 이 집안의 길함을 염원했으리라.

간이었기 때문이다. 사랑채는 안채와 접해 거주와 접객이 쉽게 되어 있지만, 중사랑채는 안채 방향에 마루가 서고로 사용되고 그 반대편의 마루가 대청으로 사용되었다. 이는 안채와의 연계를 차단하는 것이다. 안채와의 구분은 사랑채와 중문간채 사이 공간을 메운 담장에서도 잘 드러난다. 그러나 기와를 이용하여 꽃 모양의 무늬와 '吉'자를 새겨놓았으며, 그 위아래로는 기하학적인 무늬를 새겨놓아 배타적이지 않은 처리로 운강고택의 미美 중 으뜸이라고 해도

지나치지 않는다.

큰사랑채는 특이하게도 직각으로 뒷사랑방을 두어 손님이 숙식하게 하고 사랑방 옆에는 집안의 경리와 출납을 보는 사람인 집사의 방도 있어 부농의 재정 규모를 짐작게 한다. 구조적으로는 여러 채 중에서 유일하게 소로수장집으로 다섯 개의 도리 외에 칸막이 도리라고 하여 정면 문인방 위에 올려져 측면 도리와 결구 되어 눈여겨 볼만하다.

1,2 두 벌대의 기단석을 오르면 정면 두 칸씩의 대청과 사랑방, 직각으로 위치한 뒷사랑방, 툇마루의 끝에 집사방이 있다.
3 안채와 안사랑채 사이로 고방채가 보인다.

1 안채는 4칸 규모의 부엌, 정면 2칸에 측면 1.5칸의 대규모 안방, 손님이 자기도 하고 항시 가사공간인 내방,
저장 공간인 찻방, 그리고 안방에서만 출입할 수 있는 다락 등의 부속실이 붙어 있는 다목적 공간이다.
2 안채로 세벌대의 자연석기단 위로 자연석초석을 놓고 민흘림 사각기둥을 한 홑처마 팔작집이다.
3 중문채를 들어서면 곧바로 안채를 파악할 수 없도록 옆으로 비켜서 있다.
사랑채는 정성스레 깎인 장대석기단인 반면 안채는 자연석기단을 2단으로 쌓아 자연스러움을 살렸다.
디딤돌 대신 목재로 디딤판을 만든 것은 여타 집에서 보기 드물다.

1,2 안채는 정면 2칸에 측면 1.5칸으로 안방에서만 출입할 수 있는 부엌 상부의 다락으로 통하는 문, 가사공간이면서 잘 수 있는 내방으로 통하는 문,
안방에 딸린 찻방으로 통하는 문, 외부 후원으로 통하는 문이 보인다. 안주인이 기거하는 안방은 가히 가정을 관장하는 핵심공간이라고 할 수 있다.
3 안채의 대청은 앞뒤로 찬방과 툇마루가 있어 집의 규모에 비해 넓은 편은 아니지만, 4짝 여닫이문을 모두 열면 공간은 확장된다.
마주 보이는 곳은 건넌방으로 며느리의 공간이다.

1 건넌방 전면에 쪽마루를 하고 밑으로 함실아궁이를 설치했다.
2 사랑채에 붙은 뒷사랑방은 손님이 머무는 공간으로 안고방채와 대문간채, 담장으로 둘러싸인 후원도 따로 조성되어 있어 손님을 생각하는 주인의 마음이 보인다.
3,4 안채로의 진입은 두 가지다. 대문을 통하여 사랑마당을 지나 중문으로 진입하는 것과 대문을 들어서자마자 사랑채 측면의 협문을 통하여 후원으로 들어가 고방과 뒷사랑방 사이의 문을 통하여
안마당으로 들어서는 것이다. 아녀자들이 외부에 노출되는 것을 차단한다는 목적 외에 최단거리의 진입로를 확보하는 지혜로 여겨도 좋을 듯하다.

유교적 윤리를 실천적인 생활이념으로 삼았던 양반계층은 물론이거니와 경제력이 있었던 서민계층 또한, 남녀의 생활공간을 분리하였던 조선시대에 여성의 활동반경이 외부와 단절되는 위치에 있었다 하더라도, 집안의 안주인이 머무는 안채는 당당히 그 집 가정생활의 중심이었다. 운강고택의 안채 영역은 사랑영역과 마찬가지로 안채를 중심으로 부속채가 감싸는 넓은 마당을 가졌다. 안채는 4칸 규모의 부엌, 정면 2칸에 측면 1.5칸의 대규모 안방, 손님이 자기도 하고 항시 가사공간인 내방, 저장 공간인 찬방, 그리고 안방에서만 출입할 수 있는 다락 등의 부속실이 붙어 있는 다목적 공간이다. 대청 또한 앞뒤가 통하는 것이 아니라 찬장기능의 실이 뒤에 있어 찬 음식이나 그릇 등을 보관하고 며느리의 공간인 건넌방 또한 따로 한 칸 정도의 고방을 둔 것에서 수납에 고민한 흔적이 역력하다.

수납대상에 따른 칸막이 또한 많은 고민의 흔적이 엿보인다. 방앗간채는 쌀을 정미하여 보관하고 중문채에는 장류나 잡곡을 보관하기에 칸막이벽을 두었지만, 안고방채는 벼를 재워두었기에 넓은 공간으로 사용하고 있다.

아녀자들을 위한 공간, 후원

운강고택의 또 다른 특징은 안채의 후원이다. 외부출입이 잦은 남자들의 공간인 사랑채와 달리 집안에만 주로 머무는 아녀자들의 공간에는 화계 등을 두어 후원을 치장하는데, 운강고택은 후원에 있는 칠성바위를 기준으로 조성하지 않았나 하는 추측을 하게 한다. 예전엔 며느리가 머무는 공간인 건넌방 뒤로 별도로 담장을 설치하여 조성한 개별후원이 있었다고 한다. 대청에 딸린 툇마루에서 시작한 며느리 후원은 며느리만 잠그고 열 수 있는 문이 따로 있어 넉넉한 품을 가져 며느리에 대한 배려로 여겨진다. 시어머니의 공간인 안방과 며느리의 공간인 건넌방은 대청을 사이에 두고 서로 간에 독립성을 부여한 것 또한 사대부가에서는 그 예가 일반적이다.

운강고택은 조선시대의 통치이념이자 생활이념이기도 했던 유교의 조형의식을 잘 따르는 표본이면서도 사랑채만이 소로수장집으로 격을 높였을 뿐 다른 건물들은 수수하나 격조 있는 가구법을 따랐다. 소외당하기 쉬운 외부손님과 집안사람들 특히, 며느리를 세세히 배려하는 공간구성에 더욱 고민한 사람 냄새가 나는 집이다. 또한, 천석꾼의 집으로서 방대한 곡식을 저장할 수 있는 곳간과 수장공간을 집안 곳곳에 합리적으로 구성한 것이 돋보인다. 이는 평면뿐만 아니라 단면적으로도 지붕 밑의 공간을 적극적으로 활용할 줄 아는 지혜다. 수장의 기능은 충실히 하되 외부에는 숨기는 겸손이다. 그리고 그 겸손은 나라가 어려울 때 몸과 물질로써 내어놓는 충성으로 표출되었다. 이것이 우리가 오늘날의 집을 생각할 때 조상의 정신이 담긴 옛집을 공부할 수밖에 없는 이유일 것이다.

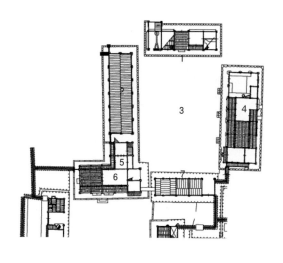

안채 배치도
1 안사랑채
2 고방채
3 안마당
4 안채
5 뒷사랑방
6 사랑채
7 중문채

왼쪽_ 안채 영역은 안채를 중심으로 중문채와 안행랑채, 고방채가 만들어 내는 내밀한 공간이다.
방앗간이 붙은 안행랑채는 부엌, 방, 마루 등으로 구성되어 가사를 돕는 이들이 일하면서 숙식하는 공간으로 해석된다.
오른쪽_ 부엌은 4칸 규모로 이 집의 살림규모를 짐작할 수 있다. 안방과 출입이 쉽게 작은 문이 달렸다.
상부에 다락이 설치될 수 있는 것은 온돌을 설치해 방과 높이 차이가 있어서인데, 한옥만이 가지는 합리적인 공간사용이다.

1 사당. 정면 3칸에 전퇴가 있는 홑처마 맞배지붕이다.
2 토석담 사이로 일각문인 협문이다. 문얼굴 사이로 목단이 한창이다.
3 협문을 통해 사당문으로 이어지는 길이다.
4 출목이 있는 사당문을 까치발이 받고 있는 일각문으로 했다.

한옥의 다양성

4

열린 공간과
닫힌 공간의 공존共存

이득선
가옥

글
이연건축 조전환 대표

아산 배방읍의 맹씨행단은 북향이다. 그것은 설화산의 북쪽 구릉에 애써 자리를 잡았기 때문이다.

이른 가을부터 늦은 봄철까지 눈이 덮여 있다는 설화산은 해발 400m 정도의 높지 않은 산이지만,

붓끝처럼 봉우리가 뾰족하게 솟아있기 때문인지 통계적으로 문필가 등이 많이 배출되어서인지 '문필봉'이라

불리기도 한다. 이 설화산을 배산으로 한 마을이 또 있으니, 산 건너편의 송악면 외암리 마을이다.

맹씨행단과는 달리 이 마을은 우리가 일반적으로 명당으로 말하는 배산임수에 볕이 잘 드는 조건을 갖추고 있다.

외암리 마을의 풍수적 국면은 광덕산廣德山에서 갈라진 지맥 설화산雪華山을 주산으로 하고, 설화산의 지맥이

마을의 양측을 휘감아 돌면서 청룡과 백호를 형상화하며, 마을은 그 중심축선 상에 배치되어 있다.

이 좌우 중심축 선의 교차점이 마을중심이 되고 그 주위로 주호들이 구성되어 있다.

주산인 설화산 계곡에서 발원한 작은 개천은 마을 남측을 감싸 돌면서 동구洞口에 이르러

강당골에서 내려온 내와 어우러져 평촌으로 내리 달린다. 이 개천이 풍수적 형국으로

볼 때 내수구가 되고 평촌으로 향한 내수구는 평촌 뜰을 지나는 근대골내와

만나는데 이 근대골내는 외수구가 된다.

참판댁은 ㄱ자형 건물 두 개로 이루어진 것이 아니라 일자형의 사랑채와 곳간채, ㄷ자형의 안채가 만나 튼 ㅁ자형을 이루었다. 대문을 들어서면 사랑채와 날개채의 측면이다.
돌 많은 외암마을답게 돌아 되는대로 기단을 쌓았다. 대문과 사랑채 사이, 중문과 안대청 사이 너른 공간 확보로 디딤돌로 동선을 유도했다.

이중환은 팔도총론 충청도 편에서 "차령에서 서쪽으로 뻗은 맥이 북쪽으로 떨어져서 광덕산, 다시 떨어져서 설라산(雪羅山: 지금의 설화산)이 되어 온양 동쪽에 있었다. 민중포전閔中浦田의 호공산壺公山이 중천에 빼어나서 우뚝한 홀笏과 같은 형상인데 이 산이 흡사하다. 이 산을 동남쪽에 있는 길방吉方이라 하는 것은 아산, 온양 등 여러 마을에 높은 벼슬을 지낸 사람과 문학을 공부한 선비가 많이 나왔기 때문이다."라고 표현하였다. 서울과 가깝고 물자조달이 좋은 내포 땅 중의 하나로 많은 사람이 몰려들었으며 외암마을도 이중환의 이 지역에 대한 평가에 한몫을 하지 않았을까 여겨진다.

외암마을은 500여 년 전 강姜씨와 목睦씨가 살고 있었으며 조선시대에는 온양군 남하면의 관할로 역말에 시흥역이 있을 당시에는 말을 거두어 먹이던 곳이라 하여 오량골이라고 전해진다. 현재와 같은 동족마을의 모습을 띠기 시작한 것은 약 200여 년 전이라 한다. 오랜 예부터 강씨와 목씨 등이 살면서 각성마을로 여러 성씨의 수평적 관계가 존재했는데, 조선 중기 명조 대에 예안이씨가 입향하면서 그들 후손이 번창하고 근세에 들어 관가에 진출하고 큰 규모의 저택들이 세워지며 반가의 면모를 갖춘 반촌으로서 동족마을을 형성하게 된 것으로 보인다. 외암이라는 마을 이름 또한 입향조인 이연李埏의 6세손으로 숙종 3년(1677년)에 태어난 이간李柬선생의 호에서 비롯되었다. 선생은 설화산의 우뚝 솟은 영봉정기를 따서 외암巍巖이라 지었는데 이것이 마을이름으로 불리다가 세월이 지나면서 후손들에 의해 동음으로 획수가 적은 외암外岩으로 고쳐 부르게 되었다고 한다. (입향조에 대해선 학자마다 이견을 보이고 있다. 연挺, 정挺, 연埏 세 글자의 모양이 비슷한 데서 오는 음의 혼동에서 온 결과라 보인다. 필자는 예안이씨세계表禮安李氏世系表가 제시된 1990년 아산시에서 펴낸 아산 외암마을 보존방안 학술조사연구보고서를 따랐다.)

이 마을의 특징 중 하나는 재직한 고을 명이나 출신지 명을 딴 영암댁, 신창댁 등도 있으나, 다른 마을과 달리 중앙관직의 관원들이 서울에서 가까운 낙향저택을 마련한 예도 있어 병사댁, 참봉댁, 감찰댁, 참판댁같이 주인의 관직명을 딴 택호가 많은 편이다.

안채의 개보수 전 모습

개보수 전의 솟을대문 모습

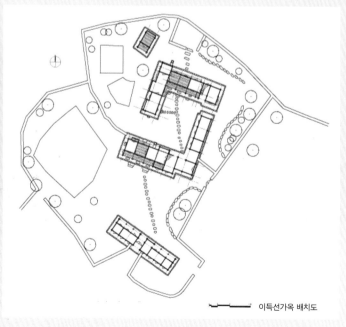

이득선가옥 배치도

고종황제로부터 하사받아 지은 집

그 중 참판댁은 마을 동쪽 중심부에 규장각 직학사와 참판을 지낸 이정열 공이 고종황제로부터 하사받아 지은 집이다. 참판은 육조에 속해있던 종2품의 관직 즉, 각 조의 차관이라 할 수 있어 이 마을에서 규모로 보나 벼슬로 보나 마을을 대표한다 할만하다. 그러나 이 집을 고종황제로부터 하사받은 이유는 참판이라는 벼슬보다는 규장각 직학사로서 영친왕 이은이 경연관을 지낸 것에 대한 보답으로 지어준 집이라 한다. 참판댁은 주로 담장을 접한 남향의 큰 집과 서남향의 작은 집 두 개의 군으로 합해서 지칭되지만, 이 두 집은 각각 행랑과 사랑채, 안채, 곳간 및 가묘를 갖춘 배치구성에서 각자가 독립된 별개의 집이다. 실제적인 참판댁인 큰댁은 ㄱ자 안채와 一자형 사랑채, 곳간채가 중문간으로 연결되어 ㄱ자를 이루면서 두 개의 곱패집이 튼 ㅁ자형으로 결합해 있고, 사랑채 남쪽에 떨어져 문간 및 행랑채가 약간 비스듬한 각도로 배열되어 있다. 주산인 설화산을 든든하게 뒤에 두고 집이 앉혀졌으며, 진입 시에는 땅의 형상에 따라 집 전체를 두른 외곽담이 대문 앞에서도 둘려져 6~7m 정도의 고샅을 형성한다. 주 건물이 전체적으로 땅의 북동쪽에 자리 잡아 대문간과 중문간 등이 동쪽으로 치우쳐 배치되었다.

집의 얼굴일 수도 있는 전면 8칸의 행랑채는 대문간을 제외하고 모두 담장 안에 포함되어 폐쇄적인 느낌이 강하다. 덕분에 담장 안에 놓인 각 방은 전면에 독립적인 마당을 가지고 있어 행랑방에 머무르는 객이나 문지기도 나름대로 짧게나마 자기 공간인양 여유를 가질 수 있었으리라. 솟을대문 좌·우의 행랑채는 전면에 퇴를 두었지만, 마루를 깔지 않고 봉당으로 처리하여 아궁이 부엌에만 바람의 유입을 막기 위한 가림벽을 설치하였다. 가장 동쪽의 방은 사랑마당 쪽으로 아예 문이 없으며 우진각지붕인 덕에 측면으로 두 짝문을 두었다. 외곽담으로 자연스럽게 조성된 고샅, 대문간과 퇴의 가림벽 때문에 집안으로 들어설 때 긴장감이 있으며, 사랑채와는 비스듬하게 놓인 탓에 사랑채와 곳간채의 모서리를 바라보게 된다. 그러나 사랑마당에 놓인 디딤돌이 자연석기단에 올린 사랑채로 인도하여 들인

개보수가 이루어진 후의 사랑채. 미학적인 면에서는 말쑥한 기와와 벽체, 기단이 한옥의 맛을 감소시키는 것이 사실이다. 그러나 삶은 계속되고 한옥도 계속된다. 사랑마당의 쓰임이 예전과 다를 게 없기 때문이다.

다. 사랑채는 1고주 5량으로 한 칸의 작은 사랑방 옆에 한 칸의 사랑대청이 4분합문으로 닫히고, 두 칸의 큰 사랑방은 한 칸은 퇴로 열리고 한 칸은 방에 딸린 누처럼 사용하려고 퇴에 문을 달았다. 그 옆의 한 칸은 전면은 청지기 방으로 후면에는 부엌을 설치하여 큰사랑에 부설된 다락을 올려 복합적인 구성을 했다.

사랑채 측면에 연결된 중문간채는 5칸의 우진각 건물인 곳간채 끝에 붙어 있다. 중문간의 기둥 배열을 사랑채 고주 배열에 맞추어 중간에 생긴 틈은 벽체로 마무리하여 안채를 보호할 뿐만 아니라, 진입통로도 확보하게 되었다. 대문 뿐만 아니라 중문 가까이에도 일각문을 달아 바로 안채로 들어갈 수 있도록 했다. 사랑채 부엌의 측벽과 중문간 측벽이 가림벽이 되었고, 사랑채와 마찬가지로 디딤돌이 안채의 대청과 부엌에 대각선으로 놓였다.

1 사랑대청의 4분합문을 하나를 달아 올리고 하나는 여닫이로 두었다. 대청과 큰 사랑방은 여닫이로, 큰 사랑방은 내부에 장지문으로 공간의 가변이 다양하게 일어난다.
2 사랑채의 큰 사랑방은 두 칸이지만, 한쪽은 전퇴가 개방되어 있으나 한 칸은 전퇴에 문을 사방으로 달아 내밀한 공간을 만들었다. 그 옆방은 퇴의 연장으로 방을 만들어 큰 사랑방의 부속실이.
3 내천을 건너 동쪽의 내천을 따라 난 길이나 마을 중심의 길에서 골목길에 들고서도 참판댁의 대문은 쉽사리 노출되지 않는다. 양쪽의 6~7m의 돌담으로 고샅이 자연스레 형성되었다. 개보수 후의 솟을대문 모습.

독립적인 안사랑채의 존재

안채의 구성이 재밌다. 우선 중부형의 구성을 충실히 따랐다. 1고주 5량이지만 퇴를 넓게 잡은 탓에 4분합문을 단 두 칸의 대청은 좁아 보인다. 그리고 같은 ㄱ자 집이라도 안방이 전면에 노출된 것이 아니라 꺾인 부분으로 들어가며, 뒤쪽으로 또 한 칸의 퇴를 달아 안방에 윗방을 달고 그 전면으로 부엌이 있다. 건넌방도 역시 측면으로 퇴를 달아 공간의 확장을 꾀했다. 가장 주목할 만한 것은 가구구성은 몸체의 것을 따르지만, 봉당을 사이에 둔 안사랑채의 존재이다. 문은 측면과 전면에만 나 있는 안사랑채는 사돈댁이나 친척집 여인들이 왔을 때, 머물 수 있는 독립적인 공간으로 화장실만 딸리지 않았지 요즘 말로 어엿한 게스트룸인 것이다.

참판댁은 아주 적절하게 퇴를 이용할 줄 아는 공간구성을 보이는 집 중의 하나인데, 부엌이 달린 날개채는 현재는 삼량으로 지붕을 구성하였지만, 예전의 사진기록을 보면 반사량으로 처리된 것을 볼 수 있다. 부엌의 한 칸은 나뭇짐 등을 놓는 공간으로, 안방의 한 칸은 벽장으로 사용하여 입체감이 있다.

건물이 동쪽으로 치우친 까닭에 장독대는 부엌 옆이 아닌 건물의 후면에 설치되고 담장을 둘렀다. 그 옆에는 후에 건립된 것으로 보이는 가묘가 또한, 퇴를 가진 채 한 칸으로 마련되어 있다. 서쪽으로 너른 공간이 확보되었지만, 사랑채를 기준으로 내곽담이 둘려 있어 안채 영역과 사랑채 영역은 확실히 구분된다. 사랑채 옆 너머 너른 땅이 펼쳐져 있으나 고목인 향나무와 호두나무가 공간을 분할해 주어 적정한 사랑마당의 크기를 만들어준다.

모서리에 있는 중문간을 들어서면 대각선으로 건물을 마주하게 된다.
두 칸의 부엌에 안방, 윗방, 고방이 붙고, 정면 두 칸의 대청과 한 칸의 건넌방,
그리고 부엌, 독립된 방이 나란히 있다. 안채의 개보수 후의 모습.

임금에게 하사받은 집이라고는 하나 솟을대문을 제외하면 허세보단 알맹이와 겸양을 추구했다. 잡석기단과 낮은 기단, 생활에 편리하도록 구성된 공간구획, 퇴의 발달, 곳간채의 내부화 등이 그러하고 마을 전체를 하나로 묶는 돌각담이 이 집에도 일관되게 사용된 게 그러하다. 마을의 강한 경관 요소로 작용하는 돌담길 외에 이 마을의 수로 또한 마을의 근간이 된다. 설화산에서 내려오는 개천을 따라 집들이 배치되고 내부에는 인공수로를 만들어 생활용수가 되기도 하고 곡수曲水와 연못 등 조경의 요소가 되기도 하고 화재 시 소화수의 역할도 하였다. 예안이씨가 오래도록 터를 잡은 탓에 전체적으로 양반문화 성향이 강한 동성마을인 탓에 공동체 의식을 유지하는 정려각, 장승, 정자, 물레방아, 디딜방아, 보호수, 연자방아, 정자나무, 사당 등이 마을의 요소요소에 배치되었다.

참판댁만큼이나 사대부가의 면모를 갖춘 집이 여럿 되는데, 이들 대가는 마당넓이가 500평에서 1,000평에 이르는 대지를 갖추고 울창한 수목과 계류가 건물과 조화되게 가꾸어져 있는 집도 있다. 제법 큰 규모의 반가班家와 그들 사이사이 작은 규모의 와가나 초가들이 섞여서 자연스러운 마을을 형성하고 있다. 마을이 민속마을로 지정되어 마을 전체의 환경과 풍습을 그대로 보존하고자 하나 여가를 즐기려는 관광객들의 유입과 주민의 생활편의를 위하여 가옥 일부를 개조하면서 많은 변화를 겪어왔다. 사람들이 떠나 비어져 있던 집들이 문제가 되기도 했으나, 이제는 전혀 연고가 없는 이가 외암리 마을의 여러 주택을 사들여 주말주택으로 사용하며 풍습을 어지럽히기도 하는 것이 문제가 되기도 했다. 이는 비단 외암리 마을만의 문제가 아니라, 전국의 여러 민속마을의 집들이 외지인들의 투기대상이 되어가는 처지이기도 하다. 문화재에 대한 식견은 높이 살만하나, 주택 매입 후 마을의 경관과 풍습을 잘 지켜내는 구체적인 계획을 세운 자에게 공개매매의 형식을 취해도 좋을 것이다.

왼쪽_ 부엌 측면 처마 아래엔 살림도구들이 걸려 있다.
후원으로 들어가는 통로이기도 해 농기구들을 함께 보관 중이다.
오른쪽_ 정면의 대문이 아닌 측면에 또 하나의 문이 있다.
안채로 통하는 중문간으로 이동을 편하게 하였다.

1 대문을 들어서면 사랑채의 측벽만이 보일 뿐이다.
2 우진각지붕의 곳간채인 날개채는 중문간과 4칸의
곳간으로 이루어져 있어 이 집의 살림규모를 말해준
다. 중문간은 가림벽을 내어 진입 시 안채로 시선이
직접 닿는 것을 방지했다. 어느 집보다도 강렬한
대문방이다.
3 안채 뒤 외곽 돌담을 의지하여 낮은 돌담을 쌓고
기와까지 얹어 장독대를 마련하였다.
신성한 가묘 옆이다.
4,5 사랑채 옆모서리, 안채와 사랑채로 통하는
쪽문이다.
6 안채의 안방은 한 칸만이 노출되어 있다.
문을 열지 않고도 중문간으로 누가 들어서는지
내다볼 수 있게 미닫이문에 유리를 달았다.
7 정면 한 칸, 측면 한 칸 반의 가묘. 제례의식에
맞는 공간구성으로 맞배지붕의 앞뒤 비례가 깨졌다.

한옥의 다양성

5

묘막에서
조선의 국모가 나다

명성황후 생가

글
이연건축 조전환 대표

"그녀는 지성적이고 학문이 높았으며, 개성이 강하고 굽힐 줄 모르는 의지를 지녔으며, 그 시대를 초월한 정치가로 외국의 지배에서 벗어나 조선의 독립을 위해 애쓴 분이었다." "왕비는 나라를 사랑했고, 폭넓은 진보주의자였으며 중국 고전은 물론 세계 선진국들에 관한 높은 식견을 갖추고 계셨다. …… 그녀는 창백한 얼굴에 날카로운 용모였으며 두 눈에서는 위력과 지성과 개성을 읽을 수 있었고, 순박하면서도 뛰어난 기지와 매력을 지닌 분으로 실로 서양 기준을 놓고 볼 때도 완전무결한 귀부인이었다."

위는 미국 공사관 서기 윌리엄 프랭클린 샌드와 언더우드 여사가 명성황후를 대면하고 그녀를 표현한 글이다. 조선 말기, 대한제국시기 동안 서양 열강의 간섭 속에 망망대해의 조각배와 같았던 그때, 우리는 그 시대의 왕 고종보다도, 더한 권력을 쥐었던 흥선대원군보다도 조선 국모로서 위엄을 끝까지 잃지 않았던 한 여인, 명성황후를 떠올리게 된다. 일본 자객에 의해 시해되기 전까지 사내대장부의 결단력과 외교관으로서의 협상력과 한 나라의 지어미로서의 모성애로 조선말의 격동기를 슬기롭게 대처해나간 인물로 평가받기 시작한 건 사실 얼마 되지 않았다. 이는 역사란 남자에 초점이 맞춰지고 열강들이, 특히 일본이 조선을 손아귀에 넣고 휘둘렀던 격동기에, 친러정책을 폈던 그녀의 삶이 역사의 기록 속에서 많이 왜곡됐기 때문이리라. 유교가 통치이념이자 생활이념이었던 조선의 왕조역사를 볼 때도 어린 임금을 대신하여 가장 웃어른으로서 여성인 대비들의 현숙한 섭정으로 태평성대를 누린 때도 있었으나, 명성황후의 정치적 역량이 격변기를 맞아 제대로 꽃을 피운 것이 아닌가 한다. 2007년 명성황후 시해 112주년 추모제를 치르고 생가 권역을 정비하고 명성황후를 다룬 뮤지컬이 세계에 공연되는 것은 이 시대가 그녀의 꿈에 동감하고, 그 꿈대로 살다간 열정적인 인생에 박수를 보내는 것이라 여겨진다. 명성황후의 생가가 건축적으로 볼 때 부재의 모양이나 결구법에서 조선 중기 살림집의 전형을 잘 보여준다 하나, 이 집은 명성황후가 8세까지만 살아 그녀의 자취를 찾기는 쉽지 않을 듯하다. 그리하여 명성황후의 생애와 그녀를 둘러싼 시대상황을 돌아보는 것이 이 생가의 존재의미를 더 부각시킬 수 있다고 본다. 아버지 없는 소녀 민정호(자영)를 황후로 키워낸 집, 여주 능현리의 생가를 돌아보는 까닭이다.

좌,우측 행랑채가 이어진 솟을대문이다.

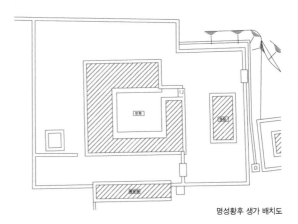
명성황후 생가 배치도

안방은 두 칸에 걸쳐 툇마루가 마련되어 후원을 향하고,
후원에는 부엌에서 출입할 수 있으면서 우물과 장독대, 채미밭이 있어 여성들이 주로 사용했다.

여흥민씨의 세력과 그들이 여흥에 정착한 까닭

다음 편에 소개할 인현왕후의 집이자 명성황후가 여흥(여주)을 떠나 왕비로 즉위하기 전까지 지낸 곳인, 감고당과 더불어 명성황후 생가는 여흥민씨의 집이다. 여흥민씨는 고려 때부터 명문가였다. 고려 충선왕(1275~1325)은 고려 왕실의 족내혼을 금하면서 왕실과 혼인할 수 있는 15가문을 선정해 공포했는데, 그 속에 여흥민씨 가문이 있었다. '누대의 공신이요, 재상의 우두머리'로 당대 최고의 명문거족들 중 하나로 여흥민씨는 고려 후기 과거를 통해 성장한 신진사대부를 대표했다. 누대에 걸친 명문가문 속에서 몇 사람을 들자면, 고려 말기 공민왕(1330~1374) 때 19세 나이로 문과에 올랐던 민제(1339~1408)는 예조판서와 한양부윤을 지내고, 조선 태조 때 여흥백에 봉해졌으며 보건계몽운동에 앞장서기도 한 인물이다. 조선 초기 태종(1367~1422)의 비였던 원경왕후(1365~1420)는 바로 민제의 딸로 이방원을 내조하며 조선개국에 큰 공을 세웠고, 조선 중기 숙종(1661~1720)의 계비인 인현왕후(1667~1701) 때도 여흥민씨가 득세하였다. 조선 말기-대한제국 때 명성황후(1851~1895)가 흥선대

1 솟을대문을 통해 사랑채와 안채의 마루가 관통한다.
2 본채의 아래채는 별당과 긴밀하다. 집은 문의 위치, 담장의 위치에 따라 공간을 적절히 조절하는 건축의 묘미가 잘 살아있다.
3 사랑채와 행랑채 사이의 마당이다. 원래의 모습은 좀 더 너른 공간이었으리라 여겨진다. 초당으로 통하는 문이 보인다.

원군(1820~1898)과 대적할 만큼 정치적 영향력을 끼쳤으며, 그 외에도 을사늑약이 체결되어 자결했던 민영환(1861~1905)을 비롯해 겨레와 민족의 자주독립을 위하여 여흥민씨가 활약했다.

명성황후의 선조가 여주에 대대로 살기 시작한 건 경종 때 '신임사화(辛壬士禍: 1721(경종 1년)~1722)'때문이다. 신임사화는 장희빈(16??~1701)의 간계로 폐서인 되었던 인현왕후(숙종 7년, 1681 왕비간택)가 복위하자 장희빈을 지지하던 남인이 실권하고 노론, 소론이 재집권한다. 장희빈의 아들이 세자로 책봉되고 왕통에 관한 시비가 본격화되면서 숙종(1661~1720) 때부터 장희빈의 처벌문제로 대립하던 소론은 경종 즉위 1년 만에 연잉군(영조)을 세제世弟로 삼고, 경종의 대리청정을 강행하려 한 노론을 경종에 대한 불충不忠으로 몰아가면서 노론의 대다수 인물이 화를 입었다. 강경노론이었던 인현왕후의 아버지 민유중으로부터 큰아들 진후까지 권세를 누렸으나, 익수 대에 이르러 신임사화를 맞이하고 정치보복이 두려워 서울을 떠나 민유중의 무덤이 있는 여주의 선산으로 낙향했다. 영조(1694~1776)와 정조(1752~1800)대에 이르러 남인과 소론을 중용하면서 노론강경파의 입지는 갈수록 줄어들고, 순조 대에 이르러 외척 안동김씨의 득세로 서울로 올라갈 기회는 좀처럼 생기지 않았다. 설상가상으로 자손 또한 귀하여 독자로만 대가 이어져 왔다. 민유중(1630~1687)의 5대손 민치록(1799~1858)은 첫째 부인이 낳은 딸이 죽고 부인마저 죽자, 둘째 부인 한산이씨를 통해 아들 한 명과 딸 셋을 낳았는데 모두 죽고 막내딸만 살아 후일 명성황후가 된 것이다.

명성황후는 1851년(철종 2년) 11월 17일 아버지 민치록이 53세, 한산이씨 어머니가 34세이던 해 자영이라는 아명을 가지고 태어났다. 상당한 늦둥이인 셈으로 온 집안의 기쁨이었을 것이다. 민치록은 명성황후의 교육을 직접 했다고도 한다. 명성황후에 대한 그리움과 애정으로 다소 과장

바닥은 콩댐을 하고 천장은 종이반자로 했다. 좌·우측 서로 마주하고 있는 용자살은 빛을 거르고 열면 그대로 바람길이 된다.

1 중문에서 바라본 안채의 모습. 총명했다는 명성황후의 글 소리가 울렸으리라.
2 조선시대 양반가의 구성원리를 따랐을 법한데, 사랑채와 안채가 한 몸으로 서로 개방적인 게 사실이다.
3 전면에 퇴를 두르고 안쪽에 분합문을 달아 계절적 사용을 고려했다.
4 안채의 몸채와 아래채 사이 초당으로 통하는 문에서 본 부속채의 모습이다. 안채가 돌출되어 있고 부엌이 연이어 있다.
5 담장과 건물 사이 협문을 내었다.

세 칸의 초당은 기와집과 같은 재목이지만 초가로 구성해 그 격을 낮추었다. 별당이란 주로 여성들이 사용한다.

한 감이 있지만, 고종이 쓴 「행록」에 의하면 명성황후가 태어날 때 방안에 붉은빛이 비치면서 이상한 향기가 가득 번졌다고 하는 탄생 비화가 있다. 명성황후는 타고난 영리함과 재기 발랄함으로 인근의 칭찬이 자자했고, 대명문가의 후손으로 가문의 전통과 돌아가신 아버지의 교육, 이미 성인이 되어 관원이기도 한 양오빠를 통해 역사책, 경전, 시문 등을 섭렵하고 상당한 지식과 지혜를 겸비했기에 아버지 없는 외로운 16세의 소녀가 왕비가 되기에 부족함 없는 소양을 갖추게 되었을 거라고 짐작된다.

명성황후가 8세까지 살았던 경기도 여흥(여주)군 능현리에 있는 생가는 황후의 생가치고는 초라하다. 이유는 1687년(숙종 13)에 바로 뒤에 있는 인현왕후의 아버지였던 여양부원군 민유중閔維重의 묘막墓幕으로 지어졌기 때문이다. 그러나 한편으로 묘막치고는 규모가 장대하다. 흔히 시묘살이를 생각하면 묘막, 여막이라 하여 빈소 옆에 달아서 반 칸 정도의 크기로 짓되, 짚으로 천장과 3면을 가린 다음 여내廬內에는 거적을 펴놓고 그 위에 짚베개를 만들어 놓아 3년간 삼베옷과 절제된 식생활을 하는 아주 불편하고 힘든 모습을 상상한다. 중앙정계에서 활동하다가 노부모가 돌아가시면 고향에 돌아가 시묘살이에 충실하여, 난세 경우 임금이 신하를 불러올리는 것도 큰 실례로 여길 정도인데, 이는 보통 고향에 조상대대로 내려온 기반과 더불어 집이 있

을 경우이다. 그러나 여흥민씨 일가는 대대로 권세를 누려온 탓에 서울에 적을 두고 활동하던 가문으로서 비록 몇 년 동안 아이를 낳지 못하여 정치적으로 입지가 약해졌던 때이지만 당대 중전의 아비를 위해 지은 고향의 묘막은 우리의 상상과는 다른 모습이었음은 짐작할 만하다. 돌아가신 아버지를 기리기 위해 중전이 행차할 수도 있고, 역시 권세가 이어진 장손을 만나기 위해 방문하는 당대 세도가들을 접대하는 장소가 되기도 하고, 무엇보다도 3년간이나 시묘살이를 하는 동안 가족들의 생활 장소이기도 한 것이다.

8세까지 살았던 묘막 용도의 생가

당시 건물로서 남아 있는 것은 안채뿐이다. 50여 년 전에 여흥민씨 한 사람이 살다가 가세가 기울어 집이 퇴락했는데, 땔감이 부족하여 행랑채와 사랑채(중문채)를 허물어 사용하면서 원형이 훼손되었다. 1975년과 1976년에 안채를 중수하고 20여 년 전에는 딴 사람이 살던 것을 여주군이 매입하여, 1996년 안채를 수리하고 기타 사랑채, 행랑채, 별당을 중건했다고 한다.

집 옆의 명성황후 탄강구리비 안내문에는 비가 있는 곳이 어릴 적 공부하던 방이 있던 자리였다고 한다. 비의 건립 당시에도 비각 언저리까지 집이 있었다고 하는데, 복원

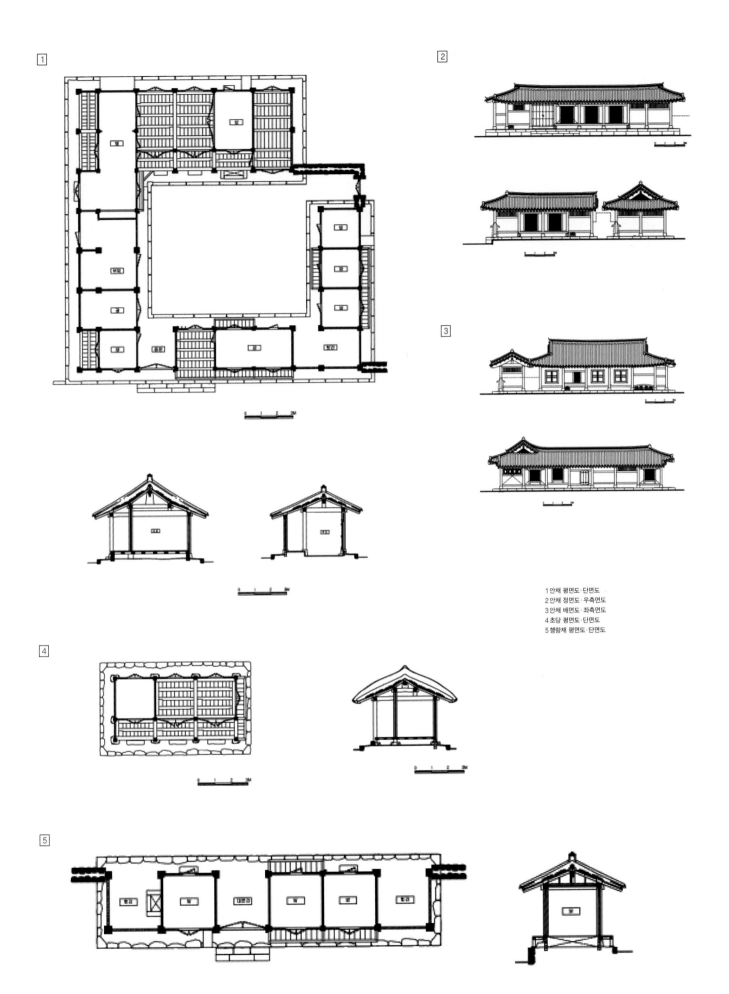

1 안채 평면도·단면도
2 안채 정면도·우측면도
3 안채 배면도·좌측면도
4 초당 평면도·단면도
5 행랑채 평면도·단면도

과정에서 흥망성쇠에 따른 집의 규모에도 변화가 생겨 중건의 시점을 잡는 데 차이가 있어 보인다. 현재 명성황후가 서울에서 살았던 감고당, 기념관, 조각공원 등, 명성황후 생가 권역 안에 있는 명성황후 생가는 대문간채를 겸한 一자형 행랑채와 중문과 사랑이 붙은 ㄱ자형 문간채, ㄱ자형 안채가 안마당을 둘러싸고 ㅁ자형을 이루며, 그 옆으로 ㅁ자의 트인 부분에 있는 협문을 통해 독립된 별당으로 통한다.

안채는 독특한 평면이다. 보통 ㄱ자형 구조일 경우 몸채에 안방, 대청마루, 건넌방의 구성에 부엌이나 헛간 등의 부속시설이 꺾여 붙게 되는데, 안방이 도리 방향 3칸, 보방향 한 칸 반의 규모로 몸채에서 돌출되어 있다. 세 칸 중 두 칸에 걸쳐 퇴를 설치해 장방형의 공간을 깨는 파격적인 평면으로 가구배치나 생활행태가 자못 궁금해진다. 퇴로 향한 문을 열면 후원이 있고 여러 작물을 성성하게 가꾸고 있어 온기 없는 위인 생가의 전형적인 모습을 다소 지우고 있다. 몸채는 오량구조로 전면에 퇴를 놓고 분합문을 달아 추위를 대비한 경기지방의 마루모습이다. 건넌방이 오히려 더 개방적으로 마루를 향해 사분합문이 달렸다. 건넌방 앞에는 함실아궁이가 마련되어 툇마루가 높여져 있다. 마루로 통하는 건넌방 쌓여닫이문이나 대청마루의 뒷문은 눈여겨 볼만하다. 돌출한 안방의 문 주위나 건넌방의 입면에서 가로재나 세로재는 보이지 않고 면에서 문선만 독립적으로 보이는데 이는 고식古式의 형태이다. 건넌방은 여닫이문 사이 세로재가 하나 세워져 있는데, 답사를 다니면 이러한 문는 쉽게 볼 수 있는 것이 아니다. 추사고택, 맹씨행단 혹은 사찰에서나 볼 수 있는 형태로 이 또한 고식古式으로 시각적으로 개방감은 없으나 구조적 안정을 위해 이런 장치를 사용하였다.

명성황후 생가에서 독특한 공간으로 건넌방 옆의 마루방이다. 마루방은 적당한 온습도를 유지할 수 있어 저장의 공간으로 이용되곤 했다. 건넌방 툇마루, 앞마당, 뒷마당으로

통하는 문이 달린 이곳은 현재 쌀가마니가 소품으로 쌓여 있지만, 묘막의 성격답게 민유중의 묘를 관리하기 위한 제사용품들을 보관하는 장소가 필요했던 것으로 보인다. 귀중한 물건이나 음식은 부엌이나 안방, 마루에서만 통하는 마루방이 마련되지만, 이 방의 문 위치로 보아 제사용품은 좀 더 공공의 성격이 강하기 때문으로 보인다. 몸채에서 돌출된 안방에 부속채가 달려 있다. 혹자는 부속채의 후면이 반 칸 증축한 것이라고도 하지만, 집의 규모나 용도, 평면 구성에 비추어 볼 때 건축 때부터 계획된 것으로 생각한다. 부엌의 한 칸 상부는 안방에서 통하는 다락을 내고 벽장이 돌출되어 있다. 부엌 중간의 홈이 파진 기둥은 부엌공간의 변용보다는 기둥의 전용이 있었던 것으로 보인다. 광을 거쳐 마루 딸린 방 옆에 중문이 나있다. 정면 6칸의 행랑채는 솟을지붕을 한 대문간, 두 칸의 방, 양쪽에 헛간을 두었다. 담장을 건물의 안쪽에 설치해 행랑 마당이 좁지만, 행랑채의 성격은 좀 더 개방적이다. 대문간에서는 사랑채의 한 칸 대청마루가 보일 뿐이다. 마루의 뒷문을 열면 안채의 대청마루가 일직선상에 놓여 있다. 쪽마루를 두른 두 칸의 사랑방은 대청마루와 한 개조로 지붕으로 연결되어 있지만, 공간은 아주 독립적이다. 좌우에 중문과 헛간이 있어 뒷문을 닫을 때는 안채와 별개의 공간이 된다. 헛간에 연이은 세 개의 방은 아래채로 집안 식구들이 사용하던 공간으로 내밀한 별당을 시각적으로 차단해주면서도 긴밀한 공간 구성을 보인다. 사내아이가 있다면 일반적으로 작은 사랑방으로 사용됐음직하다. 누이는 별당에서 바느질하고 오빠는 작은 사랑방에서 소리를 내어 글을 읽다가 무료함을 못이겨 깔깔거리고 장난치며 오누이간 정을 쌓았을 법 하지만, 어린 정호(자영)는 외동딸로 혼자 별당 마당에 쭈그리고 앉아 땅바닥에 낙서하며 지내는 쓸쓸한 장면이 겹쳐지는 건, 한나라의 왕비로서 역사의 거친 파도 속에 고군분투하다 어이없게 생을 마감한 그녀의 쓸쓸한 생애 때문일까.

왼쪽_ 후정이나 안방, 부엌으로 은밀히 드나드는 중문과 별도로 측면에 난 작은 문이다.
오른쪽_ 부엌에 아궁이가 있는 안방은 3칸으로 그 거리를 감당해야 할 만큼 특수한 구들과 굴뚝이 고안되었으리라.

1 별당의 대청마루도 또한 안채마루와 같은 창호구성이다.
2 상부에 다락을 설치한 부엌은 앞뒤마당과의 단차이로 부피감이 다양하다.
3 건넌방 옆의 마루방은 묘막의 성격에 맞는 물품들을 보관했을 것으로 보인다.

여우사냥으로 지고 마는 국모의 삶

명성황후의 생애에 빠질 수 없는 이는 그의 남편 고종이 아니라, 시아버지인 흥선대원군일 것이다. 명성황후는 비록 대대로 이어져 오는 명문가에 총명한 규수였을지라도 편모에 양오빠만 남은 상황에서 왕비로까지 간택된 것은 파락호破落戶였던(혹은 그리 행세했던) 흥선군이 아들 고종을 통해 권력을 잡고 외척을 멀리해 더욱 탄탄한 권세를 위한 정치적 야망에 의한 것이라 해도 과언이 아니다. 흥선대원군에 의한 전략적 간택, 정인情人이 있었던 고종의 외면, 궁인 이씨를 통한 완화군의 출생, 세 명의 대비 사이에서 공부에 매진하며 대비들의 총애를 돌려놓고 결국 고종의 마음마저 가지는 데 성공한다. 계속 죽기만 하던 아이들 끝에 순종이 태어나고 10년 동안이나 섭정을 놓지 않는 흥선대원군에 맞서 우유부단하고 소심한 고종에게 진언하여, 결국 흥선대원군을 물러나게 하는 과정에서 호랑이를 키운 격이 된 흥선대원군과의 반목은 점점 커졌다. 흥선대원군이 사라지고 나서 고종은 명성황후에게 더욱 의존하게 되고 강경노론인 여흥민씨가 주도하는 정세 속에서 별 영향력을 발휘하지 못했다. 양오빠인 민승호와 친어머니가 폭탄 테러에 의해 죽자 위축되던 흥선대원군의 무리가 주도한 일로 판단한 명성황후는 더욱 독해졌고 정치에 깊숙이 개입하였다. 민승호가 죽자 민승호 제사를 모실 사람으로 아버지의 조카뻘인 민태호의 아들 민영익을 정하고, 민태

호와 그의 아들 영익, 태호의 동생 규호를 전폭적으로 지지하면서 영익이 친하게 지내던 홍영식, 김옥균 등 개화와 개방에 적극적인 사람들의 정책을 추진하게 되었다. 개화와 개방과정에서 벌어지는 임오군란, 죽은 사람이 되어 재집권한 흥선대원군에 의해 장례까지 치러지는 가운데 도망을 다니다 임오군란을 빌미로 들어온 청나라 군인들에 의해 흥선대원군이 납치되고, 명성황후는 다시 한양으로 입성했다. 그 후 명성황후와 민씨들을 숙청하려고 일본을 앞세운 개화파들의 갑신정변이 삼일천하로 끝났지만, 갑오농민항쟁, 갑오개혁을 통해 일본의 간섭이 점점 커지자 일본으로 하여금 요동반도를 포기하도록 한 러시아의 외교력을 높이 평가한 명성황후는 러시아공사에게 협조를 구하며 친러성향의 관리들을 중용하기에 이른다.

일본의 위기감은 '여우사냥'으로 표출되고 만다. 자의든 타의든 정치적 포부가 컸던 한 여인의 파란만장한 삶은 격렬한 대륙침략자였던 미우라와 그 일당 주변에 모여든 일정한 직업 없이 이리저리 떠돌아다니는 사람들에 의해 허망하게 끝이 났다. 생가 옆에 마련된 기념관에는 명성황후 시해에 사용된 칼이 전시되어 있다. 그 일당의 후손들이 찾아와 사죄하고 있다 하나, 우리의 아직 가시지 않은 쓸쓸한 과거역사는 오늘도 여전히 왜곡되고 묻힌 채로다. 그래서 명성황후 생가의 의미가 더욱 새삼스럽다.

한옥의 다양성

6

여흥민씨 두 왕비의 친정

감고당

글

이연건축 조전환 대표

안채의 대청마루로 퇴 내부에 문을 다는 대신 채광을 위해 교창을 두었다.

명성황후(1851~1895)는 여주의 묘막에서 출생하여 8세까지 살다가 서울로 올라왔다. 아버지 민치록(1799~1858)이 세상을 떠나고 나서 모친 한산이씨와 함께 양오빠 민승호의 집으로 옮겨온 것이다. 고종 3년(1866)에 흥선대원군의 부인, 부대부인 민씨의 추천으로 정치적 기반이 거의 없던 민자영이 왕비로 간택 책봉되었다. 여기에는 정치적인 계산이 짙게 깔렸는데 얘기를 조금 거슬러 올라가 보자.

순조의 손자 헌종이 보령 8세에 보위에 올랐다. 오르기 전 순조의 아들 효명세자를 익종으로 추존追尊했던 탓에, 익종의 부인 세자빈 조씨(신원왕후)가 대비에 오르고, 익종의 생모 순원왕후는 대왕대비의 자리에 올라 궁의 연장자이자 왕의 할머니로서 수렴청정에 나섰다. 막강한 안동김씨의 외척이 발호되는 시점이다. 헌종이 아들이 없자 이름만 왕족이지 강화 오지에 숨어 농사를 짓던 더벅머리 총각이 철종이 된다. 사도세자와 숙빈 임씨 아들 사이에서 난 은언군의 손자 덕완군(철종)의 형은 안동김씨의 세력 유지를 위한 견제 목적으로 역모에 몰려 죽임을 당했는데, 이제는 다른 목적으로 동생인 자신이 왕재로 지목되니 정치의 이율배반적인 모습은 여지없다. 그의 어머니는 심지어 아버지 전계대원군이 강화에 부처되어 맞아들인 아낙 염씨였으니, 철종의 신분에 대한 끊임없는 멸시와 꼭두각시놀음은 순원왕후의 수렴청정이 철종 2년에 거두어지고 나서도 안동김문에 의해 계속된다.

철종이 한 명의 중전과 일곱의 후궁을 두고도 자녀가 모두 일찍 죽어 또 후계자가 없자, 헌종 때와 동일한 문제에 봉착한다. 흥선군이냐, 철종이 좋아하던 흥선군의 둘째아들이냐를 놓고 설전을 펼치던 중, 외척 안동김씨 병학이 딸을 왕비로 간택되게 해 세력을 유지하기로 한 흥선군과의 밀약으로 고종이 임금에 오르게 된다. 그러나 또 다른 밀약이 있었으니 익종비 신원왕후 조씨와 흥선군의 것이었다. 시어머니 순원왕후 김씨의 세도 아래 숨죽여 살던 익종 비 조씨가 왕대비전의 권한으로 왕위에 오른 고종이 철종의 대통을 계승하는 것이 아니라, 철종 전전 대인 자신의 남편 익종을 계승하게 하였다. 이는 고종을 익종의 아들로 입적해 자신이 궁궐연장자로 철종 비 안동김씨 대신

위쪽_ 안채 툇마루에서 사랑채 후면을 바라본 모습
아래쪽_ 서울에서 ㄱ자였던 사랑채는 ㅑ자 형태로 이전, 건축되었다.

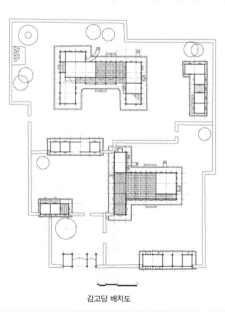

감고당 배치도

자신이 수렴청정 할 수 있게 만든 것이었으나 이마저도 오래가진 못했다. 흥선대원군의 섭정이 강해지고 고종이 혼인하고 나서는 그 수렴청정도 거두게 되었다. 정치적으로 실권이 없었던 고종과 혼인하게 된 명성황후가 왕비로 간택되었을 당시 민씨는 16세, 고종은 15세였다. 명성황후가 살던 안국동 집은 고종이 12세까지 성장하고 철종의 뒤를 이어 왕이 될 때까지 살았던 종로구 운니동의 흥선대원군 사가와는 멀지 않은 거리로, 민치록의 양아들이면서 그 이전에 흥선대원군의 부대부인 남동생이기도 한 민승호 덕분에 교류가 활발했으리라고 짐작된다. 여흥민씨가 대대로

명문가이긴 하지만, 안동김씨의 세도정치로 말미암아 정치적 세력이 약해져 있었고, 아버지도 없는 상황이라 외척을 경계하는 흥선대원군에겐 여러 계산이 충족되는 명성황후만한 혼처자리도 없었으리라.

숙종이 지어준 인현왕후의 친정집

고종의 「행록」에 따르면 "고종 2년(1865)에 명성황후가 안국동 사제에서 꿈을 꾸었는데, 인현왕후가 나타나 옥규玉圭를 하나 주면서 왕비에 오를 것과 아들을 낳을 것을 말

1 솟을대문, 사랑채, 중문채, 안채가 겹으로 배치되어 있어 조선시대 여느 사대부가의 전형적인 구성을 보인다. 권역이 정비되기 전의 모습으로 남의 동네로 이사 온 이방인 같은 모습이지만, 다시는 이전될 일은 없어 보이니 다행이다.
2 사랑채의 측면에 중문채가 있어 안채로 진입한다.
3 솟을삼문에서 특이한 점은 좌의 한 칸은 방이지만 우의 한 칸은 소문으로 쓰임새가 궁금하다.
4 건넌방은 대청마루와 큰 사랑방의 높이와 같아, 한 단 올리면서 기단이 낮아진 누마루의 하부는 벽돌로 방화벽을 쌓고 수납공간으로 쓰였을 것으로 보인다.

하고 명성황후의 생모 이씨에게도 나타나 명성황후를 잘 가르쳐 달라고 부탁한다. 이해에 가묘 앞에 비스듬히 누워 있던 늙은 소나무에서 새 가지가 돋고 옥매玉梅가 다시 피었다. 명성황후의 사제는 곧 인현왕후의 사제다. '감고당感古堂'이라는 현판이 있는데, 옛날 영조가 여기에 와서 우러러보고 절한 다음 직접 써서 인현왕후가 머물던 곳에 걸어 놓은 것이다."라고 기술하고 있다. 소나무에 매화가 피었다는 대목에서 명성황후에 대해 미화한 부분이 지나치다 싶지만, 명성황후가 살았던 감고당의 오랜 유서에 대해선 확실히 밝히고 있다. 영조가 감고당에 특별히 자필 현판을 하사한 것은 여러 의미를 지닌다. 장희빈을 주축으로 한 남인의 계책으로 인현왕후가 폐서인 되고, 중심세력이었던 서인이 숙청당하면서 6년이라는 세월을 눈물로 고생하다 복위된 한 여인에 대한 찬양과 자신의 법적 어머니에 대한 예의와 궁인이었던 영조의 생모를 잘 보살펴주었던 인현왕후에 대한 고마움 때문일 것이다.

감고당은 숙종의 계비였던 인현왕후의 친정을 위해 지어준 집이며 친정아버지 민유중閔維重으로부터 대대로 여흥민씨가 살았다. 기록에 의하면 인현왕후가 민유중의 딸로 한양의 반송방에서 태어났다고 했다. 그 이전부터 대대로 이어져 오던 집인 반송방(서대문 근처)과 별도로 감고당은 당당히 부원군이 된 민유중을 중심으로 한 노론들의 회합장이기도 하고 권력의 상징이기도 했으리라. 그러나 기사환국(서인 실세失勢), 남인 득세得勢 이래로 6여 년간은 귀신이 나올까 두려워할 정도로 폐가로 방치되었었다. 그 당시의 상황은 인현왕후를 모신 궁녀가 쓴 것으로 보이는 「인현왕후전」에 잘 나타나 있다. 인현왕후가 폐서인 되어 감고당으로 돌아왔을 때 먼저 한 것은, 세상을 하직한 민유중이 쓰던 큰사랑, 형제들이 쓰던 중사랑, 어머니가 쓰던 내당 등 모든 빈방의 문을 걸어 잠그는 것이었다. 궁을 떠날 때 함께하기를 소원한 궁녀 몇과 함께 아래채에 살면서 스스로 죄인의 생활을 살았다. 관리하지 않은 집은 창호지가 뜯어지고 마당엔 잡초가 돋아나고 거미줄은 무성했다. 인현왕후의 폐출이 못내 안타까웠던 주변 백성의 작은 도움들이 일화로 남아 있고 스스로 찾아온 개의 일화는 유명하다. 큰 개를 아무리 쫓아도 도망가지 않아 밥을 주며 지켜보니 새끼 셋을 낳았다. 도깨비나 망령(자객으로 짐작될 만한)이 나타나면 개들이 쫓아내어 복위될 때까지 방범을 책임졌다. 한편, 뜻 있는 자들은 목숨을 건 인현왕후의 복위운동을 꾸준히 하고 있었고, 「구운몽」을 쓴 김만중 같은 이는 「사씨남정기」를 지어 당시 궁인이었던 영조의 생모를 통해 숙종이 읽게 되고 자신이 얼마나 어리석었는지를 깨닫게 된다. 숙종 20년(1694)에 정권을 잡은 남인 일파에 사약을 내리고 귀양 보내니 남인은 몰락해 버렸다. 이를 '갑술옥사甲戌獄事'라고 불렀다.

흥망성쇠興亡盛衰 속에 여주에 자리 잡다

감고당의 역사는 인현왕후나 명성황후의 부침浮沈과 같다. 인현왕후는 복위는 되었으나 왕자를 생산하지 못하여 장희빈의 아들 경종이 세자가 되었고 장희빈이 무당을 불러 인현왕후의 주살을 기도해서인지 인현왕후는 35세도 살지 못한 채 병으로 국상을 치르고 만다. 전편 명성황후 생가에서 다루었듯이 숙종 사후 경종 1년에 인현왕후 복위

1 중문채는 내외벽과 행랑방, 광 등으로 구성되어 안채에 딸려 있다.
2 안채도 동일하게 장대석기단을 돌리고 팔작지붕으로 구성했다. 면적은 사랑채와 비슷하나 여러 공간으로 나뉘면서 지붕의 높이는 낮다.
3 부연을 달아 처마가 꽤 깊다. 안채는 작은 부엌이 따로 마련되고 상부는 작은방에 딸린 다락이 있다.

에 다시 실권을 잡은 노론, 소론 간에 경종의 정통성을 가리다가 여흥민씨를 포함한 노론은 경종에 대한 불충으로 몰려 외곽으로 밀려나고 말았다. 그리하여 여흥의 묘막에서 명성황후가 태어나고 자라난 이유이기도 하다. 여흥민씨의 종손이 여흥과 서울 반송방에서 사는 동안 안국동 감고당 주인 행세하는 이는 따로 있은 듯하다. 「승정원일기」에 따르면 몇 년 전부터 안국동의 감고당에 세 들어 살던 심의택이 고종 1년 1월에 감고당을 마음대로 개조해 물의를 빚어 귀양살이한 기록이 있다. 이 일 이후로 명성황후와 그의 오빠는 감고당으로 옮겨오고 얼마 되지 않아 왕비로 간택되었다고 짐작된다. 여흥민씨 문중에서 태종의 비를 포함해 왕비가 세 사람이나 배출되었고, 감고당은 두 왕비의 사가私家가 되었으니, 그 집은 최대의 광영을 누린 것이다. 왕이나 대통령이 되면 그 집의 왕기에 대해 풍수 좀 한다하는 사람뿐 아니라, 일반인들의 발길을 부르듯이 감고당도 꽤 유명한 집이 되었으리라. 그러나 안국동 27번지(1,243평, 1917년에 작성된 경성부 관내 지적목록에 적힘)에 위치했던 감고당은 명성황후의 사후 주인이 민정식에서 창덕궁으로, 다시 임호상으로 변경되었다가 덕성학원이 이를 사들이면서 여고의 한 편에 서 있다가 도봉구 쌍문동으로 이전되어 대학의 공관장, 예절교육장 등으로 사용되다가 쌍문 중, 고교의 신축계획에 따라 헐릴 위기에 처하자 명성황후생가 권역으로 이전되어 현재에 이르고 있다.

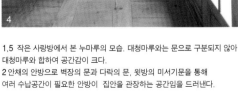

1,5 작은 사랑방에서 본 누마루의 모습. 대청마루와는 문으로 구분되지 않아 대청마루와 합하여 공간감이 크다.
2 안채의 안방으로 벽장의 문과 다락의 문, 윗방의 미서기문을 통해 여러 수납공간이 필요한 안방이 집안을 관장하는 공간임을 드러낸다.

3 두 칸에 가로지르는 대들보와 높은 연등천장으로 통합되는 큰 사랑방과 함께 당대의 권세가들이 모여들어 잔치를 벌여도 부족함이 없을 듯하다.
4 사랑채의 대청 앞에 퇴가 형성되어 있으나 문은 바깥으로 설치되어 있다. 후대에 문이 새로 달렸거나 안쪽의 문이 이동된 것으로 보인다.

좁은 부지에 권세를 드러내는 위용

감고당의 규모는 옆에 있는 명성황후생가와는 비교되기에 충분하다. 안채, 사랑채 등 갖출 건 갖추었다 하나 묘막으로 지어졌던 생가와는 달리, 당대 중전의 친정집으로 임금이 하사한 집답게 구조나 목재의 쓰임이 다르다. 서울에 지어지고 세월 따라 부침이 심했던 집인 만큼 건축면적은 좁을지언정 솟을대문과 행랑채, 중랑채, 사랑채, 안채 등 건물의 수와 각 채의 칸 수는 전국 대규모 집들 중 손가락 안에 들 정도다. 솟을대문을 들어서 오른쪽에 비켜선 사랑채는 ㄱ자형의 행랑채와 함께 사랑마당을 이룬다. 사랑채는 서울 쌍문동에 있을 때는 ㄱ자형이었으나 정면 6칸 측면 6칸의 ㅏ자 형태로 복원했다. 전면 5칸에 이르는 퇴를 빼고서도 16칸에 이르는 사랑채에서 ㄴ자로 뒤에 붙은 2칸의 방과 ㅡ자의 오른쪽 4칸의 방을 제외하고선 모두가 마루이다. 오른쪽의 불발기창마저 열어 올리면 건물 전체가 관통되는 대규모공간이다. 당시 국구國舅이자 최고의 권세를 누릴 수 있었던 민유중은 여흥민씨의 종손으로 찾아오는 손님의 면면도 화려했으리라. 그에 맞는 사랑채의 기세는 가히 당당하다. 두 칸에 이르는 대들보와 세벌대의 장대석기단과 소로수장, 팔작지붕 등도 함께 그 기세를 배가시

킨다. 사방에 유리를 사용한 것은 후대에 와 서양문물 사용에 적극적이었던 명성황후의 사가에 대한 애정, 또는 수많은 세월 동안 주인과 위치가 여러 번 바뀌고 용도가 바뀌면서 실내공간 활용도를 높이기 위해서 문을 교체했으리라고 본다. 사랑채의 1면의 높이는 대청마루보다 한 단 높여져 누마루의 성격을 띤다.

안채는 채의 동일 위치에도 적용된다. ㄷ자형의 건물에 정면 8자 6칸에 5자 퇴칸과 측면 8자 4칸으로 덧대어진 형태이다. 공간구성은 부엌과 안방이 왼쪽에 있고 안방과 부엌 뒤로 윗방이, 부엌 아래로 찬방이 높여졌다. 안방에서 통하는 다락이 부엌 상부에 배설되고 윗방은 안방에서 미서기문으로 구분되어 있다. 고향의 한 웃어른 댁도 구조가 비슷했는데, 방의 규모가 조금 작았고 부엌에서 통하는 문이 달렸었다는 게 다를 뿐이었다. 그 댁의 노모가 연세 들고 그 방에서 옆의 안방 며느리의 간호를 받으며 여생을 보낸 걸로 기억한다. 돌아가실 때까지 정갈하고 꼬장꼬장하셨던 할머니가 돌아가시고, 현재는 고생하신 어머니를 위해 자녀가 그 방을 터서 입식부엌으로 만들어 드렸다고 하니 훈훈한 한편, 그 흔적과 아스라한 기억이 아쉬운 건 부인할 수 없다. 분합문으로 형성된 대청마루공간 저편으로 건넌방과 작은방, 작은 부엌이 구성되어 있다. 툇마루와 쪽

왼쪽_ 부엌 상부에 있는 다락으로 세 칸에 이른다.
오른쪽_ 한옥에서 온기를 가장 많이 느낄 수 있는 곳이 부엌인데 재현하거나 관리가 소홀한 집은 냉기만 흐를 뿐이다.
방에 불을 지핀 그을린 흔적이 보기가 흉하기보다 관리나 행사를 위한 활용 때문이라 생각된다.

마루의 적절한 배치로 동선이 이어지고 공간이동이 용이하다. 현재는 담장과 부속건물들, 부속시설들이 다 재현되었다고 하나 배치도에 따른 정자나 인현왕후가 폐서인되어 살았다는 아래채는 아직 짓지 않은 것으로 알고 있다.

경기도 고양에 있는 숙종의 능은 명릉으로 쌍릉을 이루고 있다. 그의 옆에 누운 이는 그의 첫 번째 비였던 인경왕후가 아니라 인현왕후이다. 장희빈의 간계로 폐서인 된 인현왕후를 복위시키며 다시는 후궁(장희빈)에서 중전을 들이지 말라고 천명한 숙종의 회한이 죽어서도 용서를 구하는 것이다. 장희빈과 인현왕후, 숙종의 얘기는 세대를 달리하며 드라마나 영화로 제작되어 교훈을 주고 있고, 명성황후 역시 그 질곡 많았던 삶이 오늘날 다시 재조명되고 있으니, 장구한 남자의 역사, 일본의 강점으로 말미암아 여성의 역사는 덮이고 왜곡돼 왔지만, 여성들에 의해 기록된 문집과 그들이 머물렀던 흔적에 의해 그녀들은 이 시대에 다시 살고 있는 것이다. 조만간 조성이 거의 마무리되고 있는 감고당을 다시 찾아 역사의 변화를 기록하고자 한다.

참고_ 이 사진은 모두 2007년에 찍은 것으로서 현재는 담장과 행랑채 등이 추가되었다. 그러나 오히려 감고당의 역사적 의미에 주안점을 둘 때 주요건물을 살펴보고 이해하는 데는 더 도움이 되리라고 본다.

1 안채의 작은방 쪽에서 본 건넌방.
전면과 달리 기둥의 자유로운 배치로 문과 창호의 구성 또한 다양해졌다.
2 안채 대청마루의 문은 분합문으로 간의 중간에 있어 퇴를 형성하고 툇마루는 작은방의 쪽마루까지 이어진다.
3 장대석기단에 사각기둥을 한 겹처마 팔작집의 직절익공 소로수장집이다.
툇마루 바깥쪽으로 유리창으로 현대적인 장치를 했다.
4 사랑채 후면에 있는 전축굴뚝에 연가를 얹었다.

천연 요새의 땅,
천 년 역사의 마을

남천고택

글
이연건축 조전환 대표

팔공산을 배산으로 하고 안동 쪽에서 진입하며 마을은 전체적으로 북향이다. 장독대와 우물, 잘 가꾸어진 정원 등이 이 집의 자부심을 드러낸다.

한국내셔널트러스트는 보존가치가 높은 자연환경과 문화유산을 확보하여 시민의 소유로 영구히 보전하고 관리하는 시민단체이다. 경북 군위군 부계면 대율리 한밤마을은 지난 2002년 제2회 한국내셔널트러스트 보전 대상지 시민공모전에서 은상을 받을 만큼 문화유적과 자연경관, 공동체 의식이 살아 있고, '내륙의 제주도'라고 불릴 만큼 돌이 많고 그 담장길이 가히 독특한 마을의 정체성을 부여해 문화재청과 한국관광공사가 선정한 전국에서 가장 아름다운 돌담길 중의 하나로 선정되었다.

원형이 잘 남아 있는 마을의 집성촌은 그 씨족의 위계에 따라, 각 성의 마을은 마을 자치적인 규약에 따라 잘 지켜지고, 다른 요인 중 하나는 교통이 불편하여 외세의 영향을 덜 받은 경우가 그러하다. 한밤마을은 전후 모두에 속하는데, 먼저 한밤마을의 지형적 특성은 독특하다. 팔공산을 의지한 대구의 반대편, 북쪽 사면에 있는 까닭에 마을의 남쪽으로는 팔공산이 가로막고, 북서쪽으로는 한티재에서 매봉산으로 이어진 지맥이, 북동쪽은 팔공산 주봉인 비로봉에서 나오는 지맥이 에워싸고 있어, 안동에서 내려오다 보면 산과 산 사이 골짜기가 협소하여 더 들어갈 곳이 없는 것으로 보인다. 그러나 길 따라 더 들어가면 장구모양으로 넓게 마을이 탁 펼쳐지는데 이곳이 바로 한밤마을이다. 지금이야 한티재를 넘는 도로가 생겼지만, 팔공산에서 북쪽으로 15리, 의흥현에서 31리, 동쪽의 화산현에서 40리, 서쪽으로 해평현에서 70리가 격리되고, 이 마을로 들어서는 길은 오직 북쪽의 골짜기 길뿐이었을 테니 숨어 살기에 좋을 듯한 산간분지 마을이다.

마을에는 최초로 신천강씨가 살았는데, 신라시대 950년경 부림홍씨의 입향조가 되는 홍란이 마을에 이주해 부계홍씨 일족이 번창했다. 고려시대에 이르러서는 한림학사를 지내고 고려 마지막 임금인 공양왕에게 경서를 강론한 경제敬齋공 홍노(洪魯, 1366~1392)선생의 고향이기도 하다. 홍노 선생은 포은 정몽주의 문인이었다. 어릴 때부터 일찍이 학문에 눈을 떴고, 25세인 1390년에 별시 문과에 급제하면서 스승 정몽주의 추천으로 비교적 빠른 시간에 높은 관직에 오를 수 있었다. 그러나 국운이 기울자 병을 평계로 고향에 돌아와 칩거하다가, 1392년 7월 초부터 몸이 좋지 않던 홍노는

남천고택 평면도

위_ 팔공산의 북서쪽에 있는 마을은 북향으로 넓은 분지를 하고 있다. 주택은 무조건 남향이어야 하는 것이 아니라, 산수를 의지한 마을의 배치와 그 안의 주택의 향이 결정되는 것이 한옥의 특성임이 드러난 좋은 예이다.
아래_ 여러 가지 현대적 편의를 위해 두 칸의 대문채 옆 담장을 허물고 진입을 편하게 하고 있다. 대신 닫힌 대문 앞 여유가 생긴 공간에는 켜켜이 정성스레 쌓은 땔감이 자리하고 있다.

절묘하게도 고려의 운명이 다한 조선개국의 날, 1392년 7월 17일 오전에 27세의 나이로 목숨을 거두었다. 그 이후로 부림홍문에서는 고려의 운명과 생을 같이한 조상을 기려 음력 7월 17일에 제사를 지내고 있다. 그러한 배경 탓인지 조선시대에는 후손들이 벼슬을 하지 않았다고도 하며 태조 왕건의 친필이 문중의 보물로 전해져 오기도 한다. 홍노 선생이 낙향하여 고향에 머무는 동안 한밤마을(대야大夜)로 불리던 것을 야夜자가 좋지 않다고 하여 도연명이 살던 마을이름 또한 율리였음을 기억하고 한밤마을의 동음이의同音異義 한자인 대율大栗리로 지명을 바꾸었다. 천 년 이상을 부림홍문이 세거해 오면서 마을의 정체성을 드러내는 장치와 유산들이 많이 남아 있다.

성안숲

성안은 임진왜란 당시 마을 출신인 홍천뢰 장군이 군사를 훈련하던 장소로서, 지혈이 호랑이라 하여 호랑이 양쪽 눈에 해당하는 곳에 연못을 파고 코끝 부분에는 왜적의 침입을 막고자 주변에 성축을 쌓아서 붙은 이름이다. 성안숲을 이루는 대부분의 수종은 임진왜란 이후에 조성되었으며, 수고 10m 이상 근원 직경 40cm 이상의 소나무로서 성 밖의 수림과 도로 건너 근린체육공원의 수림을 합하면, 150그루가 넘는 방대한 양으로 수령은 300년 정도로 추정된다. 5m 이상의 교목으로는 마을의 동제 시 당목으로 사용되고 있는 팽나무를 비롯하여 은행나무, 느티나무, 고욤나무, 아까시나무 등이 있다. 아까시나무를 제외하고 고유수종으로써 마을경관의 중요한 요소이다. 숲은 풍수적으로 비보를 위해 조성되었으며, 마을이 배 모양이어서 뱃머리에 있는 숲에 4m 높이의 돌기둥인 진동단鎭洞壇을 세워 꼭대기에는 돌로 깎아 만든 오리를 얹어 놓고, 매년 음력 정월 5일에 동제를 올리며 마을의 무사안녕을 기원한다. 배 바닥에 구멍을 내어서도 안 된다며 우물이 마을에 4~5개밖에 존재하지 않는다 한다. 숲은 5천여 평 부지에 조성되었으나, 일제 강점 이후 숲 사이에 도로가 개설되어 숲을

안채의 전경. 대청의 다락과 날개채의 난간 구성은 수장 공간의 다양화를 추구한 구성이다.

1,2 안채의 후면이다. 북향한 탓에 대부분 집은 뒷마당을 넓게 확보하여 채광을 도모하였다. 어린 수목들로 볼 때 주인의 정원 가꾸기는 진행 중이다.
3 현재의 세 칸 쌍백당 옆으로 세 칸이 더 있었다는 추정과는 별도로 담장이라도 사랑채와 안채의 영역을 자연스레 구분 지었을 것으로 보이나 흔적은 없어지고 앞마당에서 안채의 모습이 드러난다.

양분하고 도시화, 산업화의 물결이 이 도로를 따라 들어오며 마을의 경관도 조금씩 바뀌어 왔다. 성안숲은 방풍 외에도 수구로 물이 빠져나가는 것을 가려주는 동시에, 반촌으로서의 마을의 위의威儀를 진작시키고, 또한 홍수 시 마을터의 앞쪽 부분 땅을 고정해 토양이 침식되는 것을 막고, 무더운 여름철에는 마을 주민의 쉼터로서의 역할까지 해주고 있다. 부림홍씨 의병대장 홍천뢰 장군의 충의비, 홍영섭의 효자비는 마을 내에 산재해 있는 척서정, 양산서원, 경절당, 보원당, 경회제, 애연당, 원모제, 저존제 경의제, 효우당, 동천장, 동산제, 정일제 등 부림홍문의 빛나는 얼을 기념하는 정자나 재실과 함께 마을주민의 정신적 바탕을 이루는 마을의 성역 역할도 감당하고 회의, 집회, 축제, 휴식처로서의 다양한 기능을 담당하고 있다.

돌담길

그 돌들의 출처에 대한 다양한 얘기가 전해진다. 경오년 (1930) 대홍수 때 마을 전체가 동산계곡에서 떠내려 온 돌에 휩쓸렸다고 하는데, 그때 마을 복구를 하면서 막돌을 그대로 두텁게 쌓아 돌담길이 형성되었다고도 하고, 마을 터 자체가 오랜 세월에 걸쳐 이루어진 하천퇴적 지형이다 보

방향이 바뀌는 사방의 바람으로 제주도의 돌담 역할을 하면서 지세에 따라 굽이굽이 집과 집을 이어주는 돌담길은 가히 한밤마을의 경관을 대표한다.

마을의 중앙에 자리 잡고 학사로도 쓰였던 중심 공간, 모든 길이 통하는 곳, 대청이다.

니 집을 짓기 위해 땅을 파면 지천으로 깔린 게 돌인지라 자연스레 돌담이 되었다고도 전해진다. 막돌이라고 하지만, 동글동글한 돌들이 대부분으로 원형을 잘 가지고 있다. 결론적으로는 돌담은 마을입구의 방풍을 위해 조성한 비보동수裨補洞藪가 수시로 그 방향이 바뀌는 사방의 바람으로 한계를 지닐 수밖에 없다. 그 한계를 보조하는 건축적 장치로서 제주도의 돌담 같은 역할까지 훌륭히 수행하면서 마을의 핵심적 경관을 담당하는 것이다. 하부는 최대 1m 이상이 되는 두께를 가지며 상부로 갈수록 좁아지는 막돌허튼쌓기로 지세에 따라 굽이굽이 집과 집을 이어주는 돌담길은 가히 한밤마을의 대표라고 할 수 있다.

대청

마을의 돌담길들이 꼭 통하는 곳이 있는데 바로 마을 중심의 대청이다. 마을에서 가장 중요한 공간으로 마을에서 가장 오래된 건축물이다. 조선 전기에 건립되었으나 임진왜란 때 소실되었다가 인조 10년(1632)에 중창된 학사學舍이다. 현재의 건물은 효종 2년(1651)에 이어 숙종 32년(1705)에 중수된 것으로 당시의 중수 상량문 "伏願上樑之後爰居爰處無怠無荒 家碩生, 之蔚興戶眞儒之輩出 : 엎드려 원하건대, 상량한 후로 이곳에 거하기도 하고 처하기도 하여서 나태함과 황폐함이 없을 것과 가문마다 석학이 울연히 일어나고, 집집마다 진유가 배출되게 하옵소서"(군위문화원, 1992)라는 내용으로 볼 때 학사로 이용했음을 알 수 있다. 일제 초기에는 약 4년간 신학문을 강의하는 사립학

원이 이곳에서 개강하기도 하였고, 그 뒤인 1960년대 초엽에 마을의 유지들이 모여 이곳에 양재학원(재봉기술)을 세워 약 3년간 교육을 시행하다가 경영난으로 문을 닫기도 하였다. 현재 대청은 마을중심공간으로 주로 여름철의 휴식이나 담소, 마을행사가 열리는 정자역할을 하며, 주변으로 넓은 터가 마련되어 벼를 말리거나 마을주민이 농작물을 손질하는 데 이용되고 있어 마을의 공동체 의식이 자연스레 형성되는 곳이다. 정면 5칸, 측면 2칸의 맞배지붕이고 기둥의 하나는 싸리나무로 되어 있다. 팔공산이라는 영산 아래 이렇게 숨겨진 듯한 분지는 영험한 곳으로 인식되는데, 일설에 따르면 사람들이 들어와 살기 전까지 이 마을의 전 지역이 사찰 터였고 이 대청은 대종각 자리였다고 전해지기도 한다. 대청의 기둥과 보, 화반, 보아지의 초각 등이 학사로 지어진 건물치고는 화려하고 고식인 부분도 있어 기능은 살리고 양식은 계승한 것으로 보인다. 그에 대한 근거로 마을 안에 있는 대율사라는 작은 절의 단칸 보호각 안에 석불 입상이 서 있다. 숭유억불의 조선시대에도 마을 안에 그 자리를 지키고 섰던 것을 보면 한밤마을의 지리적 조건이나 고려를 향한 불사이군의 선조정신을 이어받은 마을 내력 때문으로 보인다. 주변으로 고찰들이 많은데 경주 석굴암보다 2세기가량 앞선다 하여 인정받는 군위 삼존석굴이 한밤마을에서 10분 거리에 있다.

1 예스러운 하드웨어와 현대 공산품의 공존은 '어울린다, 어울리지 않는다.'라고 양분하는 것은 그곳에 사는 사람들에겐 가혹한 일이다.
2 안채마당에서 텃밭으로 내다본 장독대이다.
3,4 원래는 '興흥'자 형태의 집이었다고 하나 ㄷ자형의 안채와 ㅡ자형의 사랑채가 일부분 겹쳐 적절한 시야와 바람 길을 형성했다. 마당에는 박석을 깔았다.
5 부엌은 안에 샷시를 달아 방충, 방한, 내부화의 문제를 해결했다. 안채대청 위 다락을 설치하면서 입면이 높아졌고 날개채 또한 수직감이 더하다.

남천南川 고택

대청 옆에는 대청과 담장을 사이에 둔 남천南川 고택이 있다. 중시조인 홍노의 위패를 모신 부림홍씨 종택도 있지만, 이 남천고택은 중시조의 19세손 우태의 살림집으로 헌종 2년(1836)에 지어진 것으로 추정되는 건물이다. 이 가옥은 부림홍씨 문중에서 가장 큰 집이며 의흥현에서도 가장 큰 집으로 소문나 있다. 이 한밤마을의 가옥 특징들이 남향집보다는 북향, 동향이 많으며 서향인 주택도 있다는 것이다. 꼭 남향을 선호하기보다 주변의 산세와 물길 등 지형지세에 맞게 집을 앉히며, 자연 속에 순응하는 우리 한옥의 공간특성이 잘 드러나는 예이다. 마을의 진입이 북쪽에서 이루어지고 남쪽의 팔공산을 뒤로 의지하여 마을의 주향이 북쪽이기 때문이다. 주로 종가나 정자 등 풍수지리를 공부한 주인의 안목에 따라 조산인 오도봉에서 안산에 이르는 직선 축 상에 있는 건물들이 북향이 많으며, 주 출입구가 북쪽 또는 동쪽이 많다. 한밤마을이 자리 잡은 땅의 모양이 삼각형(장구모양)이고 그 꼭짓점 부근에 마을이 위치해 채광이 불리한 것은 아니다. 게다가 북향을 한 집의 안채는 남쪽방향으로 마루를 배치하고 방문을 많이 설치하며 마당을 넓게 확보하여 북향 가옥의 채광문제를 더욱 능동적으로 대처하였다.

이 남천고택 또한 마을의 중심 대청 옆에 있으면서 마을 내 위계도 높은 집으로서 그 축을 따라 북향을 하고 있다. 마을의 개천 이름을 따라 남천고택이라고도 하지만, 두 그루의 잣나무가 심어져 쌍백당雙柏堂이라고도 하고 있다. 상매댁上梅宅이라고도 하는데 봄이면 옥매화와 청매화가 피어 붙여진 이름일 것이다.

집의 구조는 원래 '興흥'자의 독특한 구조였으나 수십 년 전 중문채와 아래채가 철거되어 현재는 ㄷ자형 안채와 ㅡ

자형 사랑채, 대문간채, 사당이 남아 있다. 안채는 부엌, 안방, 대청, 건넌방, 헛간, 광으로 구성되어 있으며, 대청 위에는 특이하게도 다락을 두어 수장기능과 여름 피서 용도로 쓰기도 하였다. 채광과 환기를 위한 창문을 달았다. 안채 대청 위나 아궁이 부엌 위 다락을 두고 난간까지 둘러 활용을 높인 건 조선후기 실용주의 사상의 면모를 볼 수 있다. '쌍백당雙柏堂'이라는 당호를 가진 사랑채는 2칸 온돌방과 마루로 구성되어 있다. 건물의 앞면에만 원기둥을 두고 난간을 둘렀다. 사당은 서남쪽에 있으며 작은 규모이지만 담장으로 구획하여 그 중요성을 부각하였다. 대문채는 향을 바꾸어 서쪽에 옮기면서 一자로 배치하였다. 마당에는 거북 모양의 돌과 북두칠성바위로 불리는 돌들이 돌담과 어울려 집의 이야기를 전해주고 있다.

의흥현에서 가장 규모가 컸던 상매댁이 있었고 마을전체가 집성촌으로써 견고한 공동체를 형성했던 한밤마을은 20~30년 전만 해도 240가구 1,300여 명이 조금 못 되는 인구에다 마을 안에서 5일장이 설만큼 번성했었다고 한다. 대구에서 팔공산을 지나 마을 앞을 지나는 길이 뚫리고, 마을을 지나는 길들의 폭도 갈수록 넓어지고, 마을의 구성원들도 외지인의 숫자가 늘어나고 있다. 이런 가운데 고려를 따라, 스승 정몽주를 따라 생을 같이한 홍노의 푸른 절개가 전해지고, 중앙벼슬보다 도리를 중요시하며, 학자로서의 기개와 덕을 우선한 부림홍문 조상의 얘기를 마을단위 이숙理塾에서 전해 들으며, 명문가문으로서의 자긍심과 책임감을 키웠을 것이다. 그의 후손들은 고향마을의 돌담길과 마을 곳곳에 자리하며 그들의 정체성을 키워준 문화자산들을 떠올리며 후손들에게 부끄럽지 않은 선조로서 오늘을 보내고 있으리라. 한밤마을은 민속마을이 겪었던 주민 간의 반목과 외부자본의 상흔과 무분별하게 마을의 고유한 경관을 해치는 시행착오를 앞으로 절대 겪지 않길 바랄 뿐이다. 천여 년의 세월은 그냥 흘러간 것이 아니기 때문이다.

1 안채대청의 후면을 바라보았다. 남쪽에서 상매댁으로 진입할 때 길을 따라 수목들이 축을 형성하고 있어 상매댁 안으로 그 축이 대나무로 연장되었다.

2,3 단을 높이고 담장을 쌓고 협문으로 공간을 구별한 사당은 홍노의 위패를 모시고 부림홍씨 집성촌에서 가장 규모가 큰 집으로서의 면모를 보여준다.

4,5 사랑채의 방 앞 퇴는 좁다. 측면 두 칸의 삼량집인지라, 구조적으로 발생한 퇴가 아니라 계획한 방의 크기를 위해 간주를 세웠다고 봐야 할 것이다.
대신 기둥 밖으로 기존만큼의 마루를 내어 누마루의 효과를 누렸다.

6 전면에는 원주를 세워 사랑채의 권위를 살렸으나, 후면은 굽은 나무 등을 사용하였다.
250여 년 전 건립되고 나서 여러번의 중수를 거치면서 목재수급에도 변화가 있었을 것이다.

춘양의 으뜸 목재와 집안

만산고택

글
이연건축 조전환 대표

다른 나라 얘기를 잠시 해보자면, 이집트의 파라오가 신전이나 무덤을 조성할 때 그리고 유대민족
솔로몬 왕이 예루살렘 성전의 지성소를 지을 때 반드시 사용했다는 나무가 있다. 레바논의 국목이면서
국기의 중앙을 차지한 백향목(栢香木·cedar)이 그것으로, 레바논산맥에서만 자라는 단단하기로
이를 데 없는 나무다. 전나무와 생김이 비슷하나 가지치기를 하지 않는데도 정확히 이등변 삼각형을
그리고 가지는 절대 휘지 않을 뿐만 아니라, 방충, 방부, 방향 효과도 뛰어나 최고의 건축재료이자
불멸과 아름다움, 권위를 드러내는 기념식수로서 인정받았다. 그러나 본고장인 레바논에서도
찾아보기가 쉽지 않은 나무가 되었으니 남벌이 문제였다.

경북 봉화에 자리 잡은 연산고택은 6재향의 정침과 서실, 별당을 갖춘 영남의 문호이자 갑부의 집이다.

'억지 춘양'의 유래

우리나라에서도 최근 경복궁 근정전, 남대문과 광화문 등 사찰이나 궁궐의 주요 목조건물을 중수할 때 매스컴에 꼭 언급되었고 앞으로도 빼놓지 않고 회자할 운명에 처한 나무가 있다. 바로 '춘양목春陽木'이다. 경북 봉화 춘양면 일대가 금강송 군락지로 유명하기도 하지만, 봉화, 영양, 울진, 태백 등 경북 북부와 강원 남부 일대에서 자라는 금강송들이 이곳 춘양에서 모여 서울 등 대도시나 각 지역으로 반출되었기 때문에 춘양목이다. 목재수송 때문인지 정치적 개입 때문인지 다양한 설이 있으나, 춘양역은 1955년 영암선(현재의 영동선) 부설 당시 직선이던 것을 춘양을 돌아나가게 했다 하여 '억지 춘양'이라는 말이 생겨났다 한다. 그냥 소나무라고 하기엔 아쉬운 금강송은 레바논 백향목처럼 좋은 건축재로서의 특성이 뚜렷하다. 직간으로 자라고 가지 발달이 미약하여 성장이 더뎌 굵어지는 속도가 남부지방 보다 3배 정도 느리다. 나이테가 조밀하여 아주 단단하고 노란색을 띠며 껍질이 유별나게 붉다. 껍질은 거북등같이 갈라져 있고 색깔은 암회색을 보이며 나무를 잘랐을 때 심재와 변재부분이 확실히 구분된다. 결이 곱고 단단하여 켜고 나서도 크게 굽거나 트지 않고 잘 썩지도 않아 예로부터 소나무 중에서 최고의 나무로 쳤다. 그러나 금강송 또한 백향목의 운명과 같은 처지에 놓였는데, 역시 금강송 군락지가 얼마 남지 않아 전면의 기둥 한두 군데만 상징적으로 쓸 수밖에 없는 형편이 되었다. 문화재에서도 수급문제를 들어 외국산 더글러스를 쓴 지 오래되었고 목재의 수입의존도는 더욱 높아질 것으로 보인다.

춘양은 사람의 발길이 닿지 않는 청정자연지역에서만 자라는 송이로도 유명할 만큼 예부터 병란과 세상을 피해 살 수 있는 조용한 두메산골이다. 사찰, 궁궐뿐만 아니라 앞에서 소개한 북촌댁의 중수과정에서도 낙동강을 통해 산골 오지 춘양에서 나무를 실어 날라 집을 지었을 만큼 안동이나 서울의 세도가에서 그 명성은 일찍이 입증된 곳이다. 춘양면 일대는 백 년 넘은 소나무가 집과 마을 주변까지 자랄 만큼 군락지였다. 그러나 일제강점기 때 수탈당하면서 그 면적이 크게 줄어 아픈 역사의 현장이 되었다. 그렇다면 그 이전 봉화 춘양에서의 주택건축이라면 그 쓰임은 어떠했을까? 수시로 수입목재의 가격을 주시해야 하는 현실에서 춘양목을 마음껏 사용한 그 지역 주택이 궁금해지지 않을 수 없다. 춘양목과 춘양에 자리 잡은 진주강씨 문중의 고택 역사는 다르다고 보지 않는다. 으뜸의 건축자재와 으뜸의 집안은 회자할수록 가치가 새로워지는 것이다.

위_ 으뜸의 금강송으로 건축한 으뜸 집안의 평면구성이 한 눈에 들어온다.
아래_ 서실 뒤 텃밭으로 통하는 협문이다. 담장과 협문을 통하여 각 영역이 잘 구분돼 있다. 길가에서 칠류헌으로 곧바로 통하는 협문, 사랑채와 안채의 경계를 두는 협문, 사랑마당과 칠류헌을 구분 짓는 협문, 안채와 칠류헌을 연결하는 협문 등 동선 따라 여러 개의 협문이 존재한다.

만산고택 배치도

위_ 안채로 들어서는 중문은 오른쪽 측면에 나 있다.
아래_ 사랑채와 서실, 칠류헌, 대문간채가 만들어내는 사랑마당은 동남향으로 열려 있다.

사랑채 평면도

으뜸 금강송과 으뜸 집안

진주강씨가 춘양에 터를 잡은 것은 정민공 잠은 강흡(潛隱 姜恰, 1602~1671)으로부터 시작된다. 1602년 함경도에서 태어나 인조 조 영의정 상촌 신흠申欽에게 공부하다가 사계 김장생金長生 문하에서 더욱 정진하였다. 1630년 사마시에 합격하고 성균관 유생으로 1635년 율곡 이이와 우계 성혼을 문묘에 배향할 것을 소청하였다. 병자호란을 맞이하여 양친을 모시고 한양을 떠나 태백산 춘양현 법전 성잠이라는 곳에 터를 잡으면서부터이다. 그의 호대로 은거하면서 포옹抱翁 정양鄭瀁, 각금당覺今堂 심장세深長世, 두곡杜谷 홍우정洪宇定, 손우당遜愚堂 홍석洪錫 제현諸賢과 함께 와선정이라는 정자를 짓고 교유하며 태백5현의 1인으로 추앙되었다. 강흡은 진주강씨 박사공파 1세조 계용啓庸으로부터 13대손이며 목은 이색과 양촌 권근이 '대대로 벼슬이 이어질 만큼 문벌이 번성한 가문'으로 칭할 만큼 그의 조상은 그 명맥을 유지했으며, 강흡의 조부, 증조, 고조 3대 선조는 모두 문과급제를 하였다. 입향조로서 강흡이 그의 형제 도은공陶隱公 각恪과 병자호란 때 백두대간의 정기가 내린 태백 준령의 한 자락인 춘양의 만석봉 아래 자리 잡고 나서, 대한제국 말까지 학행으로 천거되어 벼슬한 선비가 영남에 제일 많다고 한다. 이는 진주강씨 중 만산의 생가 법전문중과 병조참판 강태중과 예조참판 강건이 부자夫子 양 대에 걸쳐 참판을 지냈고, 만산의 부친이 오늘의 검찰총장에 해당하는 대사간이며, 백부가 종이품 동지돈녕부

사이고 계부가 예조참판에다 만산이 영남 8군의 제일 갑부였다. 당시 영남 사대부 중 만산 집안만큼 부와 귀를 겸한 집이 없는 가문으로 명성을 날리며 의양리 일대가 강촌姜村으로서 든든한 터전이 되었다.

이러한 배경을 바탕으로 선조 때에도 문화유씨나 청송심씨 등과 혼맥을 이루었지만, 만산 대에 이르러서는 최고라 할 수 있는 혼사를 치렀다. 숙종 때 우의정을 지낸 명재 윤증尹拯 종가의 한 말 종손 윤석우尹錫禹의 무남독녀를 손부孫婦로 맞아들였다. 파평윤씨 노성 문중이 어디인가. 충청도 명문 중의 명문이며 소론의 영수요, 기호지방 사대부의 꽃인 집안이 아니던가. 영남과 호남, 평야와 두메산골, 남인과 소론의 혼사에는 400년간의 오랜 세의世誼의 결과였다. 거슬러 올라가자면 파평윤씨 종녀宗女의 부군 강세원은 동경에 유학하여 공업대학을 나온 개화파 향사鄕士였다. 그의 아버지 의제공 강필은 독립자금을 모으다 대구경찰서에 구금되는 등 독립운동을 하여 건국 공로를 쌓고 대통령 표창을 받았으며 만산은 부임하지 않았지만, 중추원 의관에까지 제수되었고, 그의 아버지와 백부, 계부는 앞서 기술한 대로 본보기가 될 만한 3형제였고, 그 3형제를 가르친 증조부 송서공 강운姜橒은 사서삼경에 능통하여 세자를 가르치는 세자 시강원 필선에 임명되기도 하였다. 그 윗대에서도 중앙관직을 하면서 명재 선생의 부친 대부터 그의 후손, 문인들과 시대의 요구에 함께 나아가며 서로의 문중을 흠모하며 교유할 기회가 많았던 기록들이 진주강씨 문중 자료에 남아 있다.

만산고택은 경북 봉화군 춘양면 의양리에 자리 잡은 130여 년이 된 집으로 1878(고종 15년) 만산晩山 강용(姜鎔, 1846~1934)이 춘양목으로 지은, 대표적인 영남지방의 양반주거형태인 솟을대문을 가진 전형적인 ㅁ자 형태의 가옥이다. 만산고택을 지은 강용은 영릉참봉英陵參奉, 통정대부通政大夫, 중추원中樞院 의관議官, 도산서원장 등을 지냈으나, 1905년 이후 낙향하여 망국의 한을 학문으로 달래며 살던 집에 '스스로 수행을 통해 인간의 본성을 깨닫고 마음을 편안하게 한다.'라는 의미의 '정와靖窩'라는 편액을 걸고 은거를 결심하였다. 아버지로부터 청렴과 근검절약을 본받고 아랫사람들의 아픔을 몸소 돌보고 아들 의재공 필과 함께 재산의 관리에도 힘을 기울여 태백산 중 춘양골 80여 리에 논밭을 갖는 만석 갑부의 부를 이뤄냈다. 토지개혁을 겪고 나서도 100정보의 땅이 남아 그 경제력을 바탕으로 고택도 함께 보존할 수 있었다고 보인다.

고택은 의양리 남쪽의 낮은 산을 등지고 동향으로 자리 잡고 있다. 대문채는 11칸으로 정중앙에 솟을대문이 있으며 사랑대청과 마주 보고 섰다. 사랑마당엔 칠류헌으로 통하는 디딤돌을 깔고 주인 어르신이 가꾸시는 각종 야생화와 수목들로 가득하다. 40여 년이 넘게 향토를 지키며 집의 생기를 이어가는 삶의 현장이다.

고택체험을 할 수 있는 칠류헌

만산고택 또한 경북 안동문화권의 건축양식을 따라 ㅁ자형의 본채를 가지고 있다. 별도로 별당채, 서실이 사랑채의 좌우에 배치되어 있다. 칠류헌은 만산고택을 방문한 문객들이 며칠이고 묵으면서 독서와 시문을 짓고 도의도 강론하는 다용도 건물로 담장으로 둘러싸여 있다. 당시 방문객들이 자유로이 드나들 수 있도록 배려해 대문간을 거치지 않고서도 골목에서 바로 들어갈 수 있는 일각문도 따로 마련되어 있다. 칠류헌 편액은 경북 영주에서 나서 재야선비로서 중국에까지 글씨 솜씨가 소문났던 소우小愚 강벽원(1859~1941)의 친필이다. 도연명이『오류선생전』에서 집 앞에 버드나무 다섯 그루를 심고 스스로 오류선생이라고 했던 것을 만산 선생 또한 망국의 시대에 도연명과 같이 속세를 떠나 시서를 즐기며 자연을 벗 삼아 유유자적한 생활을 추구하는 마음이 담긴 현판이다. 정면 4칸에 측면 2칸의 별당인 칠류헌은 현재 그 쓰임새를 이어가고 있다. 고택 체험을 할 수 있도록 민박을 하고 있기 때문이다. 춘양목의 쓰임을 제대로 구경할 수 있는 귀한 건물이다.

1 감실 앞에서 서실을 바라본 모습이다.
2 전면에 퇴를 두르고 두 칸 방, 두 칸 대청마루, 멀리 보이는 감실을 연결해준다.
3 사랑채 대청마루에서는 대문간을 통해 드나드는 모든 것을 볼 수 있다.
4,5 전면의 사랑에서 측면 안채로 이어지는 곳에 평난간을 한 마루를 덧대어 이동이 쉽도록 하였다.
6 사랑채의 뒷면은 벽으로 구성하여 안채로의 시선을 차단하였다. 꺾인 부분은 회벽처리가 되어 모두 마루로 구성되어 있다.

문벌을 계승해 나가는 장소

칠류헌이 외부와의 소통을 통해 수신하는 장소였다면 서실은 조상이 이룩한 문벌을 계승해나가는 장소였다. 서실書室 편액은 역시 경북 안동 출신의 서예가 석운石雲 권동수가 쓴 글씨이며, 또 다른 편액 한묵청연翰墨淸緣은 영친왕이 8세 때 쓴 글씨로써 교유하였던 영친왕에 대한 경의도 있었지만, 어릴 때부터 서실을 드나들며 학문에 힘쓰라는 집안 가풍을 몸소 익히게 되는 편액이라고 할 수 있다. 이 서실에는 가문 대대로 전해져오는 고문서와 서화가 보관됐으나, 3,000여 점에 이르는 집안의 보물을 도난당하자

10,000여 점의 자료들은 국사 편찬 위원회 등에 맡기고 현재 편액은 탁본으로 걸려 있다. 이러한 자구책은 비단 이 고택만은 아니다. 바깥 어르신이 계신다든지 민박이나 체험행사를 운영하는 고택은 그나마 형편이 낫지만, 종부 홀로 넓은 고택을 지키거나 외지에 나가 집이 비어 있는 경우는 문화재 도둑과 방화범들이 들끓어 처마에는 CCTV가 얄궂게 매달려 있는 것을 어김없이 보고 있다. 두 칸의 소박한 우진각지붕에 오랜 책 냄새로 가득한 서실에 앉아 선조의 흔적을 만지고 읽으며 맑아지는 머리와 자신의 미래를 보게 되었을 것이다. 자신 또한 후손들에게 부끄럽지 않은 행장行狀을 남겨줘야겠다는 의지를 키우면서 말이다.

안채 평면도

위, 아래_텃밭 건너 만산고택 옆집도
대문채와 ㅁ자 정침을 가진 형태다. 그러나
사랑채가 돌출되고 중문은 정면에 노출되는 등
공간 구성상의 차이점이 많다.

사랑채는 흥선대원군이 작호 하여 써준 만산晩山과 정와(靜窩: 고요하고 편안한 집), 존양재(存養齋: 타고난 심성을 온전하게 지켜서 훌륭한 심성을 기르는 곳)이라는 현판이 걸려 있다. 조상의 신위를 모신 감실, 두 칸의 사랑방, 두 칸의 마루와 달아맨 마루가 몸채의 전면을 차지한 단일건물이다. 달아낸 마루는 전면의 툇마루와 연결되어 안채로 꺾이는 대청의 쓰임새를 더욱 높여 주고 있다. 원래는 사랑방 뒤로는 복도형식의 방이 길게 자리하고 좌우 양쪽에서 드나들게 되었으나 현재는 터서 하나의 넓은 방이 되었다. 안채의 날개 부분은 사랑채에서부터 마루, 방 부엌, 안방, 상방이 위치했으며 가운데 정면 2칸의 대청과 건넌방이 마당을 향해 열려 있고, 그 옆의 날개채는 모두 마루와 마루방, 수장 공간으로 채워져 영남 제일 갑부다운 곳간이다. 중문간은 그 날개채의 끝에 측면으로 나 있어 사랑방의 측벽을 바라보며 안채로 진입하게 되어 있다. 몸채는 현재 많은 변화가 일어났다. 현대생활에 맞게 옛 정지와 안방의 폭을 한 칸씩 늘리고 부엌과 화장실을 집안으로 들이고 방이 추가되었으나, 시멘트벽돌을 달아내어 쌓고 슬레이트 지붕으로 마감한 것이 아니라 목구조를 덧대어 공간을 확장한 관계로 부대끼지 않는 변화를 이루어냈다. 사랑채와 안채가 한 몸인 뜰집에서 보이는 특성대로 담장이 적절하게 고유 영역을 보호하고 일각문을 통해 동선의 흐름을 유도했다.

배운 것을 삶에 적용하는 것이 성리학의 정신이었고 그것도 불가능하면 자연을 벗 삼아 도연명처럼 살기를 소망하며 정자를 짓고 시를 읊는 것을 낙으로 삼는 유학자들이었다. 고려 말 홍노의 불사이군 정신이 있었다면, 한 말에는 만산 강용이 그러한 삶을 살았다. 만산은 자택 뒷산에 망미대를 쌓고 국운회복을 빌며 1934년 89세의 나이로 광복의 기쁨을 보지 못한 채 생을 마감하였다. 그의 망미대시望美臺詩다.

망미대시

군신 간의 의리는 고금이 같거니
살거나 죽거나 그 충성 다할 뿐
숲 속의 숨은 고인 그 뜻 어이 앗으리오
목숨 버린 열사들은 그 얼마던가

고사리 캐던 절개 천추두고 우러르며
경술 밝아 높은 벼슬 탄 유풍 백대구고 높이리라
망미대 앞에 부질없이 눈물 뿌리니
청구의 차가운 달만 깊은 속마음 비치는구나

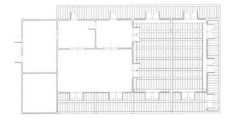

칠류헌 평면도

1 칠류헌을 길에서 바로 진입할 수 있도록 했다.
2 통풍을 고려하여 판벽으로 처리하였다.
3 별당 칠유헌七柳軒이 토석담장에 둘러싸여 있다.
칠유헌은 기와로 된 팔작지붕으로 왼쪽에는 광이 있고 오른쪽에는 온돌방과 대청이 연결되어 있다.

한옥의 다양성

9

격랑기 황후의 은신처

백수현 가옥

글
이연건축 조전환 대표

명성황후는 두 번 죽음을 맞았다. 한번은 1882년 임오군란을 피해 경기도 광주와 여주 그리고 충청도 충주 등지에서 51일 동안 피신해 있으면서 대원군으로 말미암아 죽은 사람이 되어 국상까지 치렀었다.

부엌에서 뒷마당 쪽으로 1칸 크기의 광이 있고 연이어 사랑채의 터에서 뒷마당으로 통하는 동선역할을 하는 뒷방이 있다.

위_ 행랑채 전경.
바깥채 방이 예전에는 서당이었다고 한다.
아래_ 서까래만 걸려 있어 추녀가 들리는 데는 한계가 있어 알추녀를 달았다. 안방 뒤의 굴뚝은 토석으로 하층부를 돋우고 와편을 잘라 켜켜이 쌓아 올린 와편굴뚝이다.

조선의 왕비가 쫓기는 몸이 되어 자신이 끼고 있던 반지까지 여비로 써야 할 만큼 급박한 상황에서, 피신처가 현재까지도 명확하지 않을 만큼 몇 번이나 옮겨 다녀야 했다. 얘기되는 집들은 정릉 화개동 규장각 사어 윤태준의 집, 양평안씨 집, 광주군 취적리 임천군수 이근영의 집, 여주 단강의 권삼대의 집, 권삼대의 집 이웃 한점대의 집, 여주 친정 조카 민영소의 집(명성황후 생가터), 지금은 감곡 매괴성당이 들어선 충북 음성군 감곡면 왕장리 민응식의 집, 충주 노은의 국망산 아래 이시일의 집 등이다. 백수현가옥도 명성황후의 피난처 중의 하나로 등장하나, 그것은 임오군란 때의 피신보다는 조선 말 열강의 침입과 시부 흥선대원군과의 관계에서 생명의 위협을 느끼며 살았던 명성황후가 만약의 경우를 대비한 은신처라는 게 일반적인 의견이다. 그래선지 현재의 백수현가옥은 일반 사대부가의 건축형식을 따랐으나 일반 주택답지 않은 규모와 곳곳에서 고급재료, 궁궐양식 등이 드러난다.

한편, 경호를 담당했던 김종원으로 하여금 이곳과 여주에 각각 마련케 하였는데, 이곳에 김종원이 철원에 있던 집을 옮겨온 것이라는 설과 서울의 고옥을 옮겨 지은 집이라는 설도 있으나, 안채와 행랑채만 남아 있어 이전 건물과 새로운 부재의 조합을 통하여 집의 일곽을 이루었을 것으로 짐작해 본다. 사실 기록이 남지 않은 역사를 얘기하며 '~그렇다고 하더라.'의 얘기만큼 위험하고 무책임한 것이 없는데, 백수현가옥은 현재의 반쪽 유구와 더불어 여러 설이 난무하여 좀 더 연구가 필요함을 부인할 수 없다. 전형적인 사대부가란 대문채와 사랑채·행랑채·안채·사당 등의 구성을 따르고 있다. 백수현가옥도 마찬가지로 행랑채 앞쪽으로 장대석이 남아 있어 사랑채의 흔적을 보이고, 마찬가지로 그 영역을 감싸는 대문채와 담장의 존재를 유추해볼 수 있다. 그러나 현재는 행랑채가 대문의 역할을 감당하며 안채를 감싸고 있어 불완전 속의 완전한 집의 모양은 갖춘 셈이다. 헐린 부분이 서울로 옮겨 세워졌다고도 하니 남은 건물들의 상관관계를 염두에 두고 철거했으리라.

백수현가옥은 집 뒤의 매봉재를 진산으로 삼고 그 줄기가 좌우로 돌아 좌청룡 우백호의 지세를 이룬 아늑한 곳에 남동향으로 자리 잡고 있다. 앞으로는 너른 들이 펼쳐지고 멀리 낮은 산이 둘러 있으며 그 너머로 도탑산이 보인다. 동구에는 조그만 냇물이 흐르는데, 안산이 마땅치 않아 냇가를 따라 회나무를 심어 비보 했다.

지금은 ㄱ자형 안채와 ㄴ자형 행랑채가 마당을 중심으로 마주하고 있어 전체적으로 튼 ㅁ자형을 이룬다. 이 행랑채는 처음엔 중문간채였을 것이나 현재는 대문역할을 하고 있으니 한 집의 영화榮華란 덧없음이 느껴지기도 한다. 그러나 한옥은 어느 건축형태보다 공간의 변화요구에 가장 빠르게 대처할 수 있는 생명력과 모듈개념이 있기에 재료의 특성과 더불어 부재의 재사용으로 지속할 수 있는 건축인 것이 입증되는 부분이기도 하다.

백수현가옥 배치도

1 별당채나 사랑채가 놓였을지도 모르는 부지가 지금은 텃밭과 축사로 쓰이고 있다.
2 안채의 양 끝에 있는 안방과 건넌방은 모두 쪽마루를 두었다.
3,4 장마루가 깔린 건넌방과 고방, 채마밭
5 대문을 바깥기둥에 달아 옆 칸과 더불어 내부 공간을 넓게 확보하여 쓰임새를 높였다.
6 안채의 부엌 쪽에서 다시 달아낸 광과 뒷방이다.

쓰임에 따라 입구 방향이 다르다

행랑채는 정면 7칸이며 7칸이 꺾이어 ㄴ자 형태이다. 행랑채의 방들은 쓰임에 따라 입구 방향이 다르다. 부엌과 문간방 두 개, 마부 방은 바깥으로, 나머지는 안마당을 향해 열려 있다. 행랑채에서 안채로 가려면 문을 통하게 되어 있는데, 이 문은 한쪽으로 치우쳐 있어 안채가 바로 들여다보이지 않는다. 부엌과 뜰아랫방이 대문에 가까이 있고 쌀광과 광이 안채 가까이 배치되었다. 안채는 ㄱ자에 一자가 덧대어진 평면으로 안방이 부엌 위에 숨어 있고, 대청 또한 분합문을 달아 툇마루와 공간의 변용을 꾀하며 북부의 기후에 대응했다. 중도리에 광창을 달고 아래로 분합문을 달았는데, 하부에는 문지방이 없는 것과 대량 사이 시렁을 매어 제사 때의 병풍 등을 얹어 두는 것이 독특한 장치다. 문을 닫으면 딱 두 칸의 좁은 대청과 이러한 장치들 때문에 더욱 좁아 보였을 것이다. 대청 중앙은 대들보가 하나로 걸리며 가운데의 기둥은 세우지 않고 문선으로 처리하였다. 여기서 자세히 볼 것은 한옥은 구조적인 여건과 평면의 조건을 함께 따지면서 가구架構계획을 하게 되는데, 대청의 도리와 안방의 도리가 만나는 부분에 기둥이 없다는 것이다. 반 칸이 되더라도 기둥을 세우고 안방이나 부엌을 위아래로 구성하는데 헛도리를 구사한 것이다. 헛도리란 ㄱ자 형을 이루는 공간의 구성에서 행 간과 열 간의 깊이가 서로 달라 생기는 특수한 구성으로, 행간의 도리가 열 간의 도리에 결합하면서도 기둥을 받치지 않은 구조를 지칭한다. 주로 툇집의 형성과 밀접한 관계가 있는 것으로 보이는 헛도리 구조는 툇간 기둥을 세워 구성하는 일반적인 툇집의 구성방법과는 달리, 규칙적인 간격으로 기둥을 배열하면서도 채의 깊이를 자유로이 구성하는 방법이다. 그리하여 백수현가옥에서는 툇기둥이 서야 할 자리에 문이 달렸다.

건넌방은 툇마루까지 방을 내고 측면에는 안방처럼 쪽마루를 달았다. 안방과 부엌은 서쪽으로 반 칸씩을 내어서 보 방향이 길어졌고, 안방은 중간에 장지문이 있었다고 하나 현재는 방을 하나로 만들어 꽤 넓은 공간이 확보되었다. 부엌은 안방과 같은 규모로 안마당에서 뒷마당으로 통하는 동선 역할도 수행하며 내부에 찬방을 만들었다. 부엌에서 뒷마당 쪽으로 1칸 크기의 광이 있고 연이어 사랑채의 터에서 뒷마당으로 통하는 동선역할을 하는 뒷방이 있는데, 뒷마당 쪽으로 사분합문을 달아낸 점이 특이하며 그 방의 용도가 궁금하다. 그 방 앞쪽에 아무리 가물어도 마르지 않는다는 우물이 있고, 담장의 아래로는 장독대를 설치하고 전나무, 잣나무, 앵두나무, 복숭아나무 등을 심고, 집 뒤로는 장대석을 외벌대로 쌓아 궁중식의 화계를 꾸미려 한 흔적이 보인다. 건물은 전체적으로 한 말의 건축기법에 따라 지어졌으며 일반 여염집이라기보다 궁궐 목수나 궁궐 자재를 내려 보낸 사례의 집과 같은 화강석 두벌대 기단에 높은 주초를 사용하며 질 좋은 나무의 크기나 치목수법을 사용하고 부엌 앞의 선반에 새긴 당초무늬 등이 명성황후의 피난처로 지어졌다는 말을 뒷받침해주고 있다.

안채와 행랑채 사이에 예전의 사랑채나 별당채로 통하는 문이었을 것으로 보이는 협문이 설치되어 있다. 전체적으로 화방벽이 잘 축조되어 있고 굴뚝의 생김새 또한 집의 마무리까지 신경 썼음을 알게 한다.

1,2 아무리 가물어도 마르지 않는다는 우물과 장독대가 부엌과 안방, 뒷방 등이 만들어 내는 뒷마당의 가사공간에 있다.
3 안채 뒷면의 모습이다. 미닫이문과 여닫이문이 있어 방처럼 보이는 곳이 대청이다. 방은 굴뚝 앞 창호가 없는 부분이다.

이야기가 풍성해지는 집

이 집이 명성황후의 은신처로 마련된 집이었다면 이 집은 정작 명성황후가 숨어야 할 때 숨지 못한 집이 되어 버렸다. 궁녀의 옷차림으로 신하의 등에 업히고 걷고 매일매일 옮겨 다니며 충주까지 내려가 청清국을 끌어들이기 전까지, 국망산 아래 복귀의 때만을 기다리는 동안 이 가옥을 다녀갔다는 기록은 아직 보지 못했다. 의정부에서도 30여 분 이상을 들어가야 하는 양주시 매곡리는 현재 약 50여 가구가 살고 주민의 80%가 수원백씨 성을 가졌다고 한

다. 현 소유주가 민씨가 아니라 백씨인 것은 백수현의 조부가 집터와 105칸의 저택을 800원에 사들였고, 증조부가 무과의 사과직에 있었기 때문에 사과댁으로 불려오고 있었다. 이 집을 산 조부는 이 집을 사놓고 거의 서울 돈암동에 살았고, 한국전쟁 때 인민군이 본부로 사용하면서 집을 많이 부셨다고 하니, 이 집의 탄생과 일부 건물의 소멸에 대한 얘기는 점점 그 정확성을 잃어갈 것으로 보인다. 그러하기에 이 집은 이야기가 풍성해지는 집이며 활자뿐만 아니라 건축을 통한 역사의 탐구와 기록에 사명감을 더욱 가지게 하는 집이다.

1.2 안채와 행랑채 사이는 원래 담이 없지 않았나 하는 생각을 해본다. 사랑채와 별당채가 없어지면서 외부에 노출된 안채를 보호하기 위하여 협문을 달았다고 추정해 본다.
3 명성황후가 살기 위해 서울의 집을 옮겨왔다는 설이 있는데, 그래선지 고방문 판재의 너비가 예사롭지 않다.
4 안채 대청은 퇴 사이 문틀이 없이 들어열개문이 달린 것이 특징이다. 후면의 문은 추위를 막기 위해 미닫이와 여닫이의 이중문을 채택했다.
5 집 밖으로 열렸을 안행랑채의 부엌문이 속옷 차림으로 나와선 아녀자 같아 보여 안쓰럽다. 그러나 굵고 얇은 판재의 구성으로 보아 이 집을 지은 목수의 세심함이 돋보인다. 사랑채와 별당채, 대문간채가 사라지고 없어 원래의 배치형태를 가늠할 길이 없다. 안행랑채의 몸체이나 바깥으로 몸을 돌린 것으로 보아 건물의 서남방향에 사랑채가 있지 않았을까 추정해 본다.
6 안채를 감싸 안은 행랑채 일부분은 사랑채나 별당채가 있었을지도 모르는 공간을 정면으로 하여 바라보고 있다.

한옥의 다양성

10

유일무이한 중앙 부엌의 권력

허삼둘
가옥

글

이연건축 조전환 대표

서상, 서하와 용추계곡에서 내려온 물이 안의에서 만나 금천을 이루고 이 금천은 수동 등을 거쳐 남강이 된다.
풍광 좋은 농월정, 광풍루 등을 비롯한 수많은 정자가 이 금천을 따라 지어졌으며, 개평마을의 일두
정여창 선생의 고택과 선생을 기리는 남계서원도 이 금천의 하류를 사이에 두고 마주하고 있다. 긴 역사의
물줄기가 여전히 흐르고 있듯 주변 유적의 역사도 유유히 지속하기를 바라지만, 농월정과 정여창고택,
허삼둘가옥은 한때 화마가 휩쓸고 갔다. 그것은 단정 짓기 어려우나 문화재 소유에 관련한 이해관계나 혹은
남대문에 불을 지른 이가 가졌을 엉뚱한 원한으로 동일인이 연쇄적으로 저지른 방화라고 여겨진다.

툇마루로 한껏 올린 홑처마와 기개와 회첨골, 세 개의 방과 중항 진입의 부엌, 골방, 후면 마루 등으로 구성된 안채의 모습이 잘 드러난다. 화재의 흔적도 잘 드러난다.

허삼둘가옥은 특히 문화재관리의 허점을 여실히 드러낸 2003년도의 경매 건의 주인 공이었고, 2004년도 4월, 7월에 연속적으로 안채와 사랑채가 불탔다. 후손이 든든히 지켜내지 못하여 조상이 남긴 문화유산의 관리에 언제나 구멍을 안고 살아가기 때문에, 몇몇 문화재를 돌아볼 때 우리는 불에 데인 듯 화끈거리는 얼굴이 된다. 그러나 그 집만이 말해줄 수 있는 역사와 삶이 있기 때문에 또 그 얘기를 들으러 그 집으로 향하게 된다.

부엌의 역사는 인류 주거의 역사다

인류의 정착으로 주생활공간은 시대별, 지역별 자연조건이나 생활양식에 따라 다양한 형태를 보여 왔다. 조선에 이르러 유교사상은 풍수지리설과 음양오행설과 더불어 정치, 경제, 윤리 등 여러 분야에 걸쳐 영향을 미쳤으며 이는 주택의 공간구성에도 마찬가지였다. 남녀, 사농공상, 장유라는 계층에 따라 유교의 근간이 되는 사대부가에는 분화된 공간구조를 보였다. 그중에서도 부엌은 음의 공간으로 안채의 안방 옆에 있고 안방주인의 통제가 잘 이루어지도록 하였다. 거느리는 가족의 수가 많을수록 부엌의 면적은 커졌으며 내부 혹은 주변으로 부속공간을 부설하였다. 대청의 선반이나 다락, 장독대, 우물가, 고방 등은 부엌의 확장이다. 난방과 식사준비라는 두 가지 기능을 담당했던 부엌은 신분제가 확실했던 조선시대에는 노비들이 작업했기에 생활의 편리에 대한 요구가 있을 수가 없었다고 여겨진다. 그러나 조선후기 근대기에 접어들면서 신분제가 와해되고 상공업의 발달과 근대농법의 도입으로 거상, 부농층의 출현과 맞물려 조선 양반가의 모습을 본뜬 부농들의 대저택이 평야의 영호남지역에 많이 등장하였다. 노비가 없어지면서 집안 식구들이 가사노동에 참여하게 되어 부엌뿐만이 아니라, 집안 곳곳이 실생활의 편리성과 합리성에 중점을 두면서 부와 권위를 동시에 표현하다 보니 다양한 평면이 발생하기도 하였다. 그러한 근대의 특성을 두루 갖춘 대표적인 부엌이 함양의 허삼둘가옥임에는 누구도 이의를 제기하지 못할 것이다.

위_ 골목길. 금천과 평행한 골목길. 살짝 비켜나 솟을대문이 우뚝 섰다.
아래_ 솥단지는 없어진 지 오래전이고 문짝은 떨어져 나간 집에서 말리고 있는 시래기가 아이러니하다.

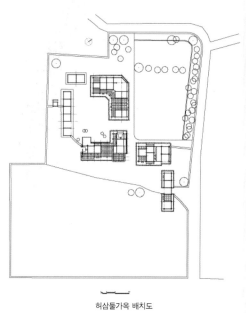

허삼둘가옥 배치도

중앙에 부엌을 두다

일명 금천리 윤씨고가 중앙에 있는 부엌은 당시의 여러 이야기를 전해준다. 부엌을 ㄱ자의 꺾임 부분에 넓게 배치한 좌우대칭형 안채의 구성은 파격 그 자체로 윤씨의 소유임에도 그 파격을 가능케 한 안주인의 경제력과 권력은 가

옥의 이름으로 남아 있게 되었다. 우리나라의 수많은 문화재 중 여성의 이름으로 명시된 가옥은 허삼둘가옥이 유일할 것이다.

당시 진양 갑부인 허씨의 외동딸 허삼둘이 윤대홍과 결혼하고 건립한 건물이다. 장가를 잘 들었다고 누군가는 툴툴거리겠지만, 윤대홍만은 아니었다. 고려시대를 거쳐 철

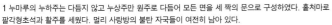

1 누마루의 누하주는 다듬지 않고 누상주만 원주로 다듬어 모든 면을 세 짝의 문으로 구성하였다. 흙처마로 팔각형초석과 활주를 세웠다. 멀리 사랑방의 불탄 자국들이 여전히 남아 있다.
2 솟을대문. 살창 대신 화반을 올려둔 삼량가로 대문간의 상부는 좁고 높다.
3 대문간채의 좌우는 우진각지붕이다. 문지기방 후면은 담장으로 둘러싸 개인공간을 만들어주었다.

4 원래는 안행랑채에 딸린 중문을 통해 안채로 진입하게 되어 있으나, 안마당에는 잡초만 무성하고 답사객들은 편한 대로 발길을 옮기다 보니 사랑채의 측벽을 따라 주 진입이 이루어지고 있다. 그 집을 제대로 보려면 건축계획대로 동선을 따라가 보자. 장독대와 우물은 큰 사랑방 뒤에 연이어 놓았다. 그러나 장독은 없다.
5 안행랑채와 곳간채가 안마당을 감싸 안았다.

저한 가부장제도가 강했던 조선시대조차도 이황, 이언적, 김종직 같은 대유학자들도 장가를 잘 갔기 때문에 학문에 매진할 수 있었다는 기록이 분재기分財記라는 문서들을 통해 확인할 수 있으니 말이다. 이는 제사를 모시는 자식이 상속분의 5분의 1을 더 받는다는 규정만 제외하면 장자는 물론, 그 아래아들들, 미혼과 기혼의 딸들 또한 균등상속의 당사자들이었기 때문에, 처가와 며느리들이 가져오는 상속분으로 경제적인 여유를 누릴 수 있었던 것이다. 그 이후 모실 제사가 많아지고 장자상속의 개념이 강화되면서 균등상속은 현대에 이르기까지 역사 속에 숨어져 있었던 것이다. 든든한 친정의 배후 덕에 안주인의 입지는 숨죽여 지내는 것만은 아니었으리라.

상량 묵서명에 '세재무오구월상량歲在戊吾九月上樑'으로 미루어 보아 1918년에 지어진 가옥으로 신분제의 와해와 부농들의 입지가 강해지면서 사대부가 형태를 띤 주택구조는 양반의 전유물만은 아니었으며, 안주인은 막대한 건축비를 내어놓으면서 입 다물고 공사장 밥만 해내었을 거라곤 여겨지지 않는다. 누구보다도 일찍 근대농법이나 신식학문을 빠르게 흡수하며 경영에 접목하여 상당한 부를 이루었을 친정의 합리적이고 근대적인 사고방식은 허삼둘의 공간계획으로 구체화하였다. 건축 전반에 걸쳐 적극적으로 의견을 내어놓고 특히 안채에 있어선 여성전용공간이라는 점을 들어 생활의 편리성을 주장하고 나섰을 것임은 자명하다. 식모나 일을 도와주는 외부의 아낙네가 있다 해도 안주인의 부엌 출입은 마땅했고 주택의 근대화에서 부엌이 가장 많은 변화가 요구되었다. 기술부재와 지방이라는 지역적 한계로 설비의 변화는 꾀할 수 없었지만, 중앙에 부엌을 둔다는 그 당시에는 파격적인 평면구성을 제안했다. 사실 평면상에서도 허삼둘가옥의 부엌 위치가 꺾인 부분에

있다는 것은 새로울 것이 없었다. ㄱ자형 집에서는 전면으로 건넌방, 대청, 안방, 부엌이 위치하고 부엌에 연이어 고방이나, 아랫방 등이 꺾여 배치되는 경우(영천 만취당 안채)도 있기 때문이다. 그러나 허삼둘가옥의 부엌은 좌로나 우로나 치우치지 않는 정중앙의 위치에 다이아몬드평면으로 자리하고 부엌의 주출입문이 꺾인 부위에 났다는 것이다. 안마당에서 바로 출입할 수 있도록 툇마루를 잘라 낮은 마루로 연결했다. 이제 더는 숨겨져야 할 공간, 드나들기 불편한 공간, 가기 싫은 공간이 아니다. '피할 수 없다면 즐기리라.'라는 의지가 드러났다고나 할까. 앞의 퇴를 통하여 작업공간이 생기고 부엌의 소일거리는 마루공간에서 처리되기도 하는 등 부엌영역이 확장된다. 부엌문의 좌우에는 선반을 위, 아래 쓰임에 맞게 여러 개 달아 쓰임새를 높였다. 1m도 채 되지 않는 협소한 출입구에다 중간의 마루판과 부엌 내부로 들어가면 부뚜막을 거쳐 부엌바닥으로 오르내리게 되는 다소 불편한 고저의 차지만, 안주인은 여러 번 시행착오를 거쳐 지금의 부엌에 이르고 있다. 두 개의 기둥은 주심도리가 만나는 모서리 부분과 종도리를 받치는 충량을 받는 기둥 두 개만이 부엌에 자리 잡아 후면에 자리 잡고 있지만, 공간은 넓어 보인다. 그것은 넓은 상부의 살창이 채광을 도와 그러하기도 하다. 흙바닥은 부엌의 1/2만 차지하고 나머지는 부뚜막의 높이로 단을 높여 꽤 넓은 작업공간을 확보하였다.

부엌을 가운데에 품은 안채는 전체공간구성도 이채롭다. 안채는 완벽하게 정남쪽을 향하여 ㄱ자로 꺾여 있다. 전면에 퇴를 두른 삼량의 기본뼈대에 전체적으로 한 칸(6자) 부속시설을 뒤쪽으로 덧붙여 공간의 확장을 꾀했다. 왼편의 마루 끝에는 마루를 깐 고방을 두었고 방에서만 통하는 내실은 살창을 두어 창고 방으로 사용했으며, 받침을 거쳐

왼쪽_ 사랑채의 뒷모습. 퇴와 쪽마루를 둘러 이동을 편하게 하였고 안채와의 시선 차단을 위해 대청의 후면에 벽체를 단단히 세웠다. 작은 사랑방 옆 아궁이부엌 상부는 다락을 두었다.
오른쪽_ 안채 뒷마루이다. 골방, 벽감 등이 딸린 안방에서 나오는 문이 보인다. 삼량의 구조에 후면으로 달아내면서 목구조의 짜임이 다른 방식을 취하고 있다.

마루를 드나들 수 있도록 해 사생활의 보호와 살림의 통제가 적절히 이루어졌다. 안채의 대청 또한 방 뒤에 붙은 반침의 폭만큼 분리된 공간을 마련하고 안방과 건넌방의 반침에서만 통하도록 해 가족실의 개념 혹은 수장고의 성격으로 보인다. 후면에는 세 짝의 판문을 달았다. 부엌의 달아낸 한 칸에 후면은 모를 접으면서 후면의 지붕구성이 복잡해졌다. 부엌에서 직접 좌우 방으로 통할 수 있다. 벽은 모두 판벽으로 처리하고 상부의 살창의 형태 또한 X자형의 독특한 구성을 하고 있다. 지붕은 기본뼈대에 한 칸을 달아매고 부엌의 꺾인 부분의 모를 접으면서 지붕구성이 복잡해졌다. 거기에다 거창의 정온선생 고택에서 보이는 층단

마루가 용마루를 한껏 더 높였다. 부엌의 중앙 진입을 위해 세운 중간의 기둥 때문에 135도의 꺾임이 발생하며 7골의 넓은 회첨이 생겼다. 135도의 꺾임은 직각으로만 이루어질 것 같은 한옥의 가구법에서 특수한 맞춤을 요구하였으며, 이는 필자가 직접 확인한 바로는 서산의 부석사가 최초였다. 창덕궁의 관람정 역시 꺾임으로 이루어져 전체적으로는 부채모양이 되었다. 그러나 이후 몇몇 현대한옥에서 시도가 이루어지고 있다. 증축이나 특수한 목적의 건물이 아니라 처음부터 부엌의 위치부터 정해놓고 가구법을 거기에 대응하도록 한 용단이 부럽다.

1 현재의 진입로. 대문을 들어서면 자연스레 발길이 가게 되는 사랑채와 바깥행랑채 사이에 길이다.
2 판재로 벽을 마감하여 통풍에 신경을 썼고 곡물간을 따로 마련했다. 뒤의 담장은 금천에서 주워왔을 법한 동글동글한 돌을 쌓고 흙으로 윗단을 마무리하였다.
3 떨어져 나간 문, 무성한 잡초, 그리고 화재 자국 등 우리 모두 문화재의 관심이 필요할 때다.
4 교창. 채광을 위하여 문인방 위에 작게 혹은 면 전체를 교창으로 만드는 경우를 종종 볼 수 있다.
5 빗장. 잠금장치가 달린 문빗장이다.

부자의 허세

그러나 세부사항으로 들어가면 근대한옥에서 보여주는 급작스런 부자들의 허세가 이 집에서도 여실히 드러나 아쉽다. 허삼둘가옥의 창호는 사랑채를 비롯하여 전체적으로 장식이 과하며 비례가 깨어지고 있다. 방 외부는 세살문으로 통일하여 처리하였지만, 이 또한 짱짱한 맛이 없고 미닫이문은 거북이 문양, 교자살, 아자살, 용자살, 풍판 등이 비례가 깨어진 채 어지러이 선택돼 제작되었고, 왼쪽의 고방으로 통하는 문은 크기와 비교하면 팔각교자살의 비율이 높다. 부잣집답게 주변으로 곳간채와 방이 여러 개 딸린 안행랑채가 마련되어 있고, 사랑채가 나머지 부분을 감싸 전체적으로 튼 ㅁ자를 이루고 있다. 안행랑채에 중문이 마련되어 대문간채에서 바깥행랑채와 사랑채를 거쳐 진입하게 되었다.

사랑채는 T자 모양이다. 전후 모두 퇴를 가진 5칸과 4칸의 집이 결합하였다. 대문에서 진입하여 첫 번째로 보이는 것이 누마루이고 누하주는 거칠게 다듬고 누상주는 원주를 썼다. 온돌방 두 개를 연이어 달고 뒤로 벽장을 모두 부설하였다. 특이한 것은 누마루에 면한 방 앞의 작은 방의 존재다. 대청의 후면은 모두 벽 처리를 하여 문이 없다. 그리하여 뒷방이나 안채의 사람들이 드나들 때 사용하는 통로의 역할이 강하다. 정면을 향하는 방 또한, 두 개가 나란히 장지문으로 연결되어 있고 문이 달린 곳은 툇마루에 벽을 세워 가림막을 만들었고 노출된 방은 벽체로 전부 마무리하였다. 방 한 칸의 전퇴는 한 단을 높여 부엌과 면해 쪽마루를 달아 난간을 돌려 누의 분위기를 내었다. 사랑채 주인은 왠지 이 부엌과 면한 작은 툇마루만 가졌을 뿐인, 이 방을 사랑하고 거기에만 머물렀을 것이란 생각이 드는 건 왜일까. 각 끝방 옆에는 아궁이 부엌이 위치하고 그 상부에는 방에서 통하도록 다락을 설치하였다. 홑처마임에도 집은 껑충하며 건축주와 목수의 안목은 사랑채의 창호에도 여지없이 드러난다. 누마루는 머름을 둘러 문의 길이를 좀 줄이고 문살 또한 욕심을 조금 죽이는 조합으로 처리했더라면 하는 아쉬움은 어찌할 수 없다. 한 칸을 모두 문으로 구성한 사랑방의 불발기문과 누마루의 세 칸은 세 짝으로 구성되었다.

왼쪽_부엌. 부엌의 후면이 모가 접히면서 복잡한 지붕이 되었다. 판벽과 X자형 살창이 부엌의 삼면을 구성한다.
오른쪽_안채. 골방의 벼락닫이창.

사실 이 집의 전체적인 분위기는 대문간채에서부터 드러난다. 금천과 나란한 골목길에서 비켜나 대문이 들어앉아 있다. 가운데 맞배지붕의 솟을대문과 우진각지붕의 좌우 익랑은 부조화하고 화반을 세운 대문은 너무 솟았다. 답사를 다니며 고택의 대문은 굳게 닫혀 있을지라도 외곽담의 높이와 재료, 대문의 장식, 창호의 구성, 굴뚝의 높이와 치장 등 내부의 집을 가늠할 수 있는 외부의 장치는 많다. 운이 좋아 기회가 생겨 안으로 들어가 둘러보게 되면, 건물의 배치와 높이, 창호 등 세부가 짐작했던 것과 같을 때 묘

한 웃음이 나오게 된다. 전체와 세부를 조화로이 볼 줄 아는 주인의 안목은 부로도 지식으로도 단기간에 쌓이는 것이 아니기에….

다시 환기하자면 부유함과 생활의 편의를 내세운 독특한 구조의 허삼둘가옥은 우리나라 주택역사에 큰 획을 그은 가옥이다. 그러나 이 집은 현재 폐허다. 문화재청, 지자체, 소유자, 시민단체 혹은 이름 모를 독지가, 이 글을 읽는 모든 독자까지 지금 누군가의 용단이 필요한 때이다.

1 부엌으로 들어가는 통로다. 부엌문 좌우로 시렁, 선반을 달고 마루 또한 선을 정리하여 짜 넣었다.
2 부엌문. 좁고 긴 판재들을 붙여 부엌문을 만들었다.
3 대청 뒷방. 대청 뒤는 또 하나의 문 달린 방이 나온다. 건넌방과 안방의 뒷방에서 통하는 문이 나 있고
선반을 달아 수장고로 쓰인 듯하다.
4 부엌의 지붕가구架構.
5 꺾인 중앙을 모를 접었기에 필요했던 결구. 135도의 결구법은 팔모정의 구법을 차용했다.
불에 타고서도 내려앉지 않은 것이 그 명맥을 유지하고 싶은 오늘날 한옥의 의지를 표현한 것 같아 안쓰럽다.

한옥의

1/

이태준
가옥

2/

김진홍
가옥

3/

월곡댁

4/

운당

5/

학인당

6/

선병국
가옥

7/

양평한옥
산림조합한옥
묘적사

8/

스틸하우스
한옥

9/

한옥
모델하우스

진화

한옥의 진화

1

개량한옥의 별장형 살림집

이태준
가옥

글
이연건축 조전환 대표

일각문을 들어서서 니자형의 본채가 오른쪽으로 비켜나 있다. 사철나무, 감나무, 대추나무, 앵두나무 등 작품 '파초'를 통해 수목을 사랑했던 이태준의 흔적이 후손의 손길로 잘 가꾸어지고 있다.

상허 이태준은 1904년 강원도 철원에서 태어났다. 개화파였던 아버지를 따라 6세 때 러시아 블라디보스토크로 이주하였으나 그해 아버지가 돌아가시고 어머니와 함께 귀국하여 함북 배기미에 정착했다. 서당에서 한문을 수학하고 9세에 어머니마저 돌아가시자 여기저기 친척집을 전전하다 12세에 오촌 집에 입양되어 사립봉명학교에 입학하였다. 그러나 졸업 후 철원의 농업학교에 입학한 지 한 달 만에 가출하여 중국, 서울 등지에서 방황하면서 다양한 직업을 갖다가, 1921년 18세에 휘문고등보통학교에 입학하였다. 거기에서 학예부에 들어가면서 그의 문학가로서의 삶은 시작되었다. 스승이 가람 이병기이고, 정지용, 김영랑, 박종화, 박노갑 등이 같은 학예부원이었으며 부장으로도 활동하며 동화 등을 교지에 발표하기도 하였다. 1924년 학교의 비리와 횡포에 대항하여 일어난 동맹휴교 주모자로 퇴학당하고 일본으로 건너갔다. 경제적으로 어려운 가운데 「오몽녀」로 문단에 등단하게 되고 고학으로 동경 상지대를 다니다가 역시 졸업을 하지 못하고 귀국하였다. 여러 신문사와 출판사에 관여하면서 작품 활동을 계속하였다. 1933년 30세에 김기림, 이효석, 유치진, 정지용 등과 함께 순수문학을 표방한 문학동인회인 '구인회九人會'가 조직되어 1930년대 문단의 주류로 활동하다. 이후 3~4년 만에 해체되었다. 구인회를 조직하던 해 성북동 248번지로 이사하여 본격적인 집필 활동이 이루어지면서 그의 문학은 '시는 정지용, 소설은 이태준'이라는 말이 생길 정도로 전성기를 맞이한 것으로 보인다.

수연산방은 이태준 작가가 직접 목수를 불러 집 짓는 과정에 관여했으니 그 애정이 나뭇결마다 스며 있는 듯하다.

최근에야 상허 이태준의 수필과 소설을 접하게 되었다. 동시대에 활동했던 이효석, 김영랑 등의 작품은 교과서 등에 실려 조명을 받았으나, 항상 '월북 작가'라는 꼬리표가 붙어 1988년에 해금解禁이 되어 빛을 보게 되었다. 문학에 문외한임을 숨길만 한 변명이 되기도 하다.

전통문화를 자신의 삶 속에 체현

그의 생애 또한 가려져 있다가 작품의 해금과 함께 알려지게 되었는데, 그의 삶이 러시아 블라디보스토크에서 일본 동경에 이르기까지 넓은 무대에서 펼쳐졌지만, 그의 글들을 읽다 보면 그의 마음은 자신이 지은 성북동 한옥에 머물러 있는 듯하다. 동경생활을 통하여 근대문화에 경도되고 경성생활을 통해 전통문화의 가치를 모두 체험하였으나, 결국 그가 택한 것은 전통문화를 자신의 삶 속에 체현體現하는 것이었다. 일본과 근대기의 경성에서 소위 '양식물'을 먹을 만큼 먹었을 텐데도 한결같이 소시민에게 가지는 관심과 '고완古翫'의 맛을 풍기는 그의 문체와 내용에 대해, 그의 성장배경을 극복하고 자아성취를 위한 형식에 불과하다고 말하는 이들도 있다. 유년기부터 고아로, 경제적인 어려움을 겪었던 청년기의 어려운 삶은 그의 글 속에서 소재와 주인공들로 부활하였고, 한옥을 짓고 아버지가 물려주신 백자 몇 점과 추사의 족자면 충분하다며 그는 스스로 조선 문인이 되어 있었다. 그의 열등의식으로 말미암아 그의 삶은 치열할 수 있었으며 무한한 글 소재를 얻을 수 있었고, 그 작품들은 시대상을 잘 말해주는 기록으로 남게 되었다.

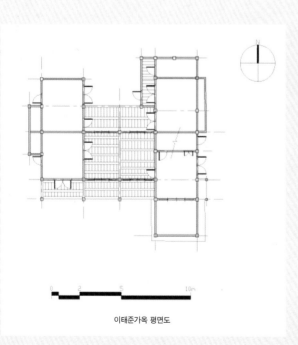

0   2   5   10m

이태준가옥 평면도

1,2 문향루, 기영세가, 수연산방, 죽간서옥. 누에는 문향루(聞香樓: 향기를 듣는다.), 기영세가(耆英世家: 덕이 높고 고매한 시대의 원로들이 노니는 곳), 대청에는 수연산방(壽硯山房: 오래 살며 연구하는 곳), 죽간서옥 (竹磵書屋: 대나무 비껴서 계속 물소리 들리니)이라는 현판이 달렸다. 하엽과 아(亞)자 문양의 난간과 유리 격자 창문으로 다소 화려한 누임에도 검박한 분위기를 풍기는 것은

강직한 돌기둥과 단출한 홀처마의 효과라고 본다.
홀처마 집은 처마길이가 짧아 북촌을 비롯한 서울 도심의 한옥들은 함석판을 덧대는 경우가 많다.
3 누마루 창호. 방충망과 유리를 한 칸에 맞추고 유리미서기문으로 여닫으면서 계절에 대응하도록 했다.

수필 「무서록」에 수록된 「목수들」

1941년에 간행된 수필 「무서록」에는 주변의 다양한 인간 군상들과 그의 한옥 생활이 고스란히 잘 드러난다. 그 책에 수록된 「목수들」에는 그가 성북동 한옥을 지으면서 만났던 목수들과 나눈 이야기와 저들끼리의 대화를 엿들으며 적은 감상을 실었다. 간역할 틈이 없어 도급을 주려 했으나 돈 걱정하며 일하면 재미가 없다는 그들의 솔직한 말에 오히려 감복하여 일급을 주기로 했다는 얘기며, '선다님'이라는 우두머리를 통해 당시 목수제도며 연장 등에 대한 정보도 얻을 수 있다. 그가 '조선집을 지음은 이조 건축의 순박, 중후한 맛을 탐냄에 있고, 그런 전통을 표현함에는 돈 보다 일에 정을 두는 이런 구식 공인들의 손이 아니고는 불가능할 것이므로 오히려 다행으로 여겼다.'라고 고백한다. 한옥을 업으로 하다 보니 그 당시의 문학작품들은 그저 근대기의 재미난 이야기가 아니라 중요한 건축적 자료가 되고 있다. 몇 년 전 출판된 프랑스 작가 장 폴 뒤부아의 「타네씨 농담하지 마세요」라는 작은 책도 유산으로 받은 오래된 집을 수리하는 과정에서 만난 목수들과의 어려움을 호소하고, 집에 대한 애정을 드러내며 프랑스의 주택에 대해서도 엿볼 수 있는 책이다.

성북동 길을 따라 올라가다 보면 주변의 다세대주택과 빌라 등에 둘러싸여 더욱 아담해 보이는 한옥 한 채가 올라온 길 쪽을 정면으로 서남향 해 있다. 전면은 축대 위 돌각담으로 둘러싸여 폐쇄적인 느낌이지만, 담장 위로 나무들이 무성하여 주변의 위압적인 건물들과 차별화된다. 계단 위에 난 작은 일각문을 들어서면 문인의 글 향기보다 앵두나무, 사철나무, 감나무, 살구나무, 대추나무, 모란, 백합 등을 심으며 행복을 누리는 생활인으로서의 이태준을 먼저 보게 된다. 그가 쓴 글 중에는 가꾸던 파초가 12자가 넘도록 크고 꽃이 피어 업자가 팔아넘기자고 설득해왔으나, 내년이면 생명력이 다할 것이 뻔한 데도 죽을 때까지 두고 보리라고 거절했다는 내용이 있다. 그의 글이 일상의 기록이었음이 흔적으로 남아 있는 정원이다.

근대기 한옥의 변화요소를 잘 간직한 집

성북동 그의 한옥은 근대기 한옥의 변화요소를 잘 간직한 집으로 평가받는다. 이태준가옥은 생활상의 변화를 겪는 과도기적 공간구성을 보여준다. 목구조의 법식을 그대로 따르고 돌의 사용과 수장의 형식, 대청을 중심으로 한 좌우 방의 배치나 부엌 상부 다락의 배치 등이 조선시대 건축을 따르고 있으나, 퇴의 적극적인 활용, 안방과 누마루의 조합, 부엌의 위치와 부엌 내부의 찬마루, 화장실이 실내화된 것은 근대생활상을 반영한 것으로 해석된다. 집의 형태와 공간구성은 시대의 흐름과 주인의 의식에 따라 유기적으로 나타날 수밖에 없는데, 1920~30년대 당시 박길룡, 김종량 등에 의해 서울의 북촌에 종종 시도되어 주택이 사랑채와 안채의 통합이 이루어지고, 계급도 사라진 가족중심의 시대를 반영하는 주택으로 工자형 한옥이었다. 그 당시에 지어진 가회동의 산업은행 관리가家와 경운동의 민익두가, 정순주가 등도 사농공상士農工商이라는 신분의 구분이 없어지면서, 집으로써 실용적이고 합리적인 공간의 모색을 위해 꺼리던 평면형을 시도하게 되는데, 이것은 각 실의 배치에 대한 풍수지리와 음양오행의 논리보다 각 가정의 생활방식이나 가족구성, 도시화가 가속화된 서울의 환경 요인에 대처한 방안이기도 했다.

이태준가옥은 퇴를 잘 활용한 집 중 하나다. 정면은 온 칸을 사용하되 측면은 툇간을 중간마다 끼워 넣어 전후 툇마루와 여러 개의 벽장, 부속공간의 구성을 자유로이 풀어내었다. 전면의 퇴는 전이공간뿐만 아니라 건넌방 앞에 단 차이를 두고 난간을 달아 또 하나의 누마루가 되었다. 칸마다 높이차를 두어 건넌방의 중앙에 전면 2칸의 대청을 만들고 대청 양쪽으로 방을 배치하였다. 왼쪽으로 한 칸 크기의 안방을 두었다. 안방에서 통하는 다락과 벽장이 부엌 쪽으로 나 있고 측면 담장으로 나 있는 문이 있다. 또한, 그 옆으로는 반 칸의 벽장이 내밀어 져 있다. 안방의 앞쪽에는 한 칸의 누마루를 냈고 누마루의 삼면은 모두 유리창으로 만들어 누마루의 개방감은 살리되 실내공간으로서의 기능은 충실히 따랐다. 누마루의 창호를 눈여겨 볼만한데 평범한 격자창호 같지만, 고심한 흔적이 역력히 보인다. 한

칸을 4등분 하여 가운데 둘은 한 짝으로 구성하여 방충망을 끼웠고 양쪽은 유리를 끼워둔 고정창이다. 그러나 가운데 사창에 맞는 미닫이문을 두 짝 달아 날씨에 따라 창문을 열고 닫을 수 있도록 하였다. 고정창과 미닫이의 혼용과 그 당시 새로운 건축 재료인 유리창호의 이점을 잘 살려내었다. 이 유리 창호는 대청의 전면 두 칸에도 4짝씩 미서기문으로 달아 같은 효과를 꾀했다. 난간의 난간대와 하엽, 법수 등에 상당한 공을 들였다.

또 하나 일반적인 한옥의 부엌위치와 달리 대문이 대지의 중간에 놓이고 상심루와 안채가 대지의 형태에 따라 양쪽으로 배치된 까닭에, 부엌은 ㄱ자형의 전면에 있지 않고 안방의 뒤로 놓이게 되었다. 1980년대 서울지역의 한옥을 조사한 보고서를 보면 부엌 안에는 한 칸의 찬마루가 놓여 있었다고 한다. 이것은 툇마루를 통해 각 실간 자유로운 동선을 단 차이가 나는 부엌에까지 연장하고자 한 노력이며 작업이나 식사의 용도로 사용했던 것으로 보인다. 부엌 자리는 현재도 주방으로 쓰이고 있다. 부엌 뒤에는 변소가 달렸다. 변소를 안채에 붙여 짓는 수법은 그 당시 한국인 건축가 박길룡 선생이 설계, 건축한 경운동 민익두가家에서처럼 개량한옥에서 나타나기 시작한 수법으로, 변소로 통하는 길이 퇴에서 연장된 복도식 마루일 뿐만 아니라 화장실 앞에 전실을 두는 등 당시 전국에 지어진 일본식 주택을 본뜬 것이다. 대청을 중심으로 좌우로는 안방과 건넌방의 구분이, 전후로는 중심공간과 지원공간이라는 구분도 성립하게 된다. 이러한 평면의 유기적인 통합과 분리를 가능케

1,2 조경 석물. 집안 곳곳에 놓인 석물과 수목, 화초들이 아늑한 주택정원의 멋을 더한다. 이 석물은 현재 위치를 달리하고 있다.
3 지금은 복개된 성북천을 따라 집들이 들어앉으면서 주변의 집들은 길보다 높게 자리하고 있다.

1,2 작은 일각문이 대문이며 왼쪽으로 상심루가 있었고 오른쪽에 본채가 남아 있다. 누마루에 앉아 완상하기에 좋은 위치, 대추나무 아래 장독대가 올망졸망하다.
3 연통 같은 옹기.
4 눈꼽재기창. 건넌방과 뒷방은 같게 벽장과 눈꼽재기창을 가졌다. 뒷방의 창은 뒤 축대를 향해 열린다.

한 것은 역시 工자형과 퇴의 사용으로 가능한 것이었다. 더불어 앞과 뒤로 형성되는 마당을 중심으로 실 간의 공간이 연계되기도 하는 다목적 평면의 좋은 사례이기도 하다.

소위 지식인이자 사회주의에 관심을 뒀던 가난한 작가에게 하인은커녕 남녀유별의 관념이 그를 지배할 리 만무하다. 소실의 몸에서 태어나 일찍이 아버지를 여의고 어머니마저 돌아가시고 나서 이태준은 번듯하고도 훈훈한 정이 감도는 가정을 언제나 꿈꾸었으리라. 그의 가족을 찍은 흑백사진 속 막내 아이를 안은 이태준과 그의 아내, 그리고 제각기 환한 표정을 지은 아이들의 모습은 의자에 앉은 아버지 주위로 둘러서서 굳은 표정을 지어 보이는 권위적인 가족 분위기가 아니다. 사진의 배경에 지금은 없어진 별채였다는 상심루賞心樓가 여러 단을 높인 화계 위에 자리하고 있다. "여러 해 별러 초려草廬 한 칸을 지어놓고 공부할 책 몇 권과 눈을 쉬게 할 서화 몇 폭을 걸어놓고 상심루란 현판을 얻어 걸어 놓은 지 이미 7,8년, 그러나 하루를 누累없이 상심낙사賞心樂事 한 적이 없다."란 글에서도 드러나듯이 본채를 짓고 몇 년 후에나 지은 서재였다. 그러나 이미 그 상심루는 한국전쟁 때 불타 없어진 지 오래고, 그 기단 또한 현재의 마당높이로 낮아지고 말았으며 담에 기대

어 작은 건물을 짓고 차 테이블을 놓았다.

우리는 말쑥하게 단장된 수많은 작가의 생가들을 보며 그를 그 되게 한 결론적인 환경을 보게 된다면 작가가 직접 지은 집은 그의 사상을 가장 잘 표현한 진행형의 환경을 보게 되기에 더욱 의미가 있다. 현재 '수연산방'이라는 당호 그대로 후손이 찻집을 운영하는 탓에 곳곳에 사람 손길이 느껴지고 성북동 일대 미술관을 찾는 이들의 또 하나의 목적지가 되기도 한다. 정원수와 우물, 장독대, 정원 석물 등이 고즈넉한 정원풍경을 자아내고 근대기 한옥의 다양한 시도를 볼 수 있는 중요한 건축적 자료이지만, 현재의 수연산방에서는 누마루 외엔 그 흔적을 찾기란 쉽지가 않다. 실내의 장식은 문인의 집이라고 하기엔 아쉬운 점이 많다. 국적불명의 민속품들의 무분별한 나열과 이태준의 흔적이라고는 보관된 두, 세 권의 책과 빛바랜 사진 등이 전부다. 그의 작품이 해금 된 지가 오래되었고 여러 출판사에서 간행하기도 하였는데 편안하게 그의 글을 감상할 여유는 없는 분위기다. 찻집이나 식당, 혹은 예스럽게 포장한 새집으로 우리를 맞이하는 문인들의 집은 항상 아쉬움을 가지게 한다.

1 하엽. 건넌방 앞의 퇴를 하부의 함실아궁이 출입을 위해 조금 높이고 난간만 둘렀을 뿐인데 또 하나의 누가 생겨났다.
2 출입을 편하게 하려고 아궁이로 통하는 하방을 따냈다. 그러나 이 또한 멋진 장식이 되고 보니
구조체이면서 각기 완벽한 멋을 지닌 한옥 부재도 마찬가지다.
3 우물. 돌계단을 내려간 곳에 우물이 남아 있다.
4 나지막한 담장과 담장 너머로 드리워진 대추나무, 장독대의 장독뚜껑을 열어도 좋을 볕이다.

김진흥 가옥

이 집은 조선 말기 순조의 부마도위의 궁집으로 남영위궁이라 했다. 사랑채에 건 현판 '남령제南嶺齋…' 듯 이러한 구전에 맞추어 현 소유주인 김진흥 씨가 걸어 놓은 것이다.

변화하는 한옥의 모습에 나름대로 있는 그대로의 한옥을 보고자 노력해 왔지만, 아직도 틀에 얽매여 제대로의 모습을 놓치고 있다는 생각이 든다. 어느 학자의 탁월한 식견처럼 아는 만큼만 보인다고 하더니, 한옥의 아름다움을 느끼기란 쉬운 일이 아닌가 보다. 김진흥가옥金鎭興家屋 또한 그렇다. 이 한옥은 순조의 셋째 딸 덕온공주의 남편인 부마도위 윤의선과 그의 양자 윤용구가 살던 집이다. 고종 2년(1865)에 지었으며, ㄷ자형 안채와 ㄱ자형 사랑채, ㄷ자형 중문간 행랑채, ㄷ자형 별채, 一자형의 별당채로 구성되어 ㄴ자형과 ㅁ자형의 중정中庭을 둔 두 건물이 엇비스듬히 합쳐져 있는 배치를 이루고 있다. 김진흥가옥은 1998년 12월 불교재단에 기증하여 지금은 '진흥선원'이라는 절이 되어, 안채는 극락보전으로 바뀌고 대청에는 아미타불이 모셔져 있다. 김진흥가옥은 소유주도 바뀌고 용도도 바뀌어 변화하는 중심에 있다. <small>참고_ 이 글은 『월간 현대주택』 1995년 9월호에 게재되었던 내용을 발췌한 것이다.</small>

숨 쉬는 궁집

이 집은 조선 말기 순조의 부마도위의 궁집으로 남영위궁이라 전해오고 있다. 사랑채에 건 현판 '남영제南寧齊'도 이러한 구전에 맞추어 현 소유주인 김진흥 씨가 선사 받은 것을 걸어 놓은 것이다. 현재 85세의 고령인 김진흥 씨가 윤용구 대감으로부터 이 집을 산 것은 1963년경이라 하며, 이사를 왔을 당시에는 집이 많이 파손돼 있어 5년에 걸쳐 보수했다고 한다.

"한옥은 숨 쉬는 집이에요. 아파트처럼 꽉꽉 막힌 곳이 아니고 바람도 넘나들고, 흙을 밟고 살 수 있는 집이죠. 땅의 기운을 받아서 그런지 여기로 이사를 온 후에 애가 한 번도 감기에 안 걸렸어요. 사람처럼 숨 쉬는 집에서 사는 덕이죠." 김진흥 씨 조카며느리의 한옥 예찬이다. 이곳에는 김진흥 씨 부부와 조카며느리, 관리인 가족들이 살고 있으며 4집에 세를 놓은 상태라 대지 759평, 건평 107평의 큰 집이 꽉 차 보인다. ㄱ자형 사랑채와 ㄷ자형 안채, ㄷ자형 중문과 행랑채가 연이어진 한지붕 속에 있는 것이 특색이다.

"안암동에서 살다 63년도에 이사를 왔으니까 이 집에서 32년째 사는 거네요. 몇 년 전에 연속극인지 영화를 찍는다고 우리 집에 왔었는데 정신이 하나도 없더라고요. 동네 사람들도 탤런트 구경한다고 모여들고, 밤새 카메라 들고 이곳저곳 돌아다녀 정신은 없었지만 재미있었습니다. 권옥경 할머니의 기억이다. 집을 관리하시는 아주머니의 말을 빌리면 권옥경 할머니는 문화재 할머니란다. 할아버님 한복이랑 이불까지 손수 만드시고, 할아버님 병구완만 하기도 어려울 텐데 집안 돌보랴 여든이 넘은 연세에도 여간 부지런하지 않기 때문이란 설명이다.

안채와 사랑채가 한 채로 연결

현재의 주택은 많은 부분이 개조되었다. 근래에 만든 철 대문을 들어서면 넓은 바깥마당이 있고, 앞쪽 높은 터에 옮겨 세워졌다고 하는 중문간 행랑채가 자리 잡고 있다. 동쪽으로는 담장이 쳐 있으며, 사랑채로 들어가는 일각문이 있다. 현재 바깥마당은 온 동네 아줌마들이 와서 쉬는 공간이라고 한다. 담 옆에 자라고 있는 깻잎을 뜯어가는 아줌마도 간혹 있지만, 사람들에게 이만큼이라도 쉴 수 있는 공간이 되어 좋지 않느냐는 넉넉한 말을 건넨다.

ㄴ자형과 ㅁ자형의 중정中庭을 둔 두 건물이 엇비스듬히 합쳐져 있는 배치를 이루고 있다.

1,2 안채. 유리문을 달아 예스러운 느낌은 많이 지워졌지만, 전체적으로 단아한 모습이다.
3 장독대에서 본 안채 뒷모습. 오른쪽으로 보이는 곳은 별당으로 팔작지붕 합각이 보인다.

"요즘 전원주택에서 살고 싶어 하는 사람들이 많지만, 저희는 서울시내에서 전원주택에 사는 거나 마찬가집니다. 텃밭에서 야채를 심어 기르기도 하고 밤나무, 대추나무랑 여러 가지 풀 속에 에워싸여 말 그대로 자연과 더불어 사는 셈이에요." 20년째 같이 살아와서인지 한가족처럼 친근해 보이는 관리인 아주머니가 다리미질하며 하신 과장 섞이지 않은 자랑이다. 김진흥가옥은 넓은 대지에 남향으로 안채, 사랑채, 별채 등이 자리 잡고 있으며 특히 안채와 사랑채는 한 채로 연결되어 있다. 중문간 행랑채는 정면 7칸, 측면 1칸으로 바라볼 때 왼쪽부터 서쪽 끝에는 1칸 크기의 광(현재는 화장실로 개조), 다음 동쪽으로 광 2칸, 중문, 광 2칸이 있고 동쪽 끝은 목욕탕이다. 북쪽으로 꺾인 곳에 1칸이 돌출되어 전면 목욕실과 통간으로 구성되어 있다. 그러나 이 목욕실은 후대에 개조된 것이고 본래는 청지기방이라 짐작된다. 중문을 들어서면 안마당이 있고 전체적으로 ㄷ자형인 안채가 자리한다. 서쪽에 있는 광채가 중문간 행랑채와 안채를 연결하고, 동쪽으로는 사랑채와 연속되어 있다.

"얼마 전에 전기공사를 했는데 그때 공사하시던 분들이 방이 이렇게 많으냐고 놀라더군요. 지금은 쓰지 않는 방도 있지만, 안채에만 쓰고 있는 방이 7개나 됩니다. 처음 이 집을 사서 고치는 데만 5년이 걸렸다고 하니 얼마나 집이

말이 아니었겠어요. 문짝도 다 떨어져 있고 마루는 가라앉아 있고" 이렇듯 한옥은 잠시만 관리를 소홀히 해도 보수를 해야 할 곳이 많아진다고 한다. 대청마루에 해마다 칠도 해야 하고, 낡은 부분은 수시로 점검해주어야 하며, 뒤뜰에 있는 나무들 돌보는 것도 보통 일이 아니라고 한다. "사실 할아버님이 아프지 않으셨으면 집을 이렇게 놔두지도 않았을 겁니다. 예전만큼 신경을 못 쓰셔서 그렇지 이만큼이라도 집이 관리되는 건 이모님 부지런함 때문이에요."

안채 서쪽날개의 끝 부분은 찬마루가 자리 잡고 있고 북쪽으로 부엌, 안방, 윗방이 차례로 위치한다. 찬마루는 부엌 안에 조리용 무쇠화로나 풍로가 놓이고 설거지와 조리를 하는 마루를 말한다. 안방과 윗방의 동쪽에 대청마루가 자리 잡고, 이어서 건넌방이 있다. 건넌방 남쪽으로는 함실아궁이 1칸, 장마루 1칸, 그리고 남측에 있는 방은 사랑채의 큰사랑방 뒤쪽으로 1칸 돌출되어 2칸 크기이다. 장마루는 기둥 사이에 장선을 걸고 위에 좁은 마룻널을 길게 깔아서 만든 마루이다. 남쪽으로는 광이 있고 벽체는 중문간 행랑채의 동쪽에 북쪽으로 한 칸 꺾이어 돌출된 지붕과 맞닿아 있다. 전체적으로 마당 내부 구석의 객실들을 들쑥날쑥 불규칙하게 처리하여 큰 공간에 변화를 주고 있으며 시선 방향에 따른 분위기를 안정감 있게 처리한 주택이다.

왼쪽_한 단의 장대석기단 위에 장대석으로 단을 높게 쌓은 높은 터에 옮겨 세운 중문간 행랑채가 자리 잡고 있다.
오른쪽_사면의 창호가 모두 없어진 정면 3칸, 측면 2칸의 별당. 예전에는 단아한 모습이었을 것으로 짐작되나 지금은 누군가의 손길을 기다리고 있다.

1 안채 뒷마당에서 본 창의 모습으로 디딤돌과 머름 위로 여닫이 세살 쌍창이 튼실하다.
2 열려 있는 여닫이 쌍창과 미닫이 영창이다.
3 옆의 유리 미닫이문과 비교되는 머름 위 창이 정겹다. 앞에는 말이나 가마에서 내릴 때 디딤돌로 사용하는 하마석下馬石이 놓여 있다.

꼼꼼한 관리 아쉬워

뒷마당을 나서면 안방의 서쪽으로 정면 3칸, 측면 2칸 크기의 별당이 있다. 이 별당은 산호벽루珊瑚碧樓라 불리며, 윤용구 대감시절에는 이곳에서 많은 연회가 이루어졌다고 한다. 하지만, 지금은 사면의 창호는 모두 없어졌고, 집수리 때 나온 나무며 낡은 기와가 어지럽게 쌓여 있다. 예전에는 꽤 단아한 모습이었을 것으로 짐작되지만, 짐짝과 여러 가지 잡동사니로 덮여 있어 아쉬움이 남는다. "사는 사람들의 불편함은 고려하지 않고 문화재를 보존한다는 차원에만 너무 치우치는 것 같습니다. 나오기만 하면 불편한 게 뭐냐고 챙기기보다 뭘 고쳤느냐고 제일 먼저 물어요. 93년경에 다시 보수했는데, 서까래는 예산이 모자란다고 직접 돈 주고 했습니다. 또 제대로 지었는지 뒷마무리도 점검해야 할 텐데 그러지 않더라고요. 팻말 하나 세워놓고 문화재라고 할 수는 없다고 봅니다. 개인이 관리하는 것에는 한계가 있습니다." 친정도 한옥이었기 때문에 한옥에 대한 애정이 남다르다는 조카며느리가 지적하는 문화재 관리에 대한 아쉬움이다.

작은 사랑방 북쪽의 일각문 옆으로는 또 다른 별채가 있다. 서북쪽에 ㄱ자형 평면을 이룬 별채의 몸채를 두고, 동쪽에 광채를 연달아 전체가 ㄷ자형의 평면을 이룬다. 제일 남쪽으로 부엌이 있고 북쪽에 안방, 그리고 동쪽으로 꺾어져 대청, 건넌방을 두었다.

안채, 사랑채, 행랑채 모두 유리문을 달았고, 개조된 부분이 많아 멋스러움은 사라졌다. "문화재 옆에는 큰 건물을 지으면 안 된다고 생각합니다. 저렇게 큰 건물이 있으니까 이 집이 별로 돋보이지 않잖아요?" 바로 옆에 있는 은행 기숙사 건물을 가리키며 한 지적이다. 덕분에 김진흥가옥 전경을 사진에 담을 수 있었지만, 조카며느리의 지적대로 이 건물 때문에 집이 돋보이지 않는 것은 사실이다. 순조의 부마가 살던 집이라고는 언뜻 믿어지지 않을 만큼 가려져 있어 아쉬움이 남는다.

왼쪽_ 장독대. 안주인의 성격처럼 깔끔하게 정돈되어 있다.
오른쪽_ 지붕 위로 솟은 전축굴뚝이 높이 만큼이나 위엄이 있어 보인다.

1 와편을 겹겹이 높게 쌓은 와편굴뚝으로 처마 위로 듬직하게 서 있다.
2 사랑채 뒤에 자리한 와편굴뚝이다.
3 붉은 벽돌로 정성스럽게 쌓은 안채 뒤에 자리한 전축굴뚝이다.
4 바깥마당에서 본 일각문. 기둥 두 개만으로 이루어진 작은 문을 일각문이라 한다.
5 중문간 행랑채 동쪽으로 세워진 담장으로 호박돌과 전돌로 대조를 이룬다.
6,7 편액들

한옥의 진화 3

이중기단 위 개방감이 돋보이는 집

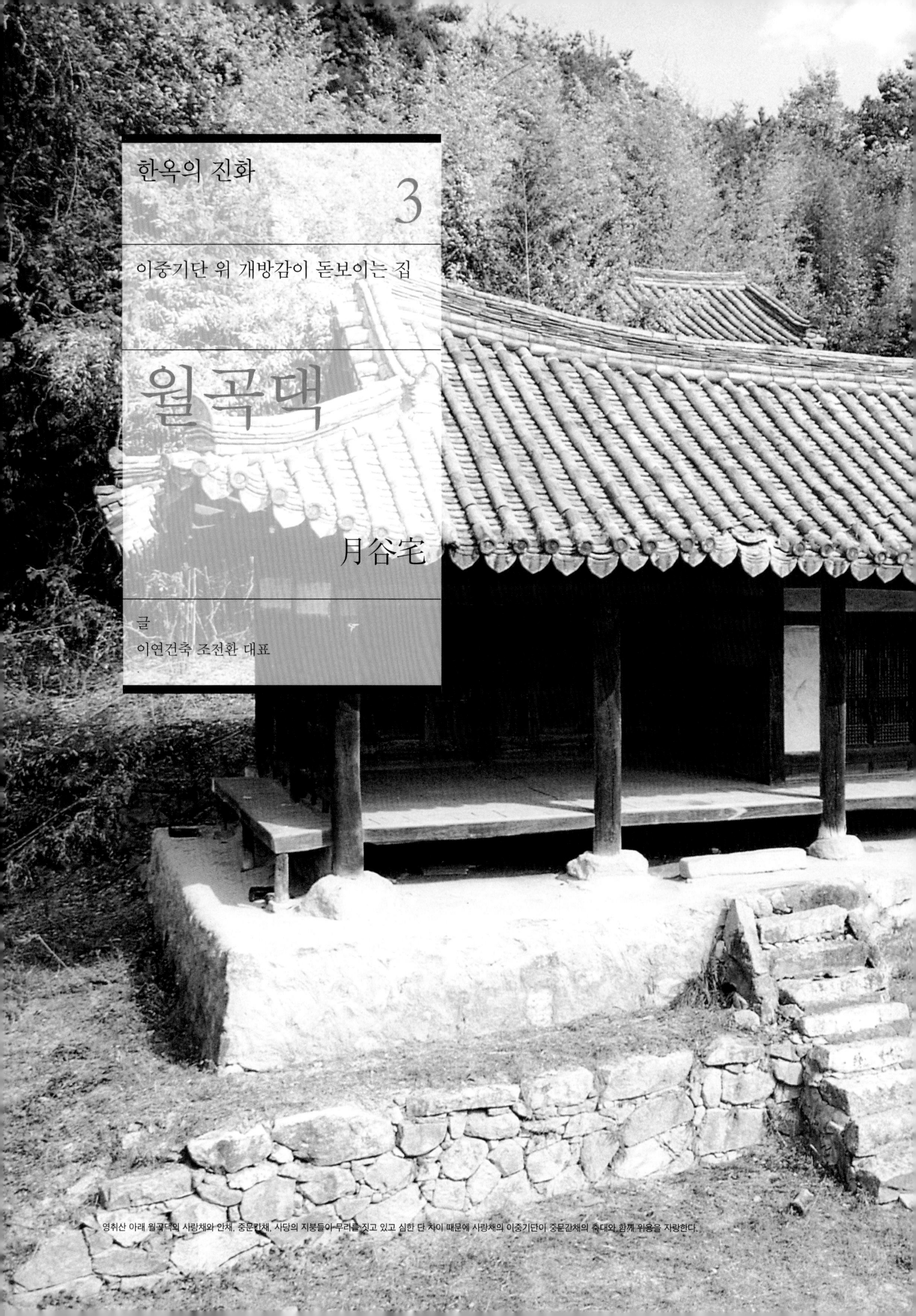

월곡댁

月谷宅

글
이연건축 조전환 대표

영취산 아래 월곡댁의 사랑채와 안채, 중문간채, 사당의 지붕들이 무리를 짓고 있고 심한 단 차이 때문에 사랑채의 이중기단이 중문간채의 축대와 함께 위용을 자랑한다.

경북 성주는 참외로 이름난 곳이다. 전국 참외 생산량의 70% 넘게 점유하고 있다고 한다. 경북 서남부 산간내륙의 원형 분지로 서쪽의 가야산과 동쪽의 낙동강이 접하고 있어 기름진 들과 물이 풍부하다. 이중환의 택리지에서 언급하였듯이 "돌이 적고 영남에서 가장 기름지며 씨를 조금 뿌려도 수확이 많아 오곡백과가 잘 되어 옥토로 유명한 땅으로, 토착민들이 모두 부유하여 떠돌아다니는 사람이 없다."라고 할 만큼 농사짓고 살기에 좋은 땅이었다. 게다가 기상재해가 적고 공해 없는 고장에 지하수가 풍부하고 안개 발생이 적어, 일조량이 많고 미사질 토양의 토심이 깊고 배수가 잘되어 참외재배에는 천혜의 자연조건이다. 성주농업고등학교 출신의 대부분이 농민으로 정착하여 모두가 알아주는 성주 참외나 성주 수박을 생산하고 있으니 땅이 주는 축복에 사람의 노력이 보태어진 명성이라 하겠다. 이중환은 성주의 "산천이 밝고 수려하다."라는 자연조건과 더불어 그 터가 배출한 인물을 함께 언급하였는데, 고려 때부터 문명이 뛰어난 사람들과 이름 높은 선비가 많았다, 조선에 와서도 동강 김우옹과 한강 정구가 이 고을 사람이다." 성주는 고려 말 충의와 절개를 지킨 도은 이숭인의 고향이자 조선 성리학의 으뜸 학자들이 교유하며 학문의 꽃을 피웠던 곳이다. 조선 후기에는 한개마을의 응와 이원조가 그 맥을 잇는다. 퇴계 학맥과 학봉의 학맥을 연결한 입재 정종로의 제자였다.

덕을 재才 보다 우선하고 학문을 숭상해 온 한개마을

성주 한개마을은 조선 세종 때 진주 목사를 지낸 이우가 자리를 잡고 그의 후손들이 대를 이어 살아온 오래된 마을로써, 영취산을 배경으로 백천을 앞둔 풍수적으로도 훌륭한 곳이고 경치 또한 빼어난 곳이기도 하다. '한개'라는 지명은 지금은 흔적도 없이 사라졌지만, 마을 앞에 큰 나루가 있었고 대구와 칠곡을 거쳐 서울로 올라가는 길로 지금의 성주 내륙지방과 김천, 칠곡 지방을 잇는 물목이었으며 역촌이 있었던 요지에서 비롯되었다고 한다. '큰 나루'라는 뜻으로 한자로는 대포大浦라고 쓰며 이 말이 우리말로 바뀌면서 한계라고 불리다가 편의상 다시 '한개'라고 불리게 되었다. 조선시대에 번창했던 성산이씨의 집성촌으로 50여 채의 전통고가가 옛 모습을 그대로 간직하고 있고, 덕을 재才 보다 우선하고 학문을 숭상해 '한개양반'으로서의 자존심이 서려 있는 마을이다. 문화재로 지정된 북비고택, 한주종택, 교리댁, 하회댁, 극와고택, 진사댁, 도동

위_ 담은 이미 담의 역할을 잊은 듯하다.
노거수가 드리운 녹음과 풍취가 주는 맛이 일품이다.
아래_ 마치 신라 천 년의 불국사를 보는 기분이다.
기단은 들여쌓아 안정감을 주면서 돌계단이 가지런하게
두 개의 길을 열고 있다.

월곡댁 배치도

기단을 잘 다듬어 운치가 있다. 단의 위계도 보이면서 고저의 변화가 어울린다.

댁 등은 모두 1700년대 중·후반에 지어진 집이고, 마을의 서류재, 월봉적, 첨경재 등은 선조를 기리는 후손들에 의해 1800년대에 지어진 제실이고, 여동서당 일관정 등은 시대가 한참 떨어지는 건물들이다. 그중 문화재로서 남아 있는 월곡댁은 그 건립연대가 과도기적이다.

한개마을의 북단 영취산 기슭에 있는 월곡댁은 재산을 많이 모은 이전희가 1911년경에 이 집을 창건하였고, 1930년에 가묘, 1940년경에 별당을 증축하였다. 이전희의 부인이 초전면 월곡동에서 시집왔다 하여서 월곡댁이라 불리는 집이다. 초전면 월곡리는 홈실(명곡椧谷)마을과 달밭(월전月田)마을로 나뉘며, 그 중 홈실마을은 임진왜란 당시 이여송

장군을 따라온 풍수가 두사충이 성주와 칠곡 일대를 두루 살피고 성주군 초전 홈실, 대가 사도실, 수륜 윤동, 선남 오도마을 칠곡군 지천 웃갓을 명당이라고 하고 성주의 5명기 名基라고 했다. ('내 고향 성주', 1991, 성주군 발행) 한개마을은 도로에서 두 곳의 마을 입구가 있고 이는 다시 좌우로 갈래가 나누어 간다. 월곡댁은 마을 서쪽 길의 가장 끝 부분의 산기슭에 자리 잡고 있다. 일반적으로 종가가 마을의 가장 안쪽자리에 있어 무게를 잡고 그의 후손과 형제지간이 분가해가면서 마을 아래를 차지해나가는 위계질서를 보이지만, 월곡댁은 건립연대가 가장 최근이면서 교리댁과 북비고택 보다 마을 안쪽 고지대에 있는 의외의 배치를 보인다.

지형에 따라 집을 지어 축대를 쌓은 것처럼 저절로 높아 보인다. 계단을 정리하고 다듬어 멋진 입구가 되었다.

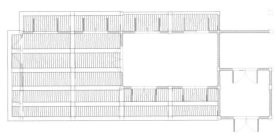

사랑채 평면도

이중기단 위 개방감이 돋보이는 집

대문채는 3칸 규모의 평대문으로 가장 좌측의 대문간을 들어서면 마당이 넓게 자리하고 있고, 마을 뒤쪽의 산기슭에 자리 잡은 관계로 대지의 경사에 따라 사랑채의 기단을 이중으로 조성하여 그 위세가 만만치 않으며 정면 5칸, 측면 1칸 반 규모의 팔작지붕 기와집이다. 자연석으로 조성한 이중기단 위 자연석 주초에 전면에만 원기둥을 사용하였다. 방을 오른쪽에 모아 배치하여 4칸의 대청마루는 높은 기단과 삼면이 창으로 적절히 트여 있어 언덕 위의 정자 같은 개방감을 주며, 연등천장으로 굽은 대들보와 충량, 평행 서까래 등이 구조적 아름다움을 잘 드러낸다. 평면은 좌측에 정면 2칸 대청을 두고 우측으로는 2칸의 사랑방을 두었는데 사랑방의 전면에는 반 칸 규모의 툇간을 설치하였다. 큰 사랑방 우측의 작은 사랑방은 툇간 폭까지 내민 후 전면에는 쪽마루를 설치하고, 후면 칸에는 함실을 두어 두 사랑방의 불을 때게 하였다. 큰 사랑방 뒤쪽에는 벽장을 설치하고 그 우측에는 안채로 통할 수 있게 외여닫이문을 설치하였다. 함실아궁이 위로 큰 사랑방에서 통하는 다락도 설치하고 아궁이 위로 벽감도 설치하여 작은 사랑방 역시 안채로 통하는 문과 벽감이 잘 배설되어 있다. 또한, 사랑채와 중문간으로 이어지는 담장 사이 문을 두고 사당에서 행사가 있을 때 안채와 사랑채, 사당간의 통행을 도왔다. 현재는 사랑채의 부재들이 껍질을 모두 벗겨 내고 오일스

테인이 발라져 소나무의 붉고 노란 기운이 드러나 있어 관리의 흔적을 볼 수 있다.

사랑채 우측으로 중문간이 一자로 사랑채와 일렬이고 중문간을 들어서면 안마당을 사이에 두고 ㄱ자형의 안채와 一자형의 곳간채가 튼 ㅁ자형의 배치형태를 이루며 배치되어 있다.

안채는 별채 뒤에 있으면서 중문으로 경계를 삼았는데, 고샅 같은 공간이 자연스레 생기면서 안채에 들어가는 과정이 길다. 안채는 정면 6칸, 측면 4칸 규모의 팔작지붕 기와집으로 ㄱ자형의 평면 형태를 취하고 있다. 정면 2칸 대청을 중심으로 우측에는 반 칸 규모의 툇간을 가진 2칸의 안방과 부엌 1칸을 연접시켰고, 대청의 좌측에는 건넌방을 두었는데, 건넌방은 2칸 규모로 전면 쪽으로 1칸이 돌출되어 있으며 여기에 건넌방과 아랫방을 위한 아궁이부엌과 아랫방을 연접시켜 날개를 이루게 하였다. 아랫방에서는 아궁이부엌 상부로 다락을 설치하여 별도의 수장공간을 마련하였다. 안채에는 뒷간이 딸린 곳간채가 따로 있어 그 경제규모가 짐작할 만하며, 곳간채와 중문간채 사이 공간을 담으로 구획하여 문까지 달아 장독대를 마련한 기록도 있으나, 현재 장독대는 사라지고 월곡댁을 관리하는 아주머니께서 낮 동안 혼자 지내시는 옆집 한주종택 할머니의 말벗도 해 드리면서 오고 가는 통로가 되었다. 부엌은 안방 쪽으로 아궁이를 설치하고 동쪽으로 기둥을 벗어나 방화담을 쌓은 듯 토석벽을 쌓았는데, 땔감을 보관하며 상부는 뚫

왼쪽_사랑채의 후면은 안방의 벽장과 작은 사랑방의 벽감, 다락 등의 수장공간이 배설되어 다소 복잡하다. 현재 민가의 막새기와 사용은 그 기능 때문에 일반적이나 월곡댁 사랑채의 막새기와 사용은 근대기 1911년도에 건축이 되었다 할지라도 일반적인 기와 방법은 아니었을 것이라 보인다.
오른쪽_사랑채의 비탈진 후면에 있는 사당은 담장으로 구획되어 있다. 사당은 북비고택, 교리댁 등과 같이 전면에 퇴를 두어 마을의 건축양식을 따랐다.

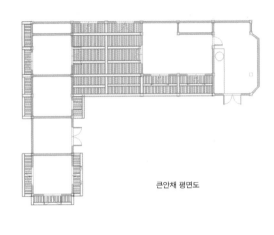

큰안채 평면도

1 중문간채를 나와 사랑마당을 본 모습이다. 후에 증축된 별채로 말미암아 안채로 이르는 곳에 골목이 형성되었다.

2.5 안채의 아랫방 전면의 쪽마루는 반 칸 정도의 너비로 구성하고 삼면에 쪽마루를 두르고 아궁이 부엌 위 다락을 포함하여 단일공간으로는 꽤 넓은 면적을 차지한다.

3 월곡댁 안채는 쇠락해있지만, 현재는 지방문화재로 지정되어 개보수한 상태로 관리인이 살고 있다. 안채와 곳간채 사이로 보이는 건물은 옆집 한주종택이다.

영취산 아래 서쪽에서 가장 높은 곳에 있음에도 기단은 상당히 높은 편이다.

4 안채 중문간채는 평대문이며 총 7칸으로 다양한 수장공간을 갖추었다.

6 중문간채의 하방은 굽은 재를 사용하였고 중문간채 진입 시 시야가 안방과 정면으로 맞대한다는 점은 의외다.

려 있어 통풍을 고려하였다.

사랑채, 안채 등 본 건물을 먼저 짓고 마을의 전통에 따라 경사지를 이용하여 안채와 사랑채의 뒤로 후에 사당이 마련되었는데, 정면 3칸, 측면 1칸 반 규모의 맞배 기와집이다. 종택인 교리댁의 한 칸 사당이나 북비고택의 사당과 함께 월곡댁에서도 두드러진 점이 전면에 툇간을 둔 것이다. 사당의 전면에 이러한 툇간을 둔 경우는 주로 전라도 지역 등 서부지역에서 나타나는데, 툇간이 가지는 공간의 유용성 때문에 경북지역 중에서도 한개마을에서 나타나는 것은 월곡댁은 제외지만, 사당이 담장으로 구분되어 있지 않은 교리댁, 북비고택의 공간개념과 다르지 않다. 북비고택 종손의 말씀처럼 조석으로 사당에 문안드리는 것이 생활화되어 있기 때문이다. 화강석으로 기단을 쌓고 다듬잇돌 주초를 놓고서 사랑채에서처럼 전면에만 원주를 세우고 기둥의 상부에는 초익공으로 장식하였다.

별채의 존재 이유

이 집에서 가장 흥미로운 것은 사실 별채의 존재 이유다. 별채가 딸린 집들은 많으나 사랑채의 역할이나 안채에 인접해 딸이나 안채 방문객들이 머무는 곳이었는데, 월곡댁의 별채는 소실을 위한 집이었다고 알려졌다. 사당보다도 후대에 지어졌다고 하는데 집을 짓는 과정에 안주인의 통제가 이루어졌음 직한 흔적이 보인다. 별채는 정면 5칸, 측면 1칸 반 규모의 팔작지붕 기와집으로 일견 당당해 보이나, 오직 후면의 협문을 통해서만 별채에 들어설 수 있고, 사방이 담장으로 막혀 있고 사랑채에서는 중문간채를 거치지 않고서도 직접 안채로 통할 수 있게 돼 있으나, 별채는 사방이 담으로 막혀 있어 폐쇄성이 강하며 중문을 거쳐야만 안채 출입이 가능하다. 중심공간을 차지하는 다른 여느 건물과 달리 별채는 대청마루가 전면 1칸이지만, 작은 방 앞에 한 칸의 마루가 있어 협소한 감은 없다. 특이하게도 천정은 서까래가 드러난 것이 아니라 우물반자인 것도 눈여겨 볼만하다. 한 칸의 대청을 중심으로 우측에 툇간을 둔 2칸의 안방과 부엌을 두었고 좌측에는 작은방을 두었는데, 작은방의 전면에는 1칸 규모에 가까운 마루를 두었다. 안방은 마루보다 간 사이가 넓다. 부엌 상부에는 안방에서 통하는 다락이 없는 대신 후면전체 벽감을 두어 수장공간을 확보하였다. 한편으론 뒤의 안채 쪽으로의 시야는 철저히 차단된 셈이다. 부엌의 전면에는 안방의 툇마루가 내부까지 연장되어 외여닫이문이 있고, 전면으로는 출입문이 없고 북쪽은 살창만 있어서 출입은 측면을 통해 이루어진 것으로 보인다. 별채에 딸린 행랑채는 용도가 궁금할 만큼 담장과 문의 위치가 주목된다. 쌍여닫이문이 모두 사랑마당으로 달려서 사랑채에 딸린 행랑채로 보이나 그 건물의 몸체는 모두 별채의 영역 안에 있는 것이다. 담장의 미학이 여기에 있다. 건물을 가림으로 위세를 축소해 보이게도 하고 영역을 구분해주기도 하고 길을 내주기도 하니 말이다.

1 부엌의 토석담. 부엌의 측면으로 방화담처럼 토석담을 두르고 상부를 개방해 통풍, 공간 확보 등을 충족시켰다.
2 곳간채 판문. 눈여겨보면 곳간채 문의 판자가 일직선이 아니라 휘어져 있음을 볼 수 있다. 가구를 짜듯 통나무를 켜서 대칭으로 구성하였다.
3 주택 안에 디딜방아를 두었다는 것도 재력을 가늠하는 지표가 될 수 있다.

월곡댁은 마을의 서쪽 가장 안쪽 영취산의 바로 아래에 있어 마을을 굽어보기에 좋은 위치이다. 월곡댁을 둘러싼 담장을 끼고 뒤로 돌면 한주종택과 연결되어 한 바퀴 돌면 한주종택의 별채인 한주정사로 통하며 마을의 안길과 동쪽 길로 갈라지게 된다.

마을 앞 너른 들에는 아직도 성주 땅의 기름진 지기地氣가 성할까 싶을 정도로 비닐하우스들이 빼곡히 들어서 있다. 그러나 옛날 월곡댁을 실어온 백천은 이천과 합류하여 아직도 마을 앞을 흐르고 있고 영취산은 오늘도 한개마을을 보듬고 있다. 월곡댁의 종손이 성공한 기업인이라는 것은 하나의 일례에 불과하며, 고택의 후손들이 낙향하여 '성산이씨'로서 그 소임을 다하고 있으니 이중환의 택리지는 여전히 유효한 오늘날의 인문지리서이다.

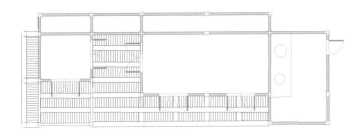

작은안채 평면도

1 별채에 딸린 행랑채. 쌍여닫이문이 모두 사랑마당으로 달려서 사랑채에 딸린 행랑채로 보이나 그 건물의 몸체는 모두 별채의 영역 안에 있다. 정면 3칸의 홑처마 맞배지붕으로 단출한 느낌이 강하고 수직과 수평을 적당히 구분하면서 좌우 대칭을 이룬 건물이다.
2 둥근 막돌로 잔디와 함께 놓은 계단 위에 국화정으로 장식한 평대문이 단정하다. 벽과 담이 잘 짜인 문과 만나 멋진 삼합을 이루고 있다.
3 큰 돌로 하단을 쌓고 들여쌓은 토석담이 안정감을 주면서 건물의 지붕선과 담의 기와가 가지런하면서 단아하다.
4 측간 내부 모습이다
5 만살 무늬에 거북 문양을 한 창호가 깔끔하다. 햇살은 그림자로 무늬를 남기며 안으로 들어왔다.
6 무고주 오량가로 곡선의 대들보와 직선의 도리가 잘 어울린다. 원형과 각형의 목재가 만나도 잘 어울린다.

한옥의 진화

4

바둑 명대국장의 한옥여관,
종합촬영소에 복원

운당

雲堂

글
이연건축 조전환 대표

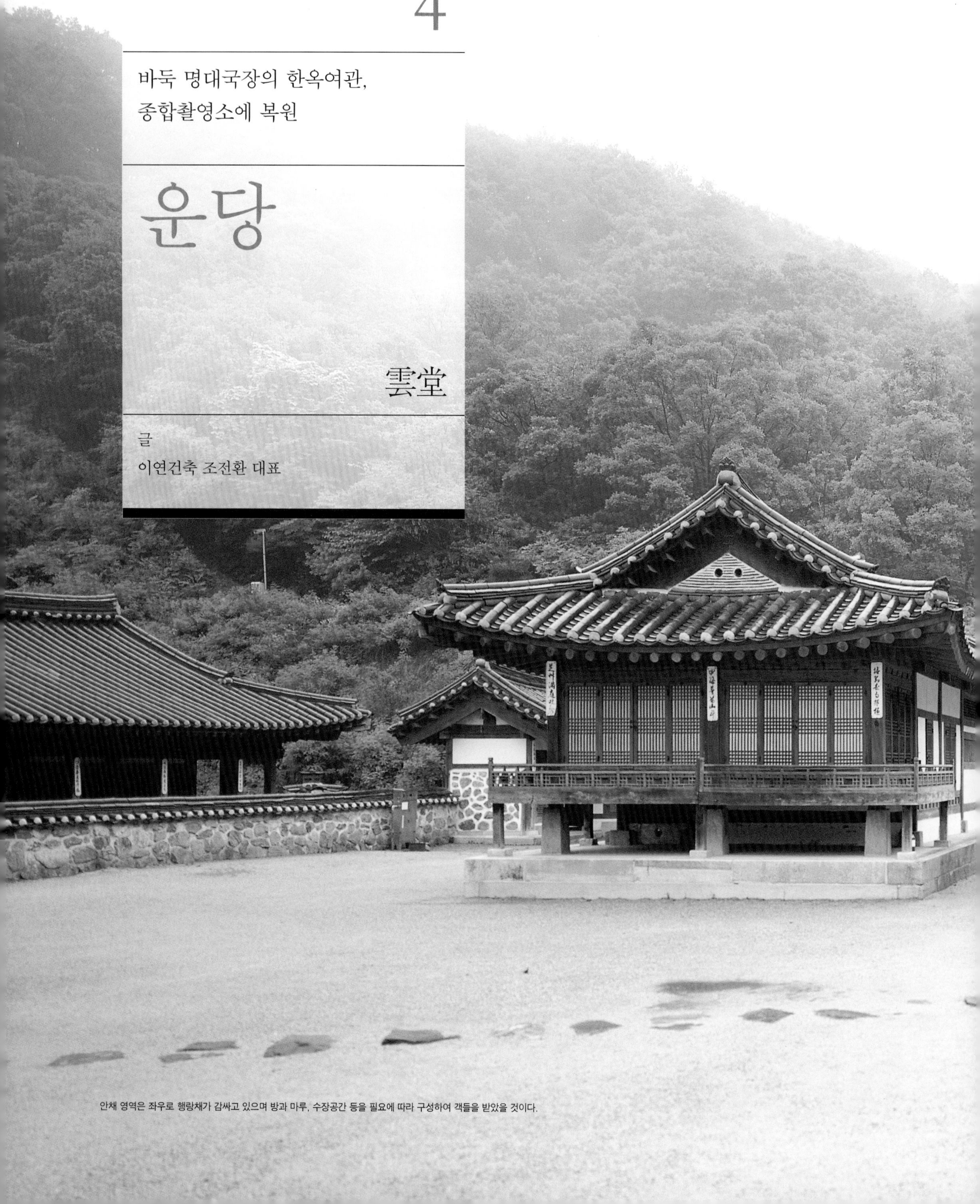

안채 영역은 좌우로 행랑채가 감싸고 있으며 방과 마루, 수장공간 등을 필요에 따라 구성하여 객들을 받았을 것이다.

세트장은 허상이다. 생기가 없다. 배우가 움직이고 카메라가 돌 때만이 잠시나마 살아 있는 세트장.
배경으로서의 역할에만 충실하기 위해 실제보다 축소나 확대돼서 제작되며 구조나 재료에 거주공간으로서의
개연성만 취할 뿐 진정성이 없어야 함이 미덕이다. 지자체마다 드라마나 영화촬영지를 제공하면서
관광수입을 꾀하는 터라 전국이 세트장이 되어가고 있다. 드라마나 영화가 흥행하면 당장에 그 촬영장소의
입장료 수입뿐만 아니라 지역경제 전체에 미치는 파급 효과가 상당한 터라 재정자립도가 낮은 지자체의
수장들에겐 웬만하면 뿌리치기 어려운 유혹이다. 그러나 드라마가 막을 내리고 영화의 감동이 사그라지면
세트장은 유지보수에 골칫거리, 흉물로 전락하는 공식을 태생적으로 안고 있다. 한편에선 자성의 목소리가
나오며 사후관리 프로그램이 전제된 조건에서 세트장 건립을 추진하자고도 한다. 그 지역만의 자연조건과
문화콘텐츠가 가지는 고유한 체험보다 성급한 보여주기식 행정은 드라마나 영화의 보여주기 생리에
들어맞아 결국 폐허만을 남기고 말 뿐이기 때문이다.

남양주 종합촬영소의 가장 깊은 운당雲堂

그런 면에서 남양주 종합촬영소는 영화촬영장소로 꾸준히 알려진 곳이다. 영화진흥을 위해 공기업이 만들어져 지속적으로 운영하는 시스템이 갖추어진 데다 영화촬영에 필요한 부대시설도 있고 무엇보다 지리적으로 서울에서도 가깝다. 흥행에 성공했던 쉬리, 공동경비구역 JSA, 실미도, 태극기 휘날리며 등이 촬영되어 많은 관광객이 영화의 감동을 되새기면서 그 장면대로 재현하며 사진을 열심히 찍는 곳이다. 황진이, 왕의 남자, 조선남여상렬지사-스캔들, 미인도, 최근엔 명성황후와 그의 무사를 다룬 영화 불꽃처럼 나비처럼도 촬영되었다는데 이 모든 사극 영화들의 촬영 장소는 따로 마련되어 있다. 종합촬영소의 가장 깊은 안쪽, 산기슭의 운당雲堂이다.

지금은 주인을 잃고 생기를 잃은 채 세트장의 하나로 전락했지만, 운당은 국악계나 전통숙박, 바둑계 등에 여러 의미가 있는 역사의 현장이었다.

450평에 31개 객실을 갖춘 운당여관

운당은 종로구 운니동 한 채의 집에서부터 시작된 '복합 한옥단지'였다. 조선후기 궁중 내관이 순조로부터 재목을 하사받아 지은 양반가옥은 몇 차례 주인이 바뀌다가 1951년 주인을 제대로 만났다. 가야금병창 예능보유자 박귀희 씨가 남편과 함께 당시 친일파 기업인으로 한국 최고의 갑부였던 화신和信의 총수였던 박흥식의 조카이자 화신의 전무로 일하던 박병교로부터 그 집을 인수했다. 여기다가 이웃한 한상억의 한옥도 사들여 1958년부터 운당雲堂이라 이름 짓고 여관으로 운영하였다. 또한, 정릉에 있던 순종의 비 윤씨의 별장도 이전 복원하여 450평에 31개 객실을 갖춘 지금으로서도 보기 어려운 대규모 한옥여관이 탄생한 것이다.

운당의 가옥구조는 기존 건물뿐 아니라 옮겨온 건물들이 그랬던 것처럼 서울·경기지방의 전통 사대부 가옥구조를 그대로 따르면서 문간채 사랑채, 안채 곳간채 행랑채 별당으로 구성하고 각각 협문을 두어 공간을 구분했다고 한다. 운당여관은 건립 초기부터 종로의 명소로 떠올랐다. 아무래도 운당의 안주인 박귀희 선생의 유명세 때문에 더욱 그러했으리라 본다.

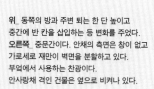

위_ 동쪽의 방과 주변 퇴는 한 단 높이고 중간에 반 칸을 삽입하는 등 변화를 주었다.
오른쪽_ 중문간이다. 안채의 측면은 창이 없고 가로세로 재만이 벽면을 분할하고 있다. 부엌에서 사용하는 찬광이다. 안사랑채 격인 건물은 옆으로 비켜나 있다.

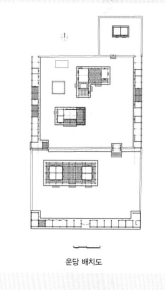

운당 배치도

1,3 남양주 조안면에 있는 남양주 종합촬영소 가장 안쪽에 있는 운당은 서울 종로구 운니동의 한옥 일부를 옮겨다 놓은 것이다.
수풀 우거진 문안산 끝자락으로 옮겨진 탓에 운당은 귀향한 서울내기의 서툰 구석이 있다.
2,5 ㄷ자형으로 사랑마당을 감싸 안은 솟을대문을 들어서면 사방으로 퇴를 두른 사랑채가 자리하고 있다.
기본 칸 사이를 기준으로 할 때 무려 정면 7칸 반, 측면 3칸에 이르는 대규모 공간이다.
4 중문에서 바라본 안채

운당의 안주인 박귀희 선생의 문화예술 사랑

박귀희의 본명은 오계화(오주화라고도 알려져 있음)로 1921년 2월 경상북도 칠곡에서 출생하였다. 보통학교 졸업 후 국악을 하면 기생이 된다는 아버지의 만류도 뿌리치고, 당시의 명창 이화중 선생 (1898~1943년)이 이끄는 대동가극단에 들어갔다. 16세 때 서편제 판소리의 박동실 (1897~1968년) 동편제의 유성준(1874~1949년) 등 기라성 같은 스승의 문하에서 판소리 다섯 마당을 모두 익히고 강태홍(1894~1968년), 오태석(1895~1968년) 등으로부터 가야금도 배웠다. 판소리의 명창 유성준劉成俊에게 1937년 창을 배우고, 19세에 국악계의 스타로 발돋움하였다. 1940년 가야금의 명인 강태홍姜太弘에게 가야금을 배운 뒤 1942년 다시 국악인 오태석嗚太石의 문하에 들어가 가야금

산조와 병창을 수업하였다. 창극에도 조예가 깊고 무용에도 뛰어나 한때 창극계에서 활약한 바도 있다. 한양창극단에 들어간 이래, 20여 년간 판소리에서 1급의 자리를 지켰고 후에 1968년 무형문화재 가야금 산조 및 병창 기능보유자로 지정될 만큼 그의 가야금 실력도 인정을 받고 예술에 다양하게 소질이 있었던 박귀희 선생의 행보는 요즘 연예인들의 일거수일투족이 세인의 관심거리이듯 주목받았음이 틀림없다. 1955년 한국민속예술학원을 설립하여 후진양성에도 힘쓰고 있었던 박귀희 선생이 운당여관을 연 것은 경제적인 논리보다는 문화예술인들의 공연장소 제공과 그들의 숙박을 해결해 주기 위한 배려였다. 전국을 떠돌며 공연을 하고 나그네로서 살아가는 국악인들의 애환이 운당여관에서만큼은 녹여지길 바라고, 이름난 국악인들의 악기. 판소리 한 자락 듣기 위하여 찾아오는 풍류객들을 가난한

1,2,3 사랑채 대청마루다. 무려 6칸에 이르며 앞뒤로 퇴가 있고 양쪽의
분합문까지 모두 열어젖히면 대공간이 만들어진다. 명창이었던 박귀희 선생이나
그 동료의 공연이 열리기도 했을 법한 장소이며 바둑대국이 열려 많은 기객들이
참여했을 만하다.
4 사랑채의 건넌방은 앞의 퇴가 높여진 고상마루로 누마루의 형태로 했다.

예술인들과 이어주는 장소를 일찍이 꿈꾸어 왔으리라.

덧붙여 말하자면 서민들의 가슴을 시원하게도 하고 쥐어짜며 눈물 흘리게 했던 전통공연자들이 참 쓸쓸하게 노후를 맞이하기도 한다는 것은 공옥진 여사의 기사를 통해서도 알 수 있다. 전통을 '정통'으로만 인식하는 기준이 온몸으로 신체장애와 동물흉내를 내며 박장대소와 눈물을 통해 카타르시스를 느끼게 해주었던 선생의 지난날이 전혀 인정되고 있지 않다가 언론에 안타까운 사연이 소개되며 무형문화재지정을 추진해보자고 하지만, 이미 병든 몸으로 구현할 수 있는 체력은 이미 바닥나 있는 처지임은 잘 알려진 사실로 합당한 평가와 그에 상응하는 처우개선이 아쉽다. 박귀희 선생의 가야금 병창은 가야금을 타면서 거기에 맞추어 스스로 노래하는 것으로 가야금과 창이 결합한 공연양식이다. 19세기 말에서 20세기 초 전통음악의 여러 악기 중 가야금이 처음 독주악기로 연주되기 시작해서 김창조(1856~1919년)에 의해 가야금산조가 연주되고 판소리 음악어법을 바탕으로 해서 가야금 산조의 영향을 받은 새로운 근대적인 공연양식으로, 후에 박귀희 선생이 1970년경 무형문화재 가야금 산조 및 병창 기능보유자로 지정되어 전승의 전기를 마련하였다.

프로 바둑대국장으로 애용되던 운당

한편, 정작 운당은 바둑 국수전을 통해 그 명성이 널리 알려졌다. 1959년 바둑의 최고봉인 국수전이 열리기 시작하면서 1989년 어려움에 처해있던 현재 시흥동에 있는 국립전통예술고등학교에 기부하기 전 조훈현, 장수영 프로 간의 박카스배 결승을 마지막으로 4백여 회의 각종 프로

1,2 비록 사대부가의 법식에 따라 각 건물을 배치하고 장독대와 우물로 살림집으로서 구색은 맞추었으나 구획된 공간에 세트용으로 앉히다 보니 그 생명력은 이미 잃은 것은 부인할 수 없다. 사실 주인 잃은 전국의 문화재 한옥들이라고 다르진 않다.
3 별채로 통하는 문이다. 별채의 규모와 담장의 높이에 비해 문의 크기가 과하다.
4 사랑채 후면에 있는 전축굴뚝으로 굴뚝 위에 흙으로 집 모양을 빚어 만든 연가를 얹었다.

5 안채에서 본 사주문인 중문이다.
6 여러 가옥을 이전해 여관으로 기능이 바뀌었던 건물의 이력 때문에 사실 옮겨온 건물들의 태생과 원래의 배치는 알 길이 없다. 이미 살림집으로서의 구성보다는 여관의 기능에 충실하도록 재배치되고 신축 한옥의 일부 자재로도 쓰였으리라. 안채 영역 전면의 건물은 사랑채였을 것으로 추정되는 공간형식을 가진다.

바둑대국이 열린 곳으로 유명하다. 청실, 홍실, 황실 등 세 개의 특실이 바둑대국장으로 애용되던 방이라 한다. 관철동에 국기원이 들어섰지만, 타이틀전만큼은 운당여관에서 열린 것처럼 요즘에 와서 호텔의 연회장에서 바둑대회가 열리기도 하지만, 결승전은 운당여관의 전통을 그리워하듯 한옥에서 열리는 경우를 종종 본다. 운당여관이 대국장뿐만 아니라 숙박업소로도 이름을 날린 이유는 도심에 있으면서도 방값이 호텔보다 훨씬 싸면서도 고풍스러운 한옥의 분위기가 조용하고, 주인 내외가 직접 운영하며 정성껏 손님을 모셔 외국관광객들도 즐겨 찾았다고 한다.

1989년 2월, 운당여관의 화려한 숨도 거두어지게 된다. 1955년 박귀희 선생이 설립한 민족예술학원이 발전하여 1973년 재단법인 '국악학원' 초대이사장이 본인 스스로 되었지만 1989년 즈음에 이르러 돈암동의 국악예술고등학교가 시설이 낡고 발전이 정체되어 30여 년을 함께한 여관을 두고 결단을 내리게 된다. 당시 시가 16억 원이 되는 여관을 학교에 기증하고 학교는 이 여관을 팔아 현재 서울 금천구 시흥동에 학교 부지를 마련하여 교실도 신축하게 되어

지금의 국립전통예술학교로 지정되기에 이르렀다. 이 여관 일부는 남양주 종합촬영소로 이전 복원되고, 일부는 계동 한옥체험관에 일부는 종로구 운니동 65-1번지에 대신 들어선 월드오피스텔 옆에 남아 있다.

한옥의 매력에 한번 빠진 사람은 전도사를 자처하게 된다. 자신의 집을 한옥으로 지을 궁리를 하고 사업가는 자신의 사업에 한옥을 연관시키는데, 대개가 외국여행의 경험으로 전통한옥호텔 사업이 그것이었다. 이제는 주5일 근무를 하고 건강한 삶을 추구하면서 생태적인 환경과 체험을 선호하다 보니 또한 한옥이 그 대안이 되었다. 1993년 7월 17일 생을 마감한 박귀희 선생은 전통예술의 모체가 되는 학교를 세웠을 뿐만 아니라 우리가 꿈꾸는 호텔의 전형도 이미 이루신 분이다. 그래서 산 중턱 안개를 구름 삼아 따뜻한 온기를 내뿜는 사람을 그리워하는 현재의 운당의 운명이 박제화 되어가는 전통을 마주 대하는 것 같아 돌아 나오는 발길이 무겁다. 마당에는 촬영 소품과 관광객의 흥을 돋우기 위한 놀이기구가 놓여 있다. 운당이라는 이름만이라도 건사한 걸 다행으로 만족해야 하나 보다.

안채 대청마루에서 본 모습으로 중문과 사랑채가 보인다.

1 안채 대청마루이다. 전면은 개방되어 있고 북쪽은 우리판문으로 막아두었으며
천장에 매달린 철물들은 양쪽방의 사분합문을 열어 고정하는 걸쇠이다.
2 대청으로 열리는 사분합문은 모두 팔각의 불발기문이다. 문울거미를 얼마만큼
드러내며 창호지를 바르는가에 따라서도 그 미가 많이 달라진다.
3 안사랑채의 누마루방. 팔작지붕으로 선자서까래로 모서리를 짰으며 충량은
중보에서 건 것이 아니고 대들보에 걸었다.
4 안채의 부엌이다. 세 개의 무쇠솥과 안방으로 통하는 문, 우물과 장독대로 통하는
널판문이 있다. 원래는 부엌 위 다락이 설치되어 있었을 것으로 추정된다.
옆으로는 찬광이 방 하나를 차지하고 있다.
5 운당 편액. 1989년 2월, 이 여관 일부는 남양주 종합촬영소로 이전 복원되고,일부는
계동 서울한옥체험관에 일부는 종로구 운니동 65-1번지에 대신 들어선 월드오피스텔
옆에 남아 있다. 이때 서울시 소유의 서울한옥체험관에 운당 편액이 걸려 있다.

한옥의 진화

5

호남 부호의 예술사랑

학인당

글
이연건축 조전환 대표

수원백씨가 전주에 터를 잡은 것은 조선 숙종 때인 1700년대라고 전해진다.
백시흥이 전주최씨 부인을 맞이하여 처가인 전주로 이주하여 200여 년 동안 6대에 걸쳐
전주에 자리를 잡았다. 후손 백진수가 대원군의 경복궁 중건 시 거금을 헌납하면서
고종으로부터 대저택을 지을 수 있는 허락을 받았다.

세월이 흐르면서 규모와 내용 면에서 변형이 있었다 하나 도시에 지어진 집임에도 소나무와 굴뚝, 탑이 조화로이 어우러진 여전한 대규모 주택이다.

백진수의 6남인 백낙중(1883~1929년)이 큰아들 백남혁(1905~1981년)의 출생을 기념하여 만석꾼의 재산보다는 자자손손 수백 년을 물려줄 저택이 중요하다고 생각하였다. 그리하여 1902년에 구상과 설계에 착수하고 주변의 땅을 더 사들여 1905년에 건립을 시작해서 1908년에 완공하였다. 고종 황제의 측근 무관이던 백낙중의 둘째 형과 상의하여 궁중의 일류 목수들을 고종으로부터 지원받아 궁중양식의 기법을 민가에 접목하는 건물을 짓게 된다. 일류 도편수 목공을 비롯한 연인원 4,280명의 건축기술자가 동원되어 압록강 주변의 산들과 강원도 오대산 등지에서 베어온 목재를 써서 보통 일년 정도면 짓는 다른 집들에 비해 2년 6개월에 걸친 대공사 끝에 완공하였다. 공사비용으로 백미 4,000석(8,000가마)이 들어갔다고 한다. 처음에는 2,000여 평의 땅에 본채, 솟을대문(효자문), 문간채, 동사랑채, 서사랑채, 별당채, 식당채 등 99칸에 이르는 규모였으나, 세월이 흐르면서 안채와 안사랑채 행랑채 사당 정자 별채 2동 후원 등은 매각되어 없어지고 1935년도에 대문 앞으로 도로가 들어서면서 안으로 행랑채와 대문간채가 이축 되고, 중문 또한, 그 흔적을 찾기 어렵게 되었다는 종부의 증언에 안타까움이 더해진다. 현재는 몇 채만 남아 있지만 학인당이 품은 땅의 그 규모는 여전히 장대하다.

역사의 궤적과 함께한 집의 내력

학인당은 건물의 건축양식 외에 한국식 정원, 연못, 샘, 장독대, 우물 등의 조경을 제대로 갖춘 근대민가 한옥의 건축을 연구할 수 있는 문화재로 손색이 없을 뿐만 아니라, 이 집의 내력 역시 교육적이다. 이 집을 지은 인제忍齊 백낙중白樂中은 뛰어난 효자로, 고종으로부터 승훈랑 영릉참봉에 제수되었다. 솟을대문에 당시의 명필 김돈회가 썼다는 '효자승훈랑영릉참봉수원백낙중지려孝子承訓郎英陵參奉水原白樂中之閭'라는 현판이 있는데, 백씨 가문에 여러 명이 효자로 인정받아 전주 영화거리 등에 정려각이 세워져 있으나, 백낙중의 효자문은 학인당의 솟을대문이 대신하는 셈이다. 학인당은 본채를 말함인데 백낙중의 호 인제忍齊 가운데 '인'자를 따서 명명하였으며, 효산 이광열의 휘호로 된 현판을 걸었다.

1 백낙중이 만석꾼의 재산보다는 자자손손 수백 년을 물려줄 저택이 중요하다고 생각하여 1902년에 구상과 설계에 착수하고 주변의 땅을 더 사들여 1905년에 건립을 시작해서 1908년에 완공하였다.
2 현판
3 잘 다듬은 기단석과 호박주초, 둥근기둥, 전면의 유리 창호는 신분파괴와 신재료의 도입에 따른 근대 주거의 모습을 보인다.
4 배치도. 안채의 성격과 사랑채의 성격이 동시에 드러나고 근대적 기능의 공간을 도입한 복합적인 평면구성을 보인다.

학인당 배치도

학인당은 우리 역사의 산증인이기도 하다. 일제강점기 독립운동 자금을 댄 인연으로 해방 후 백범 김구 선생이 전주에 들르면 머무르곤 하던 장소이고, 광복 후 한국전쟁 때 공산당 전라북도당위원장의 전용숙소로 사용되는 등 역사의 궤적과 함께한 집이다. 또한, 판소리가 융성하던 시절 허산옥, 박녹주, 김연수, 박초월, 김소희 같은 명창들이 드나들며 공연을 하기도 하였다. 백낙중의 아들 백남혁은 대청을 판소리 공연장으로 만들어 예술인들의 공연과 교류의 장으로 삼았던 부친의 유지를 받들어 부친으로부터 물려받은 재력을 바탕으로 소리꾼들뿐만 아니라 한국화가 등 전북지역의 예술인들을 적극적으로 후원했다. 평면에서도 확인되듯이 여타 집에서는 보기 어려운 4칸의 대규모 방과 4칸의 대청과 두 칸의 건넌방까지 분합문을 열어 올리면 무려 10칸의 대형 공간이 생긴다. 넓은 공간을 확보하기 위해 구조적으로 7량의 천장 또한 2층 만큼의 높이를 가져 울림 또한 풍성했으리라. 평소에는 미닫이문을 닫아 대청마루를 접대공간으로 사용하다가 공연 시 미닫이문의 문틀을 분리해 집을 두르고 있는 툇마루까지 포함하면 가히 호남 소리 공연의 메카로 손색이 없다. 문득 궁금해진다. 국악을 연주한 음반은 요즘 어디에서 어떤 장소에서 연주되고 있을까. 덕수궁에서 클래식음악회를 총감독했던 이가 준비했던 반향판과 조명을 생각만큼 쓰지 않아도 되었던 것은 수백 년 된 목조건물이 그 역할을 제대로 해주었다는 기사를 읽은 적이 있다. 그리고 최근 그래미상 50주년에서 20세기 러시아 작곡가 그레차니노프의 아카펠라 합창 음악 앨범으로 최우수 녹음 기술상을 받은 황병준 씨는 클래식과 함께 우리 국악의 경쟁력을 의심치 않는다. 국악이 가장 우리 소리답게 들리는 곳은 한옥이 아니겠는가.

안방. 건넌방을 비롯해 대청마루와 함께 이것을 둘러싼 툇마루까지 합하면 공연장으로 탈바꿈되는 공간이다. 한지를 바르지 않고 판재로 마감한 방의 불발기문 안에 한 겹의 미닫이를 더한 게 눈여겨볼 만하다.

전통과 현대 사이, 근대한옥

학인당의 건축적 의미를 좀 더 자세히 살펴볼 때 그 문화재적 가치는 더욱 높아진다. 전주 교동, 풍남동 일대는 700여 채의 한옥이 군락을 이루어 고층빌딩에 아랑곳하지 않는 도시 일부분으로 독특한 경관을 이루고 있다. 1910년대부터 산업화 진행과정에서 자생적인 부농과 상공업 등의 근대적인 직업으로 부를 축적한 이들의 출현은 새로운 주거의 탄생을 알리게 한다. 그에 맞물려 일제강점기 이후 호남평야의 침탈과 무역 등에 종사하는 일본인들의 전주 정착으로 전주 도심의 팽창은 급속해졌다. 일본인 주택과 그들을 위한 공공시설의 건축 증가에 대한 반발로 신흥자본가들의 주택건축이 불붙여져서 근대한옥 밀집지구가 만들어졌을 것이란 의견도 있다. 이에 따라 전주 한옥마을 일대의 주거들은 대부분 건립연대가 1930~1950년대이나 학인당은 1908년에 건립되었다. 건물구조상으로는 전통한옥을 따랐으나 건물 외면으로 유리미닫이를 둘러 독립성을 확보하고 양옥에서 유래한 서재, 세면장 등을 내부에 두고, 나중 증축한 부분에는 목욕탕, 화장실 등을 마루로 연결하여 신발을 벗지 않고 이동할 수 있도록 하는 등 적극적으로 개량한 한옥으로 '근대적 한옥'이라 과히 칭할 만하다.

호남지역 근대도시 한옥과 부농 주거는 개별성을 가지면서도 외관의 변화, 겹집의 평면, 마루와 툇마루를 통한 각 실의 연결, 기능에 따른 공간의 구획, 다락의 다양한 구성 등 보편적인 공통점이 있다. 신분제도의 붕괴가 일어나던 때로 안주인의 가사활동이 확대되어 평면적으로 부녀자 활동을 편리하게 하고 가족공간의 확보에 눈을 뜨는가 하면, 재료나 장식의 사용에서 중세적 규제에서 벗어나 화려해지고 고급화 경향이 있으며 유리와 벽돌 등 근대적 재료를 사용했다. 또한, 구조적 제약으로부터 평면이 자유로워져 채나눔으로 공간의 분리를 꾀하기보다 평면의 깊이 방향으로 분화할 수 있던 것이다. 이 모든 것이 전통한옥 구조에 근대적인 생활양식을 수용하는 과정에서 발생하는 자연스러운 현상으로, 정면보다 측면이 두드러지는 것은 외부적으로 드러나는 모습은 외부적으로 과시하고 싶은 욕심이든지, 그렇지 않다면 겸양으로 해석되든지, 혼란기에 부의 축적을 숨기고 싶은 계산이든지 간에 효율적인 재산관리와 편리한 생활을 위한 묘책으로 여겨진다. 학인당도 이 구성 원리를 잘 따랐다. 전체적인 평면형태가 일자형의 몸채에 뒤로 방이 붙은 ㄴ자형의 집이다.

학인당은 건물의 건축양식 외에 전통 정원, 연못, 샘, 장독대, 우물 등의 조경을 제대로 갖춘 근대 한옥이다.

학인당 평면도

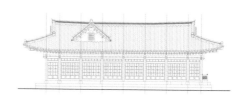

학인당 정면도

실용과 효율을 내세운 공간구성

몸채는 정면 6칸, 측면 2칸의 내진주 위에 모두 퇴를 돌리고 마루를 깔아 각 실을 연결한 형태로, 언뜻 보면 정면 8칸 측면 4칸의 모습으로 유리미닫이문을 퇴에 달아 정면이 수평적이라 그 규모는 더욱 커 보인다. 부엌, 안방, 대청, 건넌방 순으로 실을 배치하여 부엌 앞에는 머리방을 두었다. 전주의 근대한옥들이 대부분 그러하듯 다락을 두어 부족한 수납공간을 확보했다. 학인당은 안방 뒤에 마루 한 칸을 막아 마루방을 두고 다락으로 통하는 계단을 두었다. 주간의 길이로 볼 때 3칸 규모에 달해 다락의 활용도가 높아서 별도의 출입 공간을 만든 것이다. 이 집에서는 다락은 부엌과 광 상부뿐만 아니라 안방 위까지 단 차를 두어 넓게 구성하였다. 이곳에 채광과 환기를 위하여 합각에 유리광창을 내어 새롭게 입면을 구성한 것은 다락의 측면 등에 창호지를 붙인 고정창이나 벼락닫이 창으로 처리한 이전 한옥과 달리 근대한옥에서나 볼 수 있는 이채로운 모습이다. 보통 아궁이와 마루의 공존으로 단 차가 생겨 부엌은 방의 높이보다 아래일 수밖에 없는데, 부엌의 상부 전체가 다락으로 부설되는 것이 일반적이다. 그러나 이 집에서는 서쪽 뒤에 밥청이 따로 있어 몸채에는 부엌이 작아지고 대신 저장할 수

있는 공간의 확보에 주력한 것으로 보인다. 또한, 학인당은 복도나 마루를 통해 각 실을 서로 연결하면서 앞에서 언급한 공연이나 연회 시 문의 분리를 통해 방, 대청마루, 건넌방 등 한 공간으로 통합되기도 하는 이중적인 공간이다.

몸채에서 달아낸 날개 부분에는 두 칸의 뒷방, 서재, 세면실이 있다. 이 또한 복도가 공간을 분리, 연결해주고 있다. 이 복도를 따라 나중에 증축된 화장실과 목욕실로 이어진다. 이처럼 학인당은 전통건축양식 위에 근대적 기능을 합리적으로 수용한 건축계획이 돋보인다. 조선시대 양반가에선 보기 어려운 원기둥에 굴도리, 호박주초, 소로수장, 막새기와 등을 사용하는 한편 화장실, 목욕실 등이 내부로 들어오고 툇마루를 내부공간화하고 회랑형 마루를 통해 각 실을 분리/연결하고 지붕이 만나는 부분의 합리적인 공간사용과 합각처리, 하방 밑에 문을 달아 신발을 보

관하는 등의 수납공간으로 처리한 것은 전시대 주거와 비교해 볼 때 근대한옥이 보여주는 다양한 건축기법을 대표적으로 학인당은 잘 보여 준다.

1 하방 밑 수장공간. 쥐라면 몰라도 개가 신발을 물고 도망갈 일은 없을 듯하다.
2,3 몸채의 전후 측면 툇마루. 각방은 툇마루를 통하여 자유로이 이동할 수 있다.
4 아랫목 벽감의 자개장식이 화려하다. 중요한 물건이 보관되는 곳으로 광 위의 다락이 방을 통하여

이동하게 하는 등, 부호의 재산관리는 수장공간을 통하여 이루어졌다고 해도 과언이 아니다.
5 학인당의 대표적인 특징인 합각창이다. 격식보다 합리성을 내세운 정신이다.

학인당의 외부공간에서 주목할 것은 마당이 정원 내에 있는 땅인 셈이다. 학인당 본채를 지을 때 우물이었던 자리를 보존하기 위하여 석축을 쌓았다. 돌계단을 걸어 내려가면 냉장고로 사용하기에 적당한 온도를 유지하는 샘이 있다. 그 터의 본성을 거스르지 않고 건축에 적극적으로 활용하던지, 혹은 그 흔적을 남기면서 자연스레 땅에 조화되는 조상의 건축자세가 오늘날 100년이 흐른 지금 우리에게도 학인당을 통해 전해지고 있는 것이다.

찻집, 한옥체험공간으로 맥을 잇다

한때 모기업이 별장으로 쓸 요량으로 거금을 제시하며 학인당을 사들이려고 했으나 집을 건축한 백낙중의 자손대대 이어지길 바라는, 지을 때의 그 정신 때문에 차마 팔지 못하고 문화재지정을 요청했다는 얘기는 다른 지방의 문화재를 답사할 때와 같이 느낄 수 있는 슬픔이다. 그나마 남아 있는 한옥들은 대부분 종택으로 대대로 손님 접대하기에 소홀하지 않았던 집들인지라, 간혹 바쁜 와중에도 환영을 받을라치면 맨손이 부끄러워진다. 현재 전국에 흩어져 있는 문화재를 외로이 지키며 사는 대부분의 연세 드신 노

부부 혹은 홀로된 종부의 깊은 시름을 마주 대하며, 권리는 없고 의무만이 남은 종가의 현실에 죄송스런 마음, 안타까운 마음이 드는 건 필자뿐만이 아닐 것이다. 다행히 학인당처럼 젊은 후손들이 조상의 뜻을 기리며 '적극적 보존'에 동참하고 있어 반갑지 않을 수 없다. 그들은 이구동성으로 한옥에 대한 관심과 더불어 관람객의 의식 수준 개선도 시급하다고 외친다. 그 예로 학인당에서는 솟을대문 외에 대문을 따로 두어 관리의 효율을 도모할 수밖에 없었다고 한다. 본채에 노부모님을 모시고 생활을 하는 공간임에도 늦은 시간 찾아와 대문을 발로 차거나 문을 열어 놓을라치면 집안 곳곳의 문을 열어보며 기웃거리는 통에 사생활이 보장받지 못했다고 한다. 그나마 운영하는 선다원 입구에 관람 시간을 공지하고부터 몰상식의 촌극은 줄어들었다고 하니, 아직 우리의 문화재사랑은 갈 길이 멀다고 절감한다.

조상의 예술 사랑을 차를 마시며 숙박하는 공간으로 별당채를 꾸미고 복원한 사랑채에서 찻집을 운영하며 오가는 이들의 사랑방 역할로 감당하고 있으니 학인당의 옛 주인이 그러했듯이 추임새를 넣고 무릎장단을 치며 끊길 듯 이어가며 토해내듯 절제하는 그 소리, 판소리를 너른 대청에서 언젠가는 듣게 될 날을 기대해 본다.

1 안주인이 운영하는 차실 선다원이다. 우물마루에 앉아
찻잔을 받잔을면 학인당의 정원과 몸채가 눈에 들어온다.
안쪽의 문을 열면 온돌방이다.

2 별당채 진수헌, 마루에 만든 다례 공간.

3 행랑채에서 차실을 운영하는 주인이 숙박하는 손님들을
배려한 공간이다.

4 앞마당에 조성된 정원은 이 집의 역사와 함께 후손들의
여전한 집 사랑을 말해준다.

5 기둥, 보, 중방, 서까래의 골조미가 완연히 드러나는
시원한 별당채의 대청마루다.

6 학인당의 출입은 솟을대문이 아닌 대나무문을 통하여
이루어진다. 이 나라 이 땅의 대부분 고택이 겪는 관리의
고통과 수고가 여실히 드러나는 부분이다.

7 두 칸의 숙박용 방으로 차실과 함께 욕실이 딸려 있고
툇마루를 통하여 출입한다.

선병국 가옥

글

이연건축 조전환 대표

선병국가옥은 1984년 문화재지정 당시 주인의 이름을 딴 것으로 원래 보은 선씨가는
전남 고흥에 살던 보성선씨였다. 현 종손의 증조부인 영흥공이 전국을 돌면서 집터를 찾다가
속리산 자락에서 흘러내리는 시냇물이 모이는 너른 삼각주에 연꽃이 물에 뜬 형상인 연화부수형蓮花浮水形,
지금의 땅에 자손이 왕성하고 장수를 기원할 수 있다 하여 정착했다고 한다.

안채와 사랑채는 같은 ㄱ자형이다

1919~1921년에 선병국의 선조 선정훈이 재력을 바탕으로 당대 최고의 목수들만 뽑아지었다고 한다. 선병국가옥 역시 일본강점기에 지어진 집으로 조선말 신분에 따른 건축규제를 이미 벗어나 최대 99칸에다가 광을 포함하여 134칸의 고대광실이었다고 하니 얼마나 부를 이룬 집인지 짐작할 수 있다. 원래의 모습은 사랑채, 안채, 사당을 기본으로 대문 좌우로 길게 달린 바깥행랑채가 여러 구비 꺾여 사랑채로 들어가는 중문채로 이어져 있었고 대문채, 행랑채, 화장실, 과객실, 방앗간채 등 여러 부속건물과 텃밭, 장독대, 정원을 두루 갖춘 대규모 가옥이었으나, 한국전쟁과 두세 번의 수해 등을 겪으며 유실되고 돌담이 많이 허물어져 지금은 너른 마당으로 존재한다. 그러나 그러한 세월의 변화 가운데서도 선병국가옥을 관리하는 후손들의 노력으로 대문의 문턱을 넘나드는 사람들의 발걸음이 선조 때만큼 여전하지 않을까 생각한다.

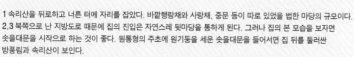

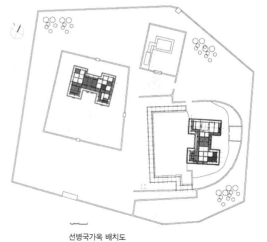

1 속리산을 뒤로하고 너른 터에 자리를 잡았다. 바깥행랑채와 사랑채, 중문 등이 따로 있었을 법한 마당의 규모이다.
2,3 북쪽으로 난 지방도로 때문에 집의 진입은 자연스레 뒷마당을 통하게 된다. 그러나 집의 본 모습을 보자면 솟을대문을 시작으로 하는 것이 좋다. 원통형의 주초에 원기둥을 세운 솟을대문을 들어서면 집 뒤를 둘러싼 방풍림과 속리산이 보인다.
4 배치도. 담장으로 둘러쳐진 구역만이 아니라 주변 일대도 선씨 가문의 것이었다고 한다.

4

선병국가옥 배치도

고시원 관선정

종부인 김정옥 여사는 행랑채에서 고시원을 운영 중이다. 현재 형태만 바뀌었을 뿐이지 보은 선가 행랑채 고시원의 이름은 관선정이다. 선조께서 집을 지은 후인 1926년에 대문 남쪽으로 약 300미터 지점에 관선정觀善亭을 창건해서 저명한 스승을 초빙하여 뛰어난 인재에게 숙식을 제공하며 가르쳤다고 한다. 한학, 금석학, 서지학, 서예 등 한국 전통문화에 통달하며 후학에도 전념했던 청명 임창순 선생도 1927년부터 6년간 이 관선정에서 성리학자 홍치유를 사사하면서 한학을 익히고, 평생 독학으로 학문연구에 진력하며 그 또한 서당을 만들어 후학을 양성했다. 그의 학맥이 보은 선가의 정신이 살아 이어지는 증거다. 예전 선조가 14년간이나 운영했을 때, 관선정에서 학문을 닦길 원하는 이들의 요청이 현재에도 인터넷에서 재현되고 있으니 한집안의 내력이란 가히 값진 것이다. 1980년대 수해가 두 번이나 났을 때 행랑채에서 공부하던 고시생들이 법조계에서 성공하고 이 소식을 듣고 십시일반 돈을 거두어 집수리에 보탰다는 얘기도 전해 들었다. 오가는 길손을 받아들여 먹이고 재운 후 노자까지 들려 보냈다고 전해지는 가문이니 그 음덕이 후세에까지 미치는 것이리라.

장독대

이 집의 간장은 참으로 유명하다. 집안의 대소사에 쓰기 위해 해마다 20리터 정도의 덧간장을 따로 보관하는데 다음 간장을 만들 때 이 덧간장을 부어 만든다. 특징은 간장을 달이지 않고 천일염과 옻나무, 숯으로 그 오랜 세월 맛을 일정하게 유지한다. 솔가지와 고추, 숯, 옻나무 등으로 잡균과 냄새를 없애고 다시 그것들을 매단 새끼줄을 쳐 액막이하고, 버선 모양의 한지를 거꾸로 독에다 붙여놓는 것은 간장이 그 집의 음식 맛을 좌우할 만큼 중요한 집안 대표 맛이기 때문이기도 하다. 이 덧간장이 350년 묵은 간장이라 하여 1리터에 무려 오백만 원에 팔린 적이 있다고 한다. 그것을 사간 사람은 우리네 어르신들이 집안의 불씨를 자손대대로 꺼뜨리지 않고 보존했듯이 장을 통해 가문을 이어나가는 종부의 인내와 정성에 경의를 표한 것이라 믿고 싶다. 귀한 장답게 귀한 대접을 받고 있다. 담이 둘러쳐져 있고 빗장까지 있다. 현재는 수십 개의 장독대가 안채 옆으로 따로 구획되어 있고 군의 지원으로 주변이 야생화 단지와 장에 쓰이는 대추나무 식재 등, 장을 체험하는 공간으로 탈바꿈하고 있다.

안채에서 관리하는 장독대. 간장과 된장이 맛있게 익어가고 있으리라.

工(H)자형 주택

이 집은 사랑채, 안채 그리고 사당 세 가지로 권역이 나누어지는데, 특이하게도 그 권역은 모두 돌담으로 내담이 둘러쳐져 있고 그 세 권역을 또 외담이 크게 둘러싸고 있다. 이것은 집터가 주위 보다 지세가 낮아 3만여 평의 너른 부지에 들어앉은 집의 경계를 삼으려는 조치로 보인다. 또한, 주변의 솔숲은 너른 터의 허허로움을 막고 인근 관선정에서 공부하는 이들의 쉼터이자 안산安山 대신 조성되어 큰길가에서 집을 바라볼 때 확연히 드러나지 않는 것은 이 집을 정한 지관과 집주인의 정성일 것이다.

또 한 가지 특이한 것은 안채와 사랑채가 같은 정면 길이를 가진 工자형이라는 것이다. 현존하는 가장 오래된 민가이면서 工자인 아산 맹씨행단에 대해서도 언급했지만, 工자형 평면은 조선시대 사농공상士農工商의 사상 속에서 공工이 천시되면서 꺼리던 평면이었다. 그러나 강원도 양양의 김택준가옥, 성북동의 이태현가옥, 전남 보성의 이금재가옥, 전남 보성의 이용우가옥, 영암의 현종식가옥 등 드물기는 하지만, 조선 전기 이후로 다양한 지역에서 工자형 건물이 보이는 것은 조선 후기 신분의 와해로 士의 신분이 아니라도 막대한 부를 누릴 수 있는 사회적 여건이 마련되지 않은 사회적 상황에서도 工자형만이 가지는 공간구성의 매력 때문일 것이다.

한 가지 짚고 넘어갈 것은 실제로는 진입 방향에서 볼 때 건물이 H자형으로 앉혀지는 경우가 대부분이어서 H자형의 특성으로 살펴보도록 하겠다. H자형은 一자형과 좌우의 ㅣ자형의 결합으로 이루어졌다. 이는 중심채를 사이에 두고 좌, 우의 채가 구분, 통합된다는 것이다. 또한, 앞뒤로 내민 공간들은 앞마당과 뒷마당을 마주하여 각각의 ㄷ자형의 통합으로 해석할 수도 있다. 이것은 좌우가 아닌 앞과 뒤로 공간을 구분해주기도 하는 독특한 평면구성 방법인 것이다.

이러한 H자형 주택의 특성은 좌우, 앞뒤로 서로 다른 성격을 갖는 영역을 단일한 채에서 복합적으로 담기에 유리한 조건이 되어 안채와 사랑채의 통합이 이루어지기도 했던 일제강점기, 서울 북촌에서 박길룡, 김종량 등에 의해 시도되기도 했다. 그러나 공간의 통합은 가능할지 모르나, 작게 나누어진 필지 때문에 마당과의 관계에서 한계를 드러내 널리 보급되지는 못했지만, 아파트의 거실처럼 중앙에 중심공간을 가진 현대한옥으로 적용 가능한 평면으로 손색이 없다.

한편, 선병국가옥은 좁은 대지 내에 안채와 사랑채를 한 건물 안에 통합시키는 장치로 H자형을 채택한 것이 아니라 안채, 사랑채 별개로 독립적인 H자형 평면이어서 각각 내부공간과 외부공간이 어떻게 대응하는지 궁금하다.

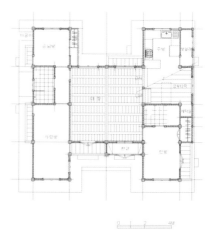

H자형 최씨 주택 계획평면도

왼쪽, 오른쪽_ 외담의 가장 북쪽의 경계에 팔각주초에 세운 사주문四柱門이다. 너른 주변평지와의 경계구분을 위하여 둔덕을 쌓고 다시 나무를 심었는데, 방풍림의 역할이 더 강한 것으로 보인다. 사주문 안으로 들어서면 다시 사당 영역을 내담이 둘러싸고 있다.

안채

안채는 사랑채와 직각인 서향으로 몸채가 정면이 4칸, 측면이 2칸 반이고 좌우 날개 부분이 정면 2칸, 측면 6칸을 각각 둔 규모가 상당한 건물이다. 전면만 원기둥을 사용하고 나머지는 각기둥을 세웠다. 지붕은 홑처마에 팔작집으로 꾸몄다. 구조적으로 전퇴만 두면서 7량으로 처리하고 이것을 굽은 부재를 이용하여 앞뒤 지붕의 물매와 길이를 맞추고 이때의 구조적 취약점을 보완하기 위해 홍예보를 써서 2중으로 보를 걸치고 있다.

공간구성으로는 몸채 대청에 좌우의 안방과 건넌방 영역이 ㅓ자형으로 관입 되었다. 건물의 오른쪽은 4칸의 대규모 부엌을 중심으로 실들이 3면에 붙은 형상이다. 대청 쪽으로 두 칸의 안방이, 후면으로 대저택의 살림규모답게 가사노동과 저장을 위한 부엌방과 부엌마루가, 그리고 전면으로 반 칸 너비의 곁방이 달린 모방이 시설되었다. 왼쪽의 공간구성은 더욱 다양하다. 전면에 개방된 것과 문이 달린 한 칸씩의 마루와 작은 곳간이 연결되어 있고 건넌방 외에 갓방, 뒤뜰과 연결된 두 칸의 작은 부엌, 그리고 3칸의 광이 후면을 다 차지하고 있다. 상부는 부엌과 함께 다락으로 설치하여 뒤 툇마루에서 올라갈 수 있도록 하였다. 건넌방 영역은 안사랑채처럼 독립된 마루와 부엌 등을 시설하였지

만, 넓은 저장의 기능과 함께 가사도 병행되는 공간이었다고 해석된다. 안채는 전면에 퇴를 설치하고 뒷면과 측면에 쪽마루를 설치하여 오른쪽에서 시작하여 왼쪽 측면까지 대청을 거치지 않고 통행할 수 있다. 직각으로 만나는 부분은 삼각형의 쪽마루를 덧대고 특히 왼쪽의 마루방 주위의 툇마루와 쪽마루가 직각으로 만나는 부분은 적극적으로 동선을 연결한 의지를 보인다.

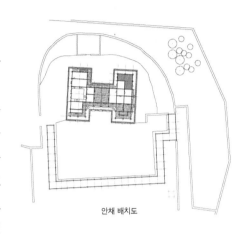

안채 배치도

달리 말하면 대청에서 신발을 벗은 채로 마루를 통하여 큰 부엌을 제외하고 어느 방으로든 통할 수 있다는 것이다. 툇마루의 설치는 통행의 자유로움 뿐만 아니라 공간의 확장 면에서도 적극적으로 추천할 만하다. 마지막으로 삼각형의 쪽마루로 올라설 수 있도록 댓돌을 일체형으로 시설하여 통행을 극대화한 조상의 지혜에는 무릎까지 탁 치게 된다.

왼쪽, 오른쪽_ 사랑채의 툇마루. 안채도 퇴의 너비만 다를 뿐 다듬은 주초에 튼실한 원기둥을 세우고 전면에 퇴를 배치하고 뒤에도 마루를 두른 것은 근대한옥 복도로서의 마루성격을 잘 나타낸다.

사랑채

사랑채도 안채와 마찬가지로 정면 길이가 약 22m에 달하는 H자형 평면형태를 취하고 있고 정남향이다. 그러나 같은 형태라 할지라도 공간의 구성을 서로 비교해 볼 때 선병국가옥의 건축적 특성이 더욱 빛을 발한다. 사랑채는 1.8m의 넉넉한 마루가 좌우로 관통하면서 문을 통한 공간의 구분과 통합이 더욱 활발하다.

대청은 정면 3칸 측면 한 칸 반으로 넓게 구성되었으나, 좌우로 위치한 큰 사랑방과 건넌방의 문을 열어 올리면 무려 정면 5칸의 대

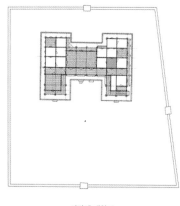

사랑채 배치도

공간이 형성된다. 대청의 앞뒤로 분합문 외에 미닫이가 달려 그 대공간의 사용은 계절에 상관없이 이루어졌으리라.

몸채 대청의 오른쪽으로 한 칸씩의 방과, 동시에 세 방의 불을 넣을 수 있는 아궁이실, 마루방과 온돌방으로 조합된 공간이 후면으로 배치되고 전면으로는 넓은 서루가 독립적으로 배치되었다. 날개로 이어지는 툇마루의 문을 닫으면 오른쪽 공간은 철저히 독립되고 다시 서루을 돌고 있는 툇마루 문을 닫으면 서루만의 영역이 형성된다. 이는 안채와 달리 툇마루가 직각으로 만나는 부분에 삼각형의 쪽마루도 달지 않았거니와 댓돌마저 놓지 않고 난간을 설치해 '누'로서의 성격에 충실하도록 통행을 차단하는 이중장치를 적용했으니, 그 공간의 독립성 확보란 면에서 탁월한 지혜라고 아니할 수 없다. 왼쪽도 마찬가지로 방들이 이중 삼중으로 연결되어 방의 확장과 구분이 자유롭다. 구조적인 면에서 사랑채는 세벌대 기단 위에 4개의 간주를 제외하고 모두 팔각주초 위의 원기둥이다. 뒤에 퇴를 달면서 지붕구조

1 선병국가옥의 사랑채이다. 평면형태가 특이한 것 외에 세벌대의 기단에 벽돌의 사용, 다양한 창호구성 등이 이 집의 성격을 말해준다.
2,3,4 안채나 사당에서 측문을 통하여 진입 후 사랑채로 오르는 계단이다. 중앙의 마루까지 돌아가기에 번거로워서인지 마루로 오르는 두 개의 시멘트계단은 최근에 만든 것으로 보인다.
그러나 머름은 난간의 역할과 창문의 턱으로서 성격이 강해 드나들지 않는 것으로 알려졌지만,
대청과 방에 모두 머름을 두른 것은 머름의 기능을 달리 해석하지 않았나 여겨진다.

5 머름을 설치해 여닫이문 외에 미닫이문을 이중으로 달아 툇마루와 구별되는 실내화 된 마루가 만들어졌다.
6 선병국가옥의 다양한 창호 문양에 대해 재력의 과시가 낳은 번잡함으로 보는 이도 있다.
그러나 집에 쏟은 애정으로 후세인 우리는 또 하나의 문화적 소산을 갖게 되었으니, 그 시도가
감사할 뿐이다. 마루에 비친 난간문양의 아름다움은 빛에 반응하는 한옥의 미美 중 하나이다.

는 복잡해지는데 중앙의 대청에는 6m가 넘는 대들보가 날아오르는 용처럼 문을 달기 위한 간주를 지나 전면 기둥까지 하나로 걸쳐지고 뒤로는 퇴보를 걸쳐 8량 구조이다. 대들보 위 중보, 종보가 놓이는 일반적인 보 구성이 아니어서 우미량의 사용이 돋보인다. 내진주에서 시작하여 중중도리와 중도리를 받치는 높이가 다른 두 개의 동자주에 각각 우미량을 대어 구조를 해결해 전국의 능력 있는 목수를 엄선하여 지은 이 집만의 독특한 가구加構법이라 하겠다.안채와 사랑채 뒤로 내담으로 둘러싸인 사당은 재실과의 연결동이 있어 그 배치방식 또한 쓰는 후손들의 편의를 도모한 결과로 보인다.

선병국가옥의 의의는 현대한옥 건축에 비추어 볼 때 단일건물에서 다양한 기능을 가진 공간을 적절히 분리할 수 있는 H자형 평면으로 20세기 초에 지어진 집으로 일반민가와는 공간구성 및 가구를 꾸미는 수법이 다르다. 구석구석 보이는 까치발의 초각, 화려한 창호, 마름모꼴이 조합된 난간 구성, 합각의 장식적인 면모, 넓은 간잡이, 잘 다듬어진 굵은 재목들이 부유했던 선씨 집안의 경제적인 배경과 시멘트 벽돌 등 새로운 건축자재가 사용되고 한옥의 규모를 크게 하는 등, 구한말 변화하는 한옥의 양식을 볼 수 있는 좋은 사례로 중요한 가치를 지니고 있다.

1 사랑대청에 앉아 솟을대문으로 누가 드나드는지 한눈에 알 수 있다.
2 사랑채의 뒷마루에는 텃밭에서 수확한 열매들이 널려 있다. 사람이 살아가고 있는 옛집의 생명력은 이렇게 이어진다.
3 다실로 이용되고 있는 사랑채 대청. 전후로 하나로 가로지르는 대들보로 최고의 목재로 최고 일류목수만 가려 뽑아 건축에 참여시켰다는 말이 참말임을 알 수 있다.
4 사당이다. 측면의 재실과는 복도형 건물로 연결되어 있어 재력을 바탕으로 한 합리적인 공간계획을 과감히 시행할 수 있었다고 본다.

한옥의 진화

7

자연과 벗하는 소형한옥

산림조합한옥
양평한옥
묘적사

글
이연건축 조전환 대표

취재협조
산림조합중앙회 목재유통센터

장릉배 연못 다리 식물이 불채의 장취를 돋운다.

한옥은 자연의 품에 몸을 맡길 뿐이다

우리 한옥은 자연을 지배하려 들지 않는다. 엄마의 품에 안긴 아기처럼 넉넉한 자연의 품에 그저 몸을 맡길 뿐이다. 자연이 주는 풍요로움에 의탁하고 성실히 일한 만큼 거둬들이는 이치를 몸소 익히며 자연에 동화하고자 하였다. 자연을 사랑함에는 비단 농사를 짓는 농부뿐 아니라 상류층도 마찬가지였다. 조선의 유학자들은 그들의 선현 주자가 무이구곡에서 자연과 글을 벗 삼아 세속을 떠나 무이정사를 짓고 은둔한 것을 최고의 이상향으로 인식하고 그것을 미덕으로 생각했다. 자연의 순리를 거스르지 않는 것. 물이 흐르는 곳에는 도랑을 파고 폭포를 만들고 물이 고이는 곳에는 연못을 파고 습지에 잘 자라는 나무를 심을 뿐이다. 꽃이나 나무는 그들의 생이 있으므로 인공적인 모양으로 다듬지 않았다. 송, 죽, 매, 난, 국, 연은 선비들이 좋아하였고 느티나무, 회화나무, 벽오동나무, 단풍나무, 참나무, 복숭아나무, 주목, 배롱나무, 동백나무, 버드나무 등으로 원림을 조성하고, 감, 대추, 모과, 앵두, 살구, 밤, 배, 산수유, 호두, 포도 등 과실수는 민가에서 많이 심었다. 특히 민가에서는 딸을 낳으면 마당가 울타리에 참가죽나무나 오동나무를 심어 그 나무가 자라 농이나 함을 짤 수 있었을 때 딸을 시집보냈다. 또 직선으로 자라는 나무보다 비스듬히 자라는 나무를 좋아하였고, 줄을 세워 심기보다 자연스러움을 연출했다. 지형을 존중하여 자연을 허물지 않았고 토질을 변질시키는 일을 하지 않았다. 인간의 교만으로 자연 위에 군림하려는 우를 범하지 않았던 우리의 집들이었지만, 서구의 건축을 받아들이며 산을 파내고 자르고 물길을 메우고 벌려서 집을 세웠다. 그리하여 자연의 준엄한 심판에 속절없이 무너져버리기도 한다.

산림경제 복거의 방앗간 (안확安碓)조를 보면 집에 식수하면서 참고할 만한 기록들이 있다. '무릇 주택에서 왼쪽에 흐르는 개울과 오른쪽에 긴 길과 집 앞에 연못과 집 뒤에 언덕이 있는 것이 가장 좋고, 여의치 못할 때는 동쪽에 복숭아나무와 버드나무를, 남쪽에 매화나무와 대추나무를, 서쪽에 치자나무와 느릅나무를, 북쪽에 살구나무와 벚나무를 심으면 청룡, 백호, 주작, 현무를 대신할 수 있다.'라고 하였다. 그리고 '집 서쪽 언덕에 대나무 숲이 푸르면 재물이 불어난다. 문 앞에 대추나무 두 그루가 있고 당 앞에 석류나무가 있으면 길하다. 집 마당 가운데 나무를 심으면 한 달에 천금의 재물이 흩어진다. 집 마당 가운데 있는 나무를 한곤閑困이라고 하는데, 마당 가운데 나무를 오래 심어 놓으면 재앙이 생긴다.'라고 하였다. 이런 기록들은 한국의 민가 조성에 기준이 되고 관습이 되었으며 자칫 복잡하고 지키기 어려운 사항들로 재물, 건강, 재앙 등

1 양평 넓은 대지에 세 집이 오순도순 자리를 잡고
대문을 공유하고 있다. 마지막 전원주택 옆에
2칸 한옥이 자리 잡고 있다.
2 두 집을 지나 다리를 건너 다다르는 집
3 전원주택 옆 연못과 다리를 만들고 별서의 개념으로
두 칸 한옥을 지었다.

1,2,3 한옥은 은근하게 드러내고 드러내는 것 같으면서도 숨어 있는 듯하다. 사람과 자연 그리고 한옥이 만나 조화를 이루며 잘 다듬어진 곳에 소형한옥이 풍경으로 다가온다.

억지스러운 연결 같지만, 사계절이 뚜렷한 우리나라의 기후와 통풍, 일조 등 미세기후에 대응하는 방법으로 양명한 생활공간을 만들어낼 수 있는 지혜로운 식재가 아닐 수 없다.

대문 밖에서뿐만 아니라 사랑채와 안채 행랑채 등이 배치되면서 만들어 내는 마당은 마당의 성격에 따라 달리 조원造園하였다. 사랑채 마당에는 괴석이나 수조水槽와 화목들이 배치되고 후원에 과일나무들이나 대나무 숲 등으로 원림이 가꿔진다. 별당채나 정자가 있는 집은 괴석, 화계, 화목 등이 꾸며진다. 행랑채 앞마당에는 텃밭이나 미라니깡, 과수원 등이, 혹은 물이 모이는 곳이면 큰 연못을 만들고 연못가에 원림을 조성하고 정자를 건립한 때도 많이 있다. 그러나 안채의 마당은 화목이나 기물을 설치하여 조원하지 않았다. 안채는 아녀자들이 머무르는 공간으로 방범이 우선 되어야 했고 마당에 백토를 깔아 태양광선이 반사되어 집안 깊숙이 파고들어야 하는 과학적인 원리도 작용했다

정자나 누각, 정사를 배치할 때도 자연의 조화를 먼저 생각하여 연못이나 강가, 산자락에 세워 눈에 거슬리지 않는 인공구조물로서 조심스럽게 들여앉혔다. 자연과 하나 되는 장소, 풍류를 즐기고 경치를 완상하는 공간으로 정신적인 면을 강조했다. 자연 속의 담장은 선을 그어 경계를 정하는 의미일 뿐으로 원내의 안과 밖은 물과 바람이 자유로이 드나든다. 담도 집에 조화되도록 화담, 판축담, 판자울, 바자울 등이 사람을 위압하지 않게 설치되어 있어 폐쇄된 공간이 아니라, 밝게 열린 공간으로 구성되어 사람의 심성을 기르는 터전의 역할을 하였다.

융통성 있는 소형한옥

예나 지금이나 정자를 짓는 것은 정원을 꾸미는 한 요소로 받아들이고 그 안에 들어앉은 이조차도 자연의 한 요

1,2 모델 외부 모양. 여주 산림조합중앙회는 마당에는 여러 나라의 다양한 목조주택을 소개하고 한옥도 볼 수 있다. 한옥에 살고 싶으나 여러 여건상 어려울 때는 작은 한옥에서 시작해보는 것도 방법일 것이다.
3 산림조합의 한옥 펜션. 소형한옥의 보급을 위해 제시된 예다.

소에 머물길 원하는 바람이 담겨 있다. 조용히 차를 마시며 다실로도 사용하고 새소리, 물소리를 들으며 글을 읽고 세상 속에 더러워졌던 몸과 마음을 씻어내고 새로워지는 수양의 공간이 되기도 한다. 경주 서출지 이요당, 담양 명옥헌, 독락당 계정, 소쇄원 등은 정자와 누의 진수라고 할 만큼 자연을 거스르지 않으며 짓는 이의 의지를 잘 표현한 사람의 구조물이다.

태생부터 살던 사람들을 몰아내고 있던 것들을 부수며 만들어진, 요즘의 공원과 아파트조경에서 꼭 빠지지 않는 것이 정자이다. 공공조경에서 빠지지 않는 단골 아이템으로 정자가 많이 지어지고 있지만, 그 형태 또한 국적 불명의 것이 많으며 올라앉아 완상의 공간보다는 관리도 제대로 되지 않아 먼지만 쌓이는 보여주기식의 쓸모없는 조형

물로 전락할 때가 잦다.

어떤 이는 자연이 그저 좋아 컨테이너 한 동을 들여놓고도 남부럽지 않은 전원생활을 만끽하기도 하고 어떤 이는 대형주택을 지어놓고도 빈집으로 방치하기도 한다. 여유가 있는 개인 전원주택을 지을 때는 오히려 본채보다도 정자나 별채에 방점을 찍으며 정성을 들이기도 한다. 전원주택을 계획하는 많은 이들의 근원적인 욕구는 자연을 즐기는 것이며 그 본연의 역할만을 위해 구별된 공간을 마련하는 것이다. 그러나 땅은 가지고 있되 건축비가 없거나 작은 주택건축비만 가지고 있으면 작은 규모에서부터 시작해보자. 스님들의 선방, 한옥 펜션, 다실 등 소형한옥에 대한 수요는 늘어가고 있고 한옥의 실험에 더 융통성 있게 대처할 수 있는 여지가 있는 규모이기도 하다.

1 묘적사 경내 연못. 연못의 출수구를 시멘트로 손을 보았지만, 세월 속에 너럭바위처럼 제자리를 잡아가고 있다.
2,3 선방으로 들어가는 돌다리.
세속을 벗어나는 돌다리다.

스틸
하우스
한옥

생가는 모두에게 의미가 있는 곳이다. 동심으로 돌아가 자신의 유년시절을 떠올리게 하는 과거지향적인 장소이면서도, 떠나올 때면 결국 현재 자신의 모습을 돌아보게 하는 성찰의 장소가 되기도 한다. 그렇다면, 대통령, 예술가, 그룹재벌들의 생가는 그들과 우리에게 어떤 의미일까. 근현대 예술계에서 업적을 남긴 이들의 생가는 어쩐 일인지 지자체나 시민단체들에 의해 매입되고 관리되는 경우가 많다. 그들의 예술혼이 잘 드러나도록 자료를 많이 확보하고 그들의 작업환경을 있는 그대로 보여주는 일도 있지만, 관광지도에 항목 하나 더 추가하기 위해 억지로 복원하여 세트장과 다를 바 없는 어떠한 정체성도 보여주지 못하는 생가들도 볼 수 있다.

방어산 끝자락 아래 ㄱ자청의 본채와 별채가 ㄷ자청의 평면구성이다

대통령의 생가인 경우, 당선되고 취임하기 전까지 가장 많은 이들이 찾는 곳이 아닐까. 취임 중이나 퇴임 후 인기에 따라 방문객 수가 변동이 있겠으나 대통령이라면 나라의 임금 자리인데, 하늘이 돕지 않고서는 왕이 되는 일은 불가능한 일이며 우리 민족의 뼛속 깊이 내재한 풍수지리를 통해 그 땅의 지기를 호사가들은 앞다투어 확인해보고자 한다. 그룹재벌들의 생가 또한 같은 맥락으로 해석된다. 천석꾼 만석꾼이 되기 위해서는 기름진 땅을 많이 소유했다는 얘기인데, 그 재물이 잘 유지되도록 하는 인적, 물리적 환경 또한 중요하다. 현대인들이 가장 우선가치로 생각하는 것이 재물이고 보니, 그 발길은 끊이지 않고 그 기운을 받아 엉뚱하게 로또를 사는 이들도 더러 있다고 한다. 경남 진주 지수면 승산리는 우리나라 세 개 이상의 그룹재벌들과 관련이 있어 그 비밀을 땅에서 찾는 경우가 많다.

국부 세 명이 태어난 터

진주시 지수면 승산리는 풍수지리적으로 거부가 날 수밖에 없는 장치를 하고 있다고 한다.

첫째, 방어산의 형상이 봉황이며 마을을 둘러싸고 있는 나지막한 언덕들이 새의 둥지와 같다. 둥지로 날아드는 봉황 형상으로, 국부가 나올 수밖에 없는 천하의 명당이다.

둘째, 수구막이인 덕암이 동네 어귀에서 마을을 감아 드는 물을 잡아주고 동네의 안산이 밥상모양이고. 방어산에서 내려온 동네 뒷산도 휘감아 돌아오면서 끊어지지 않는다. 남강물이 동네 안쪽까지 왔으나 강물이 보이지 않고 시냇물이 모여들어 가뭄에도 마르지 않고 마을 앞을 둥글게 환포하면서 끊임없이 흐르면 재산이 불어난다.

셋째, 함안의 군북에서 의령으로 들어가는 남강에 정암鼎岩바위가 있는데, 솥바위 세 갈래의 발이 달린 솥의 모습이다. 정鼎이란 솥이기도 하지만, 삼공三公의 자리, 지위가 높고 귀하다는 뜻도 있으니 부富와 관련이 되었다. 한 도인이 바위에 앉아 머지 않아 이 바위를 중심으로 국부 세 명이 태어난다고 예언했다고 한다. 1921년 개교한 지수초등학교가 배출한 졸업생들의 면면을 보면 삼성그룹 창업자 호암 이병철 회장(1910~1987년)과 LG그룹의 창업자 연암 구인회 회장(1907~1969년), 효성그룹의 창업자 만우 조홍제 회장(1906~1984년)이 대표적이며, 삼양통상 창업자인 허정구 회장 또한 이 학교 4회 출신이라고 한다. 구인회 회장의 집은 학교가 위치한 지수였으나 호암은 의령군 정곡면 중교리, 만우 조홍제 회장은 함안군 군북면 동촌리가 집으로 신식학교가 별로 없던 시절 세 거부가 같은 학교에 다녀 그 예언이 결론적으로 적중해서 주변 산세와 물의 흐름을 다시 눈여겨보게 된다.

1 공간구성에도 한옥의 요소를 따르고 있다.
전면에 퇴를 둘러 공간 간 이동과 내부의
실내화를 꾀했다.
2 안채의 돌출된 부분은 관리인실이고
주방은 모서리에 두어 건축주와 관리인의
동선이 분리되어 있다.
3 별채는 방 한 칸과 누로 구성하였다.

ㄱ자형의 본채와 별채가 ㄷ자형으로 마당을 감싸 안았다. 육안으로는 전통한옥처럼 보이지만 주요 뼈대를 스터드로 세운 스틸하우스다. 밖으로 드러나는 부분은 육송으로 전통미를 살렸다.

그러나 뭐니뭐니해도 하늘이 준 복과 조상이 내려준 재산을 얼마나 잘 불리고 잘 쓰느냐에 달렸다. 진주 지수면은 대대로 500여 년 동안 천석꾼이 배출된 김해허씨의 근거지였으며 능성구씨들의 터전이었다. 조선시대에는 만석꾼이 3명, 천석꾼이 7명이나 있고 진주시, 함안군, 김해시, 창원시 일원의 전체농지 1/3를 이 승산마을 만석꾼들이 소유했다 한다. 그러나 그들의 군림하지 않는 후덕함이 보태어져 동네 사람들도 부자마을 지수 승산리에 사는 것을 자랑스러워했으며, 일제강점기나 한국전쟁 때도 자손들이 재산

을 지켜낼 수 있었다고 한다. 방어산防禦山이 글자 그대로 왜란이나 호란, 한국전쟁을 거치면서 방어선을 구축한 요새로서 마을을 안전하게 보호하는 장치였다고 하나 전쟁에 인심이 가장 무서운 적임을 볼 때 인심을 잃지 않은 가문으로서 그 재물 또한 지켜낼 수 있었다. 1947년 두 가문은 합자하여 LG의 전신인 락희(樂喜: LUCKY)화학을 창업해 잡음 없이 동업해오다 얼마 전 그룹을 분리했고, 각각 진주여고와 연암공업대학 등을 설립하고 도서관, 모교체육관 등의 건립을 도우며 선조의 재물관을 이어오고 있다.

1 가까이서 보아도 스틸프레임이라는 사실에 놀라울 따름이다.
그러나 놀라움도 잠시, 이것이 한옥일까.
다시 한옥의 정의에 대해 고민해볼 수 밖에 없다.
2 측면에 퇴를 달면서 전면으로 삼고 정면은 방의 측면이 되었다.
3 별채의 누에서 본채를 바라본 모습.
별채는 안채와 분리되어 손님을 접대하거나, 서재로 쓰기에도 안성맞춤이다.

스터드를 이용한 최초의 스틸하우스 한옥

두 집안이 모두 다복하고 그 후손들이 대부분 LG그룹 경영에 관여하다가 이제는 LG, GS, LS, LIG 등으로 그룹이 분리되고 일부는 일찌감치 사업을 독자적으로 창업한 탓에 승산리의 집들이 모 회장의 생가, 모 사장의 생가 등으로 가득하다. 그중에서도 단순한 복원이 아닌 현대에 맞게 재해석된 한옥 한 채에 주목하게 된다. 이 한옥은 한국철강협회 스틸하우스클럽에서 주는 은상을 받았다. 한옥이라면 목구조가 기본으로 돌, 흙, 종이를 소재로 하는 건물로만 인식되는 터에 스틸프레임 한옥의 발상에서 집을 그냥 보존하면서 기념하기보다 사용하면서 기념하는 실리 정신이 LG그룹의 정신은 아닐까 억지 추측도 해본다.

겉보기에는 영락없는 전통한옥이다. 그러나 이는 틀림없는 스틸하우스이다. 다양하게 현대재료와 공법으로 한옥과의 접점을 찾으면서 철골조와 철근 콘크리트조 등이 구조로 쓰인 사례는 있었지만, 이 집이 지어질 당시 스틸하우스 한옥은 최초였다고 한다. 지금은 제주도에도 스틸프레임으로 된 한옥이 한 채 들어섰다고 하는데, 아직 시도 단계라 공사비의 추정이 어려운 면이 있어 보인다.

그렇다면 어찌하여 외관상으로는 한옥인데 스틸하우스라는 것일까. 여러 경우를 생각해볼 수 있으나 이중구조나 혼합구조에 무게가 실린다. 먼저 전통적인 기둥보 방식에 벽체를 강구조로 처리하는 것이지만, 벽체의 두께로 볼 때 그 방식은 아무래도 무리가 있어 보인다. 다른 하나는 스틸하우스의 공법대로 벽구조 방식으로 벽체를 올리고 외부에 기둥과 가로재를 시각적인 효과를 위해 덧대는 것이다. 실내의 마감이 기둥의 흔적 없이 완결되어 보이는 것은 이를 설득력 있게 한다. 이는 철골조로 세운 전주의 남창당한약방에서 그 사례를 볼 수 있다. 툇마루나 누마루같이 노출된 기둥은 전통구법을 따라 나무기둥을 세우고 스틸프레임과 전통목구조가 만나는 부분을 보완하여 그 위에 지붕가구를 올리는 것이다. 벽체의 스터드 구성 시 지붕의 하중을 고려해 구조계산을 하면서 스터드의 간격을 조정하면 전통지붕가구에 기와 시공도 가능하다고 한다. 그러나 이 주택의 경우 보 방향의 스팬이 길어 도리가 오량 이상이 아니면 해결하기 어려움에도 삼량구조 방식이라 지붕의 또 다른 구조(트러스)를 의심해보지 않을 수 없다. 한층 견고한 트러스에 OSB합판을 치고 방수 시트를 덮은 다음 구운 기와를 얹었을 것으로 본다. 외부벽면마감은 외단열공법이고 트러스 밑으로 대들보, 대공, 서까래, 용마루, 창호 등이 한옥 분위기를 낸다. 각방들을 전통한지와 한지장판을 깔고 전통 세살창을 설치하여 전반적으로 아늑한 분위기를 연출했다. 실내평면구성은 거실, 주방, 큰방, 작은방, 화장실, 다용도실로 이루어져 있다. 거실과 각방은 동남향으로 배치하고 욕실과 주방은 ㄱ자로 꺾이는 부분에 두었으며 거실과 주방은 여닫이문으로 분리되도록 하였다. 큰방 역시 창호를 통해 방을 분리 가능하도록 하였다. 작은방 건너편으로 별채가 놓였는데 누마루와 방으로 구성되어 독립적인 사용이 가능하게 되어 있다.

왼쪽_ 안방. 접이식 문으로 공간을 구분하여 분합이 이루어지는 방으로 안방에는 욕실, 파우더룸, 드레스룸 등 현대적인 공간이 딸려 있어 이용에 편리함을 기했다. 창의 위치, 방의 스팬 등 스틸하우스 구조에 충실했다.
오른쪽_ 대청마루는 철저하게 내부화했으며 스틸하우스 구조라 기둥의 간격과 천장구조에 제약이 없다.

스틸하우스는 1996년 한국철강협회 산하 스틸하우스클럽(현 강구조센터)이 결성되면서부터 도입되기 시작했다. 건물의 뼈대를 철강재로 세운 집으로 북미의 전통적인 목구조인 2*4공법에서 유래하여 2인치*4인치(5cm*10cm)의 각목 대신 철강재로 골조를 세운 것이다. 두께 1mm 내외의 경량형강을 C자형으로 구부려 부재로 사용하고 아연도금 처리가 되고, 강재의 특성상 썩거나 뒤틀림이 적고 벽체와 바닥, 천장 구조가 건식공법으로 공사시기가 자유롭고 공사기간이 다른 구조에 비해 상대적으로 짧아, 공사비 절감 효과가 크다고 알려졌고 재료의 특성상 화재에도 강할

수밖에 없다. 스틸하우스를 택한 이유 중 하나가 관리인이 산다지만 화재위험에 노출된 한옥의 특성을 고려한 것으로 보인다.

스틸하우스 관련종사자의 말을 빌려보자면 '퓨전 한옥이지만 형태는 정통한옥에 많이 치우쳐 스틸하우스공법에 한옥형태를 구현하기 위해 일반 한옥보다는 공사비가 절감되었지만, 스틸하우스보다는 두세 배 더 들었을 것'이라고 한다. 일반인들이 부자의 기운을 받기 위한 명당으로 이름난 집이었지만, 이제는 한옥의 새로운 모델로서 한옥관련 사람들이나 스틸하우스 종사자들의 발길을 부르고 있다.

우측면도

정면도

좌측면도

배면도

설계개요

대지위치
경남 진주시 지수면 승산리

지역지구
일반주거지역

대지면적
1,437㎡(436평)

건축면적
168.55㎡(51평)

외부마감
외벽_ 회벽마감, 전벽돌쌓기
지붕_ 한식기와

구조
목구조, 경량형강구조

내부마감
내벽_ 석고보드, 한지 바르기
천장_ 석고보드, 한지 바르기
바닥_ 황토, 민속장판지

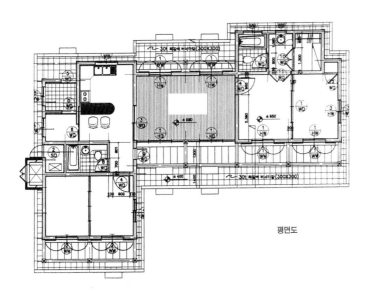

평면도

한옥의 진화

9

한국농촌공사 주택전시관 내

한옥
모델
하우스

글
이연건축 조전환 대표

취재협조
한옥마을

경기도 안산의 한국농촌공사 주택전시관 내 자리한 개량형 한옥 모델하우스. 농촌마을 조성사업의 일환으로 마련된 주택전시관에는
은퇴형(노후생활형), 전업형, 주말전원생활형, 도시출퇴근형, 폐교활용형 등 다양한 형태와 구조의 주택을 만나볼 수 있다.

경기도 안산에 자리한 한국농촌공사의 주택전시관은 농림수산식품부에서 추진하는 전원마을 조성사업의 목적으로 마련된 곳이다. 귀농과 귀촌을 계획하는 다양한 도시민들이 농촌에 정착하는 데 도움이 될 수 있도록, 은퇴형(노후생활형), 전업형, 주말전원생활형, 도시출퇴근형, 폐교활용형 등으로 구분하여 주택모델을 전시하고 있다. 지자체별로 진행되는 전원생활의 지원책을 보면 20호 이상 짓는 단지에 대해 10~20억 정도 지원하고 주택건축비도 3,000만 원씩 저리로 지원하는 등 다양한 조건을 제시하고 있다. 귀농을 위한 다양한 정보제공과 더불어 입주상담 및 안내를 전담하는 부서를 두고 있으며 전원마을 시공과 관련하여 집짓기 컨설팅 및 표준설계도도 무상으로 지원한다.

전원마을 주택전시관에서 느긋하게 이집 저집을 구경하러 다니는 사람들은 이미 마음속에 집을 한 채씩 지은 듯 들떠 보였다. 흙집, 통나무집, 목조주택 등 형태와 소재가 다양한 전시관 내에서도 한옥은 다소 생경스러웠다. 모델하우스를 돌아보면서 한옥마을 김유식 대표와 나눈 얘기가 한옥 건축의 일면만을 보아온 사람들에게 도움이 됐으면 하는 바람이다.

막연하게 한옥은 불편할 것이라는 선입관을 품은 관람객들은 모델하우스를 둘러본 뒤, 현대화된 한옥의 형태와 구조에 대해 새로운 인식을 갖게 된다.

1_ 한옥 모델하우스를 둘러본 관람객들의 반응은 어떤가요?

전원생활과 함께 한옥에 대한 관심이 높아지면서 한옥을 지어볼까 하고 모델하우스로 찾아오는 사람 대부분은 전통한옥을 생각하고 온다. 한옥에 대한 막연한 동경과 불편할 것이라는 선입견도 품은 채 말이다. 그러나 화장실, 부엌, 거실 등 현대화된 한옥 내부를 둘러보고는 어느새 '한옥이 편할 수도 있구나' 라는 소감을 남긴다.

2_ 한옥을 짓기 전에는 무슨 일을 하셨는지, 어떤 계기로 한옥을 하시게 되었는지 궁금합니다.

원래 20년 이상 목재를 수입하던 사람이다. 그래서 목재에 대해선 전문가라고 자부하는데, 한옥 짓겠다고 오는 시공업자들이 무늬나 단가만을 보고 나무를 가져가는 걸 자주 봤다. 더글러스, 스프러스, 홍송 등 나무는 제각기 성질을 갖고 그 물성에 맞추어 지어야 하는데, 그 물성을 모르고 아니 알면서도 모른 척 가져가 잘 모르는 건축주들을 속이는데, 이건 아니다 싶었다. 엉터리 목재로 한옥을 지으면 한옥에 대한 인식만 나빠지는 결과를 가져와 나라도 구조에 맞는 목재를 사용해 한옥을 지어봐야겠다고 생각해서 시작하게 되었다. 7년 전부터 재실이나 절을 짓다가 현대한옥을 지은 건 3~4년 전부터다. 작년에만 30여 채를 지었으니 그동안 지은 집만 해도 상당하다. 현재 현장도 태안, 양평, 강화, 화성, 안산 등 전국적이다. 집을 짓고 있으면 주변 사람들이 와서 자기 집도 한옥으로 지어달라고 해서 짓게 되는 경우가 많다. 반월 현장도 그린벨트로 묶여 있으면서 주민이 개보수만 해오다가 3년 전에 해제되고 새집들이 우후죽순으로 지어졌다. 동네 한 사람의 집을 짓고 있는데 다른 이웃주민도 와서 두 채를 더 주문받게 되었다.

3_ 목재를 잘 아시는 분으로서 현재 우리나라에 쓸 수 있는 현실적인 한옥 목재는 어떤 것인가요?

금강송이나 춘양목을 으뜸으로 치는데, 그런 나무를 구해다가 쓸 수 있는 사람은 우리나라에 몇 안 되고 문화재조차 수급에 애를 먹는 게 현실이다. 육송도 부족한 현실

1,2,3 한옥 모델하우스 전면과 측면 모습. 안산 한국농촌공사 주택전시관에 여러 서구형태의 주택들 사이 반가운 한옥이다.
4,5 한옥 모델하우스의 측면으로 겹처마와 막새기와, 완만히 올라간 앙곡을 확인할 수 있다. 중방과 하방 사이에는 벽돌을 노출하여 마감하였다.
거실에서 통하는 마루는 약식으로 기단에 올려두었다. 동네 사람들이 오며 가며 앉았다가 얘기도 나누고 갈 수 있는 정은 마루에서 시작된다.

인데 대안으로 우리나라와 위도가 비슷한 북미더글러스, 본토더글러스라고 하는 소나무는 우리나라 육송과 성질이 비슷하고 나뭇결은 가려서 쓰면 된다. 결이 촘촘한 것은 70~80년생이다. 전나무나 잣나무가 육송으로 둔갑하기도 하고 사스나(시베리아 소나무), 깨드르(잣나무)등의 구분도 건축주로서는 쉽지가 않은 일이라 속임을 많이 당한다. 대목장들도 육송 수급에 한계가 있어서 사스나, 햄록, 더글러스를 문화재에 많이 쓰고 있다.

4_ 자재에 대한 이해와 연구를 많이 하신 것 같습니다. 반월 현장에 벽체를 황토 시공하고 말리고 계시던데요, 기술적인 부분을 자세히 설명해주시죠.

바닥은 콘크리트구조체에 자갈을 깔고 황토를 30cm 이상 친 후 그 위에 대나무강화마루를 한다. 황토가 고형화되기는 쉽지가 않아 강회를 섞는다. 벽체도 다 황토벽돌인데 지리산에서 가져온 생황토로 직접 제작한 것이다. 단열을 위해 240x240mm 기둥에 내외 2중으로 황토벽돌을 쌓고 중간에 공기층을 두고 밖은 회벽, 실내는 황토모르타르 위에 한지를 바른다. 기둥에서 벽체가 1cm씩 들어가는 게 가장 보기 좋고 건강에도 좋아 시행착오 끝에 이 방식을 계속 쓰고 있다. 지붕 상부는 기와 하중을 충분히 견딜 만큼 약식으로 보, 도리 구조를 만들고 사각서까래를 걸었다. 기와는 지붕 하중을 고려해 시멘트 기와를 사용한다. 지붕을 강구조로 사용해보려고 실험도 해봤는데, 시멘트 기와도 견디지 못했다. 돌은 중국에서 직접 수입해와 시중의 1/10 가격으로 하고 목창호가 변형이 심해 하자가 많이 발생하는데, 원하는 건축주를 위해 만들 때는 함수율 10% 목재를 사용하고 주로 수장에 맞추거나 기성 창호에 맞추어 수장을 들이는데 목재무늬 샷시를 이중으로 쓴다. 이렇게 하면 기초부터 마감까지 평당 600만 원 정도이다.

5_ 시공사인 '한옥마을'의 강점 및 시공의 지향점은 무엇입니까?

결론적으로 세 가지다. 건축비 절감, 공간 활용 최대화, 한옥문화 대중성 확보. 한옥의 순수한 장점은 취하면서 불편하지 않고 가격이 현실적일 것. 그것이 우리 회사의 설립 취지이면서 지향점이다. 돌, 흙, 나무, 종이 등은 한옥의 자연재료를 최대한 이용하려고 노력하고 모든 재료의 수급은 직영을 원칙으로 한다. 한옥의 전통목구조 방식은 목수가 일일이 깎아 대들보와 종보가 올라가고 원목서까래가 걸리는데 우리 마루의 천정을 보면 목재루버. 전통목구조 방식대로 사람이 일일이 하게 되면 품도 많이 들어 공사비가 올라간다. 공간적으로 볼 때도 한옥의 지붕 부분이 참으로 아깝다는 생각을 하면서 마루 위를 다락으로 구성하고 목구조방식을 바꾸게 되었다. 방, 마루 할 것 없이 장선을 걸고 다락을 만들어 법적으로 아무 문제 없이 수납공간이나 방이 덤으로 생기는 것이다. 그리고 방 하나는 꼭 구들로 시공한다. 이것이 환경적이고 반응이 좋다.

6_ 다른 일반건축에 비하면 한옥건축비가 높은 게 사실인데요.

더 낮은 가격으로도 건축해봤지만, 건축계획하면서부터 관리에 대한 부분까지 생각해야 한다. 아무리 제대로 된 자재와 시공법이라 하더라도 한옥은 태생적으로 관리를 꾸준히 해줘야 한다. 앞에 10평 정도의 원룸형 집은 평당 350만 원 정도이다. 그리고 맞은편 한옥학교로 사용하려는 건물은 50평 규모로 평당 250만 원 정도 들었다. 저변확대를 위해 한옥학교를 만들 생각이다. 더불어 현대건축과 한옥의 장단점을 계속 연구개발하고 있다.

7_ 건축주와 계획단계에서부터 계약과 협의는 어떻게 이루어지나요.

1 벽체에는 황토벽돌을 사용하는데 지리산에서 가져온 생황토로 직접 제작한 것이다. 단열을 위해 240x240㎜ 기둥에 내외 2중으로 황토벽돌을 쌓고 중간에 공기층을 두고 밖은 회벽, 실내는 황토모르타르 위에 한지를 바른다.
2.3 실내 천장은 장선을 깔고 다락으로 사용한다. 한옥이라고 인식할 수 있는 것은 창호뿐으로 한옥이 불편하다는 인식은 오래전 이야기다.

여러 기준형을 제시하고 추가에 대한 부담을 건축주가 하는 방식이다. 신뢰로 시작한 건축도 중간에 많은 잡음이 발생할 수 있다. 그래서 모델하우스를 지은 이유이다. 농촌공사협력업체로서 신뢰하는 부분도 많고 평생 사후관리를 해주기 때문에 대부분 얘기가 원활하고 결과에 만족스러워한다.

8_ 거실에 걸린 한옥마을 단지 계획안이 궁금한데요. 회사 '한옥마을'의 내일이겠죠?

한옥마을에 대한 생각은 오래되었다. 어린 시절 오랜 시간을 외국생활하면서 20~30년 된 옛날에 벌써 노인들을 위한 시니어(Senior)타운과 모빌(Mobile)홈이 있었다. 그 집들은 5천만 원이면 충분했다. 현재 우리나라의 실버타운은 관리비가 비싸고 들어가는 절차가 까다로워 실수요자를 대상으로 부담 없는 가격, 독립성이 보장되는 실버타운 조성을 꿈꾸게 되었다. 얼마 전 돌아가신 아버님을 보면서 그 소망은 더 강렬해졌다. 미래의 나의 미래이기도 한 모습인데 노후를 미리미리 준비하고 힘닿는 대로 소일거리 하면서 여생을 평화로이 보내고 싶다. 현 농림수산식품부에서 추진하는 전원마을 조성은 공사비 지원에 토목, 전기, 설비 등의 인프라를 보조해주고 행정보조까지 해주는 좋은 정책이다. 그러나 건물만 있어선 해결될 일이 아니다. 사회에선 떠났지만, 여전히 활동 가능하기 때문에 수입이 보장되어야 하

는데, 우리가 개발하고 대형마트와 계약한 황토송이버섯을 재배하는 건물을 따로 지어주고 편의시설까지 짓는 것이다. 농림수산식품부에서 만들어준다지만 아무래도 행정절차가 까다로워 세월이 아깝다. 한옥과 한옥마을이 고부가가치인 날이 올 것이다. 그리고 세계시장도 보고 있다. 얼마 전 다녀온 일본 미야자키는 다 규격화되어 있었다. 우리나라는 규격화가 되지 못해 능률이 오르지 못하고 표준화가 되지 않았다. 한옥을 KIT 화해서 한인 동포들이 집을 짓거나 타운을 조성할 때 컨테이너째 수출할 계획도 가지고 있다.

한옥의 건축은 신축, 개축, 개보수할 것 없이 현재도 진행 중이다. 문화재 한옥에서부터 북촌 집장사들이 지은 한옥, 지역목수들이 지은 한옥, 집주인이 손수 지은 한옥까지…

각자의 필요와 시공 능력, 경제 규모에 맞추어 전국적으로 지어지는 다양한 형태의 소위 '한옥'을 보면서 한옥이란 무엇인가를 고민하게 된다. 건축가나 학자들이 앞장서 '한옥은 이것이다.'라고 규정하는 사이, 이제까지 이 땅의 한옥이 그러했듯이 자연발생적으로 생기고 도태되고 다시 지어지는 과정에 그 생명력을 잃지 않을 것이다. 한옥이 추세화되는 가운데서도 자기 집을 짓는 사람들은 집의 근원적인 의미를 잊지 않을 것이기 때문이다. 그래서 형태가 이질적이지만 한옥 자재에 대한 끊임없는 연구로 지어지는 '한옥마을'의 집도 오늘의 한옥 중 하나이다.

1 일반 단독주택의 내부와 구분이 어려운 모델하우스 화장실 모습.
2.3 지리산의 생황토로 만든 벽돌과 시공한 현장 사진. 자재에 대한 끊임없는 연구가 한옥건물과 한옥 현대화의 생명력을 지속시키는 것이리라.

설계개요

대지위치
경기도 안산시 한국농촌공사 주택전시관 내

건축면적
100㎡

외부마감
외벽_ 황토벽돌, 회벽마감
지붕_ 겹처마, 팔작지붕
기와_ 개량형 한식기와

내부마감
내벽_ 황토미장, 루버, 한지마감, 황토벽돌 노출
천장_ 목재루버

설계·시공
한옥마을_ 031 362 5600
http://www.hanokmal.com

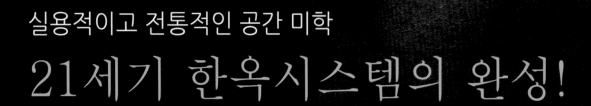

실용적이고 전통적인 공간 미학

21세기 한옥시스템의 완성!

이연한옥은 한옥이 지니는 장점을 21세기 현대인의 삶의 양식과 결합하였습니다.
한옥의 정수를 최적으로 데이터베이스화 하였으며,
고객이 원하는 대로 공간을 맞춤 설계할 수 있는 편리한 주문 생산시스템을 갖추었습니다.

조전환의 이연한옥

자연과 더불어 삶을 영위하던 선조들의 사상과 예술과 문화가 고스란히 배어 있는
한옥을 새로운 숨결을 불어 넣어 21세기의 신한옥으로 되살리고자 이연은 지난
10여 년간 많은 실험들을 해왔습니다.
오랜 역사를 지닌 우리의 전통 건축방식이 보전과 복원을 넘어서 이 시대의 주요
건축방식으로 되살아나는 새로운 전기를 맞이하고 있는 이때에, 기획력을 바탕으로
연구를 통한 자료수집과 자료의 3D 디지털화, 획기적인 시공방식으로 한옥건축
문화를 선도하고 있다고 자부합니다.

 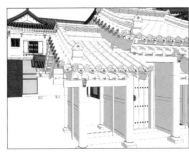 

  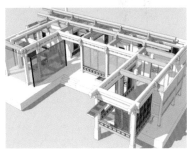

[특허등록] 주문대응 최적화 한옥 건축 방법

한옥구성요소의 다양한 형태를 데이터베이스화하여 설계에 적용, 삼차원 가공 데이터를 생성함
으로써, 고객의 요구에 최적으로 대응할 수 있는 한옥의 통합적인 설계·시공 시스템을 완성하여
특허를 취득 하였습니다. 이 특허는 한옥 살림집을 포함하여 공동주택이나 교육시설 등 다양한
현대적인 시설들의 건축에 적용할 수 있으며, 생산자 중심의 모듈화시스템을 넘어서 고객중심의
한옥산업화에 기여할 것으로 기대합니다.

[주식회사 利然] 경기도 의왕시 오전동 32-22 오전빌딩 206 Tel : 031-455-6173 hp : 011-378-9279
홈페이지 : http://동네목수.com http://eyounhanok.com 이메일 :e-youn@hotmail.com

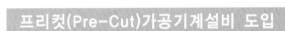

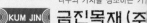

www.greenhomeplan.kr

전통 한옥의 멋과 현대의 편리함이 있는

아름다운 신한옥을 짓습니다

저희 그린홈플랜은
오랜 경험과 노하우을 바탕으로 고객을 위하여
정직과 신뢰로 최선을 다해 일하고 있습니다.
항상 사람과 자연을 먼저 생각하는 마음으로
친환경 소재를 이용, 전통미과 편리함을 갖춘
아름다운 신한옥을 짓습니다.

건국대학교 미래지식교육원

본사 충북 충주시 칠금동 1049
TEL 043)842-8345 FAX 043)842-8346 Mobile 011-484-8321
E-mail wsm0318@naver.com

**사업
분야** 목조건축, 전통한옥
목조주택, 신한옥

신한옥의
새로운 패러다임 !

한옥에 경골목구조 공법과 규격재를 적용하면
다음과 같은 성능 개선의 효과가 있습니다.
_경량화로 부재의 최적화
_건식공법으로 공기 절약
_내진성능의 향상
_단열성능의 향상
_유지 보수의 용이

캐나다우드는 해외에서 캐나다 산림업계를 대표하는 비영리 단체로서 정부를 비롯한 목조건축
관련 협회, 학계 등 다양한 기관들과 협력하여 목조건축에 대한 적절한 건축법규 및 기준들을
개발하여 한국 저층 주택 건설산업 발전과 목조건축의 발전을 지원하고 있습니다.

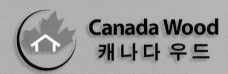

전통한옥에 현대생활을 담은…

신한옥
시공전문, 고려한옥

전통문화를 담고 있는 건강한 주택, 한옥
신한옥의 현대화를 위해 표준화 설계도면
및 기계화 생산을 통한 자재로,
한식목구조 주요과정을
사전 제작하여 조립하는 시스템화된
건축방식을 도입하였습니다.
이런 방식으로 비싸다고만 여겨왔던
한옥의 가격을 합리적인 가격으로
건축주께 돌려 드리고자 합니다.

고려한옥은,
목재를 직접 구입, 제재, 치목하고 한옥 부자재
공장을 직접 운영하여 일반 건축비 수준으로
가격 경쟁력을 갖추고 있습니다.

- 한옥시공현장과 완성된 한옥들, 광양 목재공장.
  보성 기와공장, 전통창호공장을 연계한
  한옥관광으로 믿음과 신뢰를 확인할 수 있습니다.
- 시공부터 준공까지 행정대행을 서비스합니다.
- 자체 한옥시공팀을 운영하고 있습니다.
- 시공 후 2년간 A/S를 보장합니다.

시공과정

고려한옥에서 시공한 이석규댁의
1.터잡기 2.초석놓기 3.기둥과 보 연결 4.지붕작업
5. 지붕강회다짐 6.기와 얹기의 공정별 시공과정입니다.

 고려한옥주식회사
KOREA HANOK Co., Ltd

본사 : 경기도 성남시 분당구 구미동 18 시그마 II A동 137호
TEL 031-715-2813   C.P. 010-3846-9113   FAX 031-715-2833
지사 : 전남 광양시 봉강면 석사리 454-1
TEL 061-763-8061   FAX 061-763-8062
http://www.koreahanok.co.kr   E-mail: tomcat321@daum.net

온 가족의 건강을 지켜주는 특/별/함

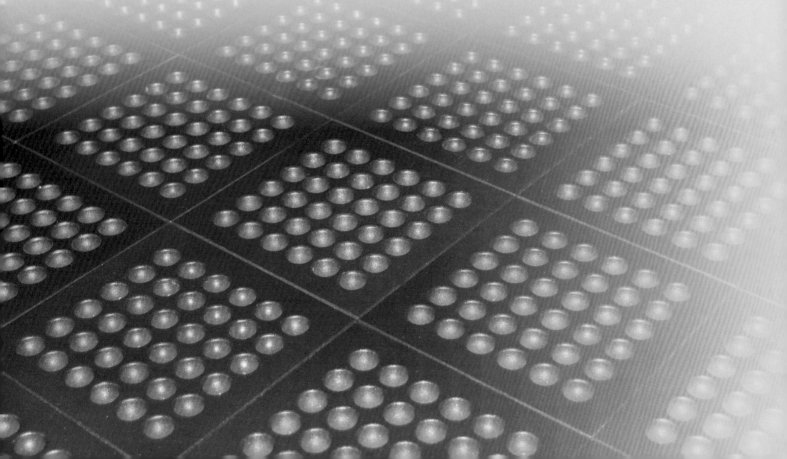

1000년이 지나도 변함없는
다이아몬드 성분이 탄소 99.9%이며
럭스데이는 탄소 99% 입니다.

럭스데이 침대는 산화작용을 하지
않는 원적외선 덩어리순수 물질입니다.

(주)나노카보나 대표
보건학박사 신 일 산

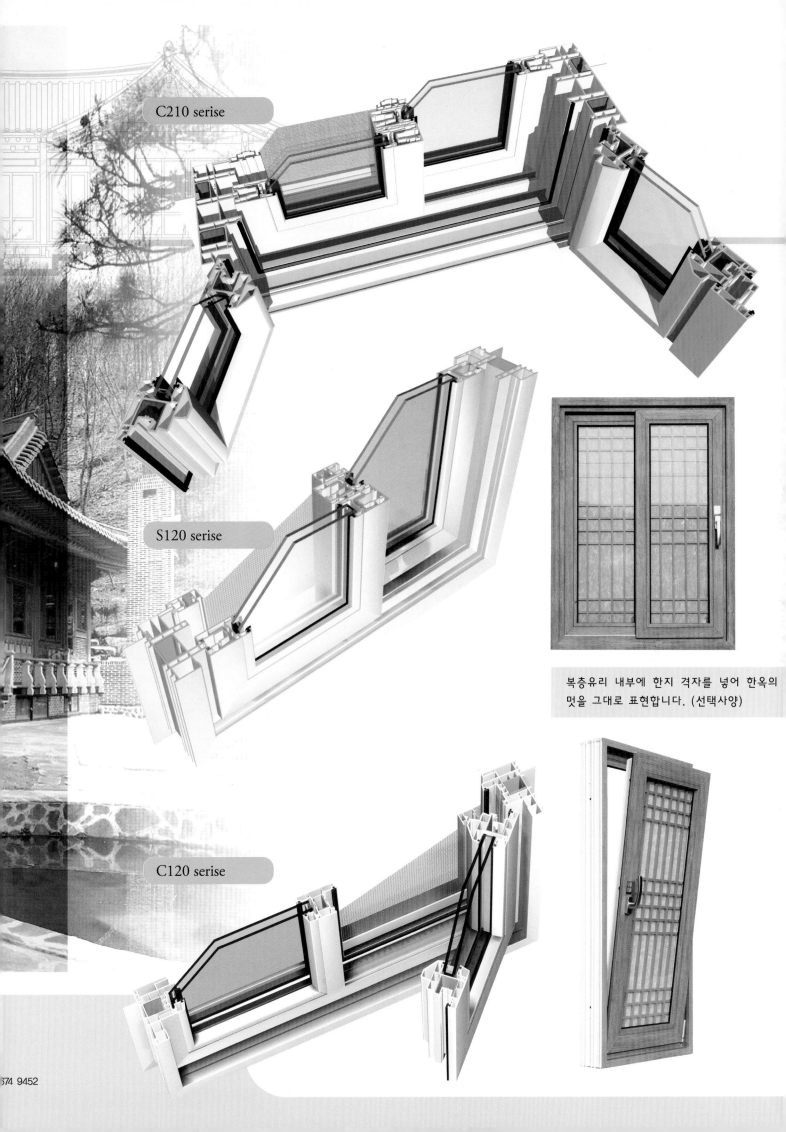

C210 serise

S120 serise

C120 serise

복층유리 내부에 한지 격자를 넣어 한옥의
멋을 그대로 표현합니다. (선택사양)

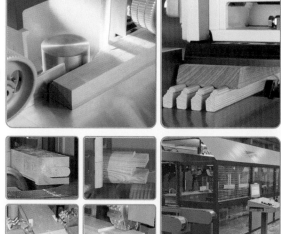

한식창호

한옥의 문틀에서 가장 특징적인 격자 문양을 입체감을
주어 그대로 재현했습니다. 우리나라 사대부가의
전통적인 문살을 다양하게 디자인하고 결고운 원목으로
자연의 질감을 살려 친숙한 전통미를 느끼게합니다.

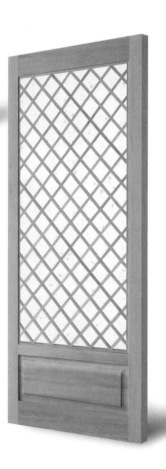

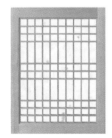  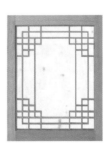 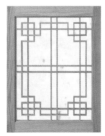

■ 추천수종

홍송(Old Glowth D/F)
품명:북미산 홍송
특성:노랑색 및 분홍색 나이테
가 선명하고 무늬가 좋으
며 기름기가 있고 내구성
이 좋다.
용도:창호, 문틀, 루바, 후로링,
가구, 고급인테리어재

미송(Hemlock)
특성:무늬가 곱고 색상은 밝은
색을 띠며, 강도가 좋음.
용도:문틀, 창호, 몰딩

적송(Red Pine)
특성:변재는 황백색으로 폭이
좁다. 가공성이 좋고,
내수성도 양호하며, 내후,
보존성이 높다.
용도:내외장재, 상자, 펄프

태원목재(주)
Taewon Lumber Co.,Ltd.

인천광역시 서구 가좌동 602-10　Tel:032-578-8500~3　Fax:032-578-8504　www.wood.co.kr

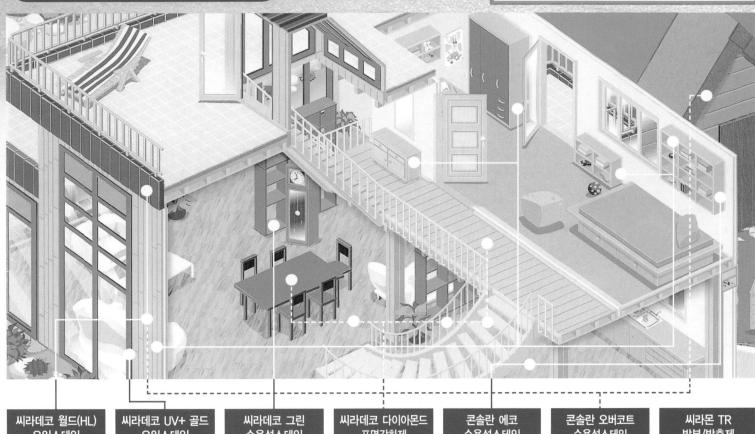

씨라데코 월드(HL) 오일스테인	씨라데코 UV+ 골드 오일스테인	씨라데코 그린 수용성스테인	씨라데코 다이아몬드 표면강화제	콘솔란 에코 수용성스테인	콘솔란 오버코트 수용성스테인	씨라몬 TR 방부/방충제

외벽/데크/사이딩	자외선차단전용제품	책장/가구/테이블	계단/마루/바닥	내벽/루바/사이딩	울타리/시멘트사이딩	기둥/보/서까래

2010.5월 제작

 TYT WoodTect

태영무역주식회사
TAE YOUNG TRADING CO., LTD.

경기도 광주시 초월읍 대쌍령리 377-2 (태영빌딩)
TEL : 031)767-1104(代) FAX : 031)767-1108
http://www.tyt.co.kr http://씨라데코.com

숯 단열벽체
전통단열외槐

전통단열외는 한국적인 전통 벽체방식인 외엮기를 계승하면서 단점이었던 단열을 해결한 단열벽체는 한옥의 벽체를 만들 때 사용하던 윗대(산자散子)를 이중으로 만들고 그 사이에 친환경 자재인 숯 단열층을 보강한 제품으로 실측 후 공장에서 제작하여 현장 설치하는 숯 단열벽체이다.

영암 왕인박사유적지 식당

영암 송죽관

화순 이서면 한옥

황토벽돌과 전통단열외 흙벽 단열비교

실내온도 20도에서 왕겨숯을 단열재로 쓴 전통단열외 흙벽과 단열층이 없는 황토벽돌 사이에 드라이아이스를 넣고 실험한 결과 전통단열외 흙벽 바깥면은 18~19도이고 황토벽돌 바깥면은 영하 2~3도로 큰 차이를 보인다. 그래서 황토벽돌의 경우 단열을 위해서는 반드시 두줄쌓기를 하고 사이는 단열층을 두어야 한다.

- 단열외 흙벽 150mm
- 황토벽돌 150mm
- 드라이아이스
- 황토벽돌 200mm
- 단열외 흙벽 200mm

전통단열외 종류

두께별 종류 : 90mm, 120mm, 150mm, 200mm를 기본으로 하며 필요한 경우 다른 두께도 주문 제작이 가능하다.
용도별 종류 : 창문형, 벽체형, 지붕형, 리모델링형(한쪽에만 윗대 붙임)

전통단열외 흙벽의 특징

숯, 대나무, 나무, 흙으로 지어진 친환경 흙벽으로 단열성, 방음성, 내구성이 뛰어나며 지진에도 강하다. 저렴한 비용으로 황토집을 지을 수 있다. 전통건축물, 한옥의 벽체에 적용하기 쉽고 두께를 다양하게 할 수 있어서 중방이 노출되어 미관이 아름답다. 공장에서 생산하여 현장에 설치, 흙바르기를 함으로써 공사기간이 단축되므로 건축비 절감에도 도움이 된다. 창호가 있는 벽체는 전통단열외에 창호부분을 설치하고 그 부분에 창틀을 설치함으로 인방 등의 창틀 설치비용이 절감된다. 화장실 내측부위는 시멘트방수몰탈을 사용하여 시공이 간편하다. 준불연(난연2급) 벽체이다. 단열층 왕겨숯은 탈취기능, 방음기능, 습도조절 기능을 가지고 있어 쾌적한 생활을 할 수 있게 한다.

다양한 마감

황토몰탈 마감, 타일마감, 시멘트마감, 초벌바름 후 전돌, 파벽돌, 스톤코드 등을 할 수 있다. 또한, 전기, 통신, 수도배관은 윗대 사이에 넣어 손쉽게 시공할 수 있는 장점이 있다.

이조흙건축 www.izo.kr
원주사무소 : 강원도 원주시 소초면 평장리 1261-2
　　　　　　 Tel 070-8865-3411　Fax 0303-0346-3411
공　　　장 : 전남 보성군 조성면 귀산리 737-1
　　　　　　 Tel 010-9838-0353　Fax 061-858-5357

大桐 DAEDONG 211

Ceramic Roof Tiles

| 참고문헌 |

경북 성주의 한개마을 문화 / 이명식 / 태학사 / 1997

김봉렬의 한국건축이야기 / 김봉렬 / 돌베게 / 2006

민가건축 I, II / 대한건축사협회 편 / 보성각 / 2005

사진과 도면으로 보는 한옥짓기 / 문기현 / 한국문화재보호재단 / 2004

산림경제 / 국역,민족문화추진회 / 1983

손수 우리집 짓는 이야기 / 정호경 / 현암사 / 1999

알기 쉬운 한국 건축 용어사전 / 김왕직 / 동녘 / 2007

어머니가 지은 한옥 / 윤용숙 / 보덕학회 / 1996

우리가 정말 알아야 할 우리한옥 / 신영훈 / 현암사 / 2000

전통 한옥 짓기 / 황용운 / 발언 / 2006

집宇집宙 / 서윤영 / 궁리 / 2005

한국건축의 장 / 주남철 / 일지사 /1998

한국의 문과 창호 / 주남철 / 대원사 / 2001

한국의 민가 / 조성기 / 한울 / 2006

한국의 전통마을을 가다 1,2 / 한필원 / 북로드 / 2004

한옥 살림집을 짓다 / 김도경 / 현암사 / 2004

한옥에 살어리랏다 / 문화재청 / 돌베게 / 2007

한옥의 공간 문화 / 한옥공간연구회 / 교문사 / 2004

한옥의 구성요소 / 조전환 / 주택문화사 / 2008

한옥의 재발견 / 박명덕 / 주택문화사 / 2002

| 감사의 글 |

-

이 책은 (주)LS시스템창호, 경민산업, 고려한옥주식회사, (주)고령기와, 그린홈플랜, 금진목재(주), (주)나노 카보나,
(주)대동요업, 마인스톤, 산림조합중앙회, 삼화페인트공업(주), 송인목재, 씨앤비(주), 아스카목조주택, (주)우드플러스
주식회사이연, 이조흙건축, 좋은집좋은나무, 캐나다우드 한국사무소, (주)코텍, 태영무역주식회사, 태원목재(주)의
도움으로 제작되었습니다.

-

저희 한문화사는, 앞으로도 한옥 건축과 한옥 주거문화의 지속적인 발전을 위해 좋은 책으로써 의사전달의 중심에 서도록
꾸준히 노력하겠습니다. 그동안 『신한옥』 제작에 협조해 주신 모든 분께 진심으로 감사드립니다.